普通高等教育"十二五"规划教材

多媒体技术及应用

李实英　刘　玲　姚敦红　曹晓兰　编著

U0316589

中国铁道出版社
CHINA RAILWAY PUBLISHING HOUSE

内 容 简 介

本书根据教育部高等教育司组织制定的《高等学校文科类专业大学计算机教学基本要求（2011 年版）》，针对大学文科类和非计算机专业的理工科类等专业编写，目标是使学生掌握多媒体与多媒体技术的基本概念，了解多媒体硬件设备和软件环境，熟悉各种媒体数字化过程及常用的多媒体创作软件工具，并学会利用多媒体著作工具设计制作多媒体应用软件。

本书内容共 9 章，分别介绍了多媒体技术的基本概念和应用，多媒体计算机的硬件组成和多媒体操作系统，数字音频处理，数字图像处理，数字视频处理，计算机动画，多媒体关键技术，多媒体应用软件设计及与各章相关的实验。本书理论结合实际，在讲述多媒体技术基础知识的同时，介绍了 Cool Edit、Photoshop、Premiere、Flash、Windows Media Services、Authorware 和 PowerPoint 等常用软件工具的使用方法，通过喜闻乐见的实例和实验来加强实际技能和综合能力的培养，使学生能够综合运用所学知识解决多媒体实际应用问题。

本书可作为高等院校多媒体技术及应用类课程的教材和教学参考书，也可以作为多媒体技术爱好者的自学读物。

图书在版编目（CIP）数据

多媒体技术及应用/李实英等编著. —北京：
中国铁道出版社，2012.3（2015.7 重印）
普通高等教育"十二五"规划教材
ISBN 978-7-113-14191-2

Ⅰ. ①多… Ⅱ. ①李… Ⅲ. ①多媒体技术—高等
学校—教材 Ⅳ. ①TP37

中国版本图书馆 CIP 数据核字（2012）第 015452 号

书　　名：多媒体技术及应用
作　　者：李实英　刘　玲　姚敦红　曹晓兰　编著

策　　划：吴宏伟　　　　　　　　　　读者热线：400-668-0820
责任编辑：吴宏伟　冯彩茹
封面设计：刘　颖
封面制作：白　雪
责任印制：李　佳

出版发行：中国铁道出版社（100054，北京市西城区右安门西街 8 号）
网　　址：http://www.51eds.com
印　　刷：北京新魏印刷厂
版　　次：2012 年 3 月第 1 版　　　2015 年 7 月第 2 次印刷
开　　本：787mm×1092mm　1/16　印张：16　字数：381 千
印　　数：1 500 册
书　　号：ISBN 978-7-113-14191-2
定　　价：32.00 元

序言

　　湖南省高等教育学会计算机教育专业委员会与中国铁道出版社长期合作，致力于计算机基础教育系列教材的编写、出版和发行。自 2005 年合作出版《大学计算机基础》、《大学计算机基础实验教程》、《C 语言程序设计》、《C 语言程序设计实验教程》、《Visual Basic 程序设计》、《Visual Basic 程序设计实验教程》、《Visual FoxPro 程序设计》和《Visual FoxPro 程序设计实验教程》4 套共 8 种教材以来，在教材编写、出版的质量、推广发行方面都取得了巨大成功。迄今为止，这一系列教材发行情况较好，学生受益面不仅覆盖湖南省各个高校，而且遍布全国其他地区高校。它不仅凝聚了全体编者的智慧和辛勤的劳动，也包含了为这一系列教材进行编辑、加工、出版和发行的出版社同仁们所做出的不懈努力。

　　计算机技术水平和应用能力是当代大学生的基本素质之一。随着计算机的普及和广泛应用，特别是计算机网络技术和软件技术的迅速发展，人们的工作和生活方式发生了彻底的变化。人们离不开计算机，计算机的各种软件如雨后春笋般呈现在人们眼前，这就要求大家不断地学习，不断地使用各种软件，以适应社会的发展和需要。特别是当今的大学生，仅仅学习"大学计算机基础"和"程序设计"两门课程已很难满足现实的需要。因此，各个大学除了开设"大学计算机基础"和"程序设计"两门基础课程以外，还根据各个专业的需要，开设了"计算机网络技术"、"计算机辅助设计技术"、"多媒体技术"等系列选修课程。正是在这样一种背景下，我们组织各高校优秀的教师编写了这套教材。本套教材包括：《Java 程序设计》、《Java 程序设计实践教程》、《SQL Server 数据库应用技术》、《Access 数据库应用技术》、《网络技术及应用》、《网站建设》、《动态网页设计》、《多媒体技术及应用》、《单片机原理与应用》、《计算机组装与维护》和《计算机辅助设计》共十一部。

　　我们真诚地希望本套教材的出版发行能够促进计算机基础教学水平的提高，能够让全体学生通过使用本套教材，学到真正所需要的知识和技能。我们也真诚地欢迎使用本套教材的师生给我们提出宝贵的意见和建议，以便今后再版时使其更加完善。

湖南省高等教育学会计算机教育专业委员会　邹北骥

2010 年 11 月

前言

21 世纪的人类社会是信息化社会，信息以多种媒体作为载体，越来越深入和直观地渗透到人们生产和生活领域。多媒体技术通过通信网络和计算机，把各种不同的信息载体有机地集合成一个系统，使之具有逻辑性和交互性，为人们提供全新的信息服务。为顺应各行各业对多媒体技术应用人才的需求，教育部及各高校越来越重视"多媒体技术及应用"的课程建设。

本书根据教育部高等教育司组织制定的《高等学校文科类专业大学计算机教学基本要求（2011 年版）》，针对大文科类和非计算机专业的理工科类相关专业编写，目标是使学生掌握多媒体与多媒体技术的基本概念，了解多媒体硬件设备和软件环境，熟悉各种媒体数字化过程及常用的多媒体创作软件工具，并学会利用多媒体著作工具设计制作多媒体应用软件。在介绍多媒体技术基础知识的同时，通过实例和实验加强实际技能和综合能力的培养，使学生能够综合运用所学知识解决多媒体实际应用问题。

本书具有以下特点：

（1）内容涵盖面广，重点突出，语言通俗易懂。

（2）实例选择贴近学生的实际生活，趣味性和实用性强。

（3）配备课件和实例素材，便于学生课前课后的学习，可以更好地把握课程内容。

（4）基础教学内容适合 32～40 学时的安排，实验课程可以根据实际需要灵活安排。

本书内容共分 9 章，第 1 章介绍多媒体与多媒体技术的基本概念和主要特性，以及多媒体技术在信息交流中的作用和现阶段所面临的主要研究课题；第 2 章介绍多媒体计算机的硬件组成及其主要技术原理和参数，以及多媒体操作系统的特点；第 3 章～第 6 章介绍数字音频、数字图像、数字视频和计算机动画的基本概念、数字化过程和处理方法，并结合实例介绍 Cool Edit、Photoshop、Premiere 和 Flash 等常用创作软件工具的使用方法；第 7 章介绍多媒体技术中的多媒体数据压缩、多媒体数据库、多媒体同步和网络多媒体等关键技术的基本思想和实现方法，并结合实例介绍流媒体制作发布环境的构建软件工具 Windows Media Services 的使用方法；第 8 章介绍多媒体应用软件开发的基本原则、方法，以及软件工具 Authorware 和 Microsoft Office PowerPoint 的使用方法；第 9 章是结合各类媒体的基本知识及其运用安排的实验。

本书由李实英负责编写大纲和统稿，并编写第 1 章、第 2 章以及第 7 章的部分内容；刘玲编写第 4 章、第 5 章和第 7 章的部分内容；姚敦红编写第 6 章和第 8 章；曹晓兰编写第 3 章；第 9 章内容由各相关负责人员编写。此外，本书附有电子课件，由刘玲统一制作。

本书参考了大量的同类以及相关教材，编者从中受到许多启发，也吸取了不少有益的内容，在此对这些文献的作者、出版者表示感谢。还要特别感谢给予作者支持和帮助的中南大学邹北骥教授和中国铁道出版社的各位编辑。

由于编者的水平和经验有限，书中难免存在不足和疏漏之处，敬请读者批评指正。

编　者
2011 年 11 月

目 录

第1章 绪 论

多媒体技术综合了计算机技术、电子技术和通信网络技术等的发展成果，同时也推进了这些技术的集成与融合，使人类获取、处理和传递信息的手段更加快捷和自由。本章主要介绍媒体及其含义和分类、多媒体技术的主要特性、多媒体技术在信息交流中的应用。

通过对本章内容的学习，应该能够做到：

- 了解：媒体和多媒体的定义和分类，多媒体技术的发展历史、主要特性及其在信息交流中的实际应用。
- 理解：多媒体技术的主要特性及其现阶段所面临的主要研究课题。

1.1 媒体与多媒体技术

媒体（Media）即媒介，在计算机领域有两层含义：一是指用以存储信息的实体，如光盘、磁盘和硬盘等；二是指传递信息的载体（即计算机中的数据），例如文字符号、图形图像、音频视频等。多媒体（Multimedia）不只是不同媒体的简单累加，而是指多种信息载体的有机结合。多媒体技术是一种以数字化技术为基础，能够对多种媒体信息进行采集、编码、存储、传输、处理和表现等综合处理，使各种媒体之间建立有机的逻辑关联并集成为一个具有良好交互性系统的技术。

虽然多媒体技术以计算机为基础，但它不只属于计算机技术范畴，在不同的领域还可以有不同的多媒体技术，例如，多媒体电视技术和多媒体通信技术等。本书强调的主要是计算机领域的多媒体技术。

媒体是传递信息的载体。多媒体是多种信息载体的有机结合。

1.1.1 媒体的分类

人类通过感觉器官感受到的各种感觉（如视觉、听觉、触觉、味觉和嗅觉等）来获取有关环境的信息，通过大脑对这些信息进行解释，并把当前的环境状况与先前的状况进行比较和分析，以便更加准确的认知环境。媒体就是这些数据信息的承载形式。根据国际电信联盟（International Telecommunication Union, ITU）的定义，媒体主要分以下5类：

① 感觉媒体（Perception Medium），指能直接作用于人类感觉器官（如视觉器官、听觉器官和触觉器官等），从而使人产生直接感觉的媒体，例如文字、语音、图像和视频等。

② 表示媒体（Representation Medium），是指为有效加工处理和传送感觉媒体而定义的代码或符号，它包括各种编码方式，例如语言编码、文本编码和图像编码等。

③ 显示媒体（Presentation Medium），是用于将感觉媒体与电信号进行转换的媒体。它分为输入显示媒体和输出显示媒体两类，前者是输入信息的工具或设备，例如键盘、鼠标和扫描仪等；后者指再现或输出信息的设备或工具，例如显示器和打印机等。

④ 存储媒体（Storage Medium），是感觉媒体的存储介质，例如光盘和硬盘等。

⑤ 传输媒体（Transmission Medium），是用于传输感觉媒体的物理介质，例如光缆和电缆。

这些媒体形式在多媒体技术领域都是密切相关的。如果不特别强调，多媒体技术中所指的媒体通常是感觉媒体，其他媒体主要是为感觉媒体在时间和空间上的有效处理和接收所进行的压缩、存储、显示和传输的介质。

1.1.2 多媒体技术中的媒体元素

当前计算机中处理的感觉媒体主要是视觉媒体、听觉媒体和触觉媒体，其他类型的感觉媒体还处于研究的起始阶段。感觉媒体的媒体元素主要有文字符号、图形图像、视频动画、音频和触点等。

1．文本（Text）

文本是多媒体应用程序的基础，对文本显示方式进行合理组织，可以使所显示的信息更加直观和易于理解。文本中通常包括文字符号（Symbol）和格式。符号主要包括人类创造的各种语言文字和图形符号，在计算机中用特定的数值表示，例如 ASCII 码和中文国标码等。带有各种文本排版信息等格式的文本称为格式化文本文件，这些格式包括段落格式、字体格式以及边框等信息，其中字体格式主要由字的格式（Style）、字的定位（Align）、字体（Font）和大小（Size）等文字的变化组成。

2．图形（Graphic）

图形一般指用计算机绘制的画面，例如直线、圆、圆弧和任意曲线等，也可以是这些图形的组合。图形的格式是一组描述点、线、面和体等几何图形的大小、形状以及位置和维数的指令集，例如 cycle（x，y，r，color）是画圆的指令。图形文件只记录生成图形的算法和图上的特征点，因此容易分别控制处理图形的各个部分，进行移动或缩放等操作并且不产生失真。这样生成的图形称为矢量图，多用于工程制图和美术设计等方面。

3．图像（Image）

图像是由视频采集卡和摄像机等输入设备捕捉的实际场景画面，或以数字化形式存储的场景画面。静止的图像可以看做是一个由排列成行列的点组成的矩阵，这些点称为像素（Pixel），这样的图像称为位图（Bitmap）。位图中每个像素的数值表示该点的亮度，黑白图像用 1 位（2 种灰度等级）表示，灰度图像用 4 位或 8 位（256 种灰度等级）表示。对于彩色图像，通常采用由表示红、绿、蓝和透明度的值合成后的数值表示该像素点的颜色和亮度。

图形和图像在技术上完全不同。例如，对于同样一幅圆的数据文件，如果它是由图形生成的，那么文件记录的是其圆心坐标、半径和颜色值；如果它是用图像的方式获取的，那么文件记录的是各个像素点的颜色值或亮度值。随着计算机技术的快速发展，图形和图像之间已可以互相转换。

4．视频（Video）

视频是按时间顺序连续播放的序列图像。视频图像可以由录像带、摄像机等视频信号源经过数字化处理后在计算机上存储或播放，往往带有同步的音频信息。

5．动画（Animation）

动画是运动的图像，由一帧帧时间上或内容上有关联的静态图像连续播放而成。计算机设计动画的方法主要有造型动画和帧动画两种。造型动画对每一个运动对象分别进行设计，赋予每个对象大小、形状、颜色等特征，然后按照脚本控制这些对象在每帧中出现的行为表现。所以造型动画的每帧画面由图形、声音、文字和调色板等造型元素组成。帧动画是由一幅幅分别设计制作的位图组成的连续画面。

动画与视频非常相似，区别仅在于视频中的图像来自于真实场景，而动画中的图像是计算机生成或辅助生成的图形或图像。它们都是按时间顺序连续播放的综合媒体，数据量非常大，常常需要进行压缩和快速解压缩等处理。

6．音频（Audio）

音频包括语音、乐音和音响。语音是人类为表达思想通过发音器官发出的声音，其物理形式是声波。乐音是符号化了的声音，可以通过乐谱转换成符号媒体形式。音响是指自然界除语音和乐音以外的声音，包括惊雷、涛声和各种噪声。声音通常用一种连续的波形来表示，振幅表示声音的强度，周期表示声音的频率。

7．触点（Touch Spot）

触点是触觉类媒体常见的形式，可以用来确定对象的位置、大小、方向和方位，并可以通过跟踪触点的移动，执行相应对象的移动。这样的功能已经在触摸屏等人机交互系统中得到应用，其他（如力反馈和运动反馈等）触觉媒体信息的表现也已具备显著的研究成果。

由以上介绍可以看出，各种媒体元素都有各自的特点和性质，有其擅长的特定范围，使用时需要根据具体的内容、上下文关联和使用目的等选择相应的媒体元素。一般而言，文本适合于表现概念和刻画细节，图形图像擅长于直观地表达思想轮廓以及蕴含于大量数值数据中的趋向性信息，视频和动画适于表现场景性的动态效果，运动媒体可以用于反映用户的交互意图和系统所做出的反应。这些媒体元素还可以根据需要共同出现，为用户提供更加全面的信息。

1.1.3　多媒体技术的主要特性

多媒体技术中的多媒体指多种形式的感觉媒体，是两类或两类以上的单一媒体通过不同的媒体元素有机地组合在一起，进行多种信息形态的处理和集成。这些组合媒体不仅具有单一媒体自身的性质，还具有因相互约束和相互协调而产生的连带性质。相应的，处理这些多媒体的技术需要理解它们之间的结合方式和关联，并加以有效的利用。

1．多媒体的性质

（1）多媒体具有空间性质

多媒体的表现空间包括每种可视媒体在显示空间中的显示位置、显示形式和先后顺序等，也包括音频媒体在听觉空间中的表现，并确定其与哪些可视媒体实时同步。另一种多媒体的空间性质表现在将环境中表达信息的各种媒体按相互的空间关系进行组织，全面整体地反映信息的空间结构。例如，对于一个三维空间的物体，要显示的不只是其正面信息，还应该随着用户的移动，同步地显示从用户观察角度所应观察到的该物体侧面或背面的信息。通过各种相应的外围设备，可以构成一个与人类信息处理系统相类似的、将视觉空间和听觉空间等感觉空间相互结合的多媒体虚拟空间信息环境。

（2）多媒体具有时间性质

许多媒体需要一定的时间才能得到很好的处理和理解，例如文本和图像；有些媒体完全依赖于时间的变化，在不同的时间坐标上会产生不同的信息内容，例如视/音频和运动媒体。与多媒体的空间性质相似，多媒体在时间轴上也可以建立一种先后顺序或实时同步的相互关系。

（3）多媒体具有语义性质

尽管计算机上表示的各种媒体在最低层次上都是二进制位流，但多媒体系统需要了解不同媒体的属性，从而对它们进行选择和合成等综合处理。通过对多媒体信息进行抽象化处理，可以更好地把握它们所表达的内容，也可以减少需要存储和传输的多媒体数据量。在抽象过程中逐步给不同媒体赋予语义，抽象的程度不同，语义的重点也不同。例如，图像的语义可以是对图像中物体的轮廓、颜色和纹理的抽象，也可以进一步抽象成对图像中各个物体的认知和理解。随着信息的抽象程度提高，数据量递减。

（4）多媒体具有相乘效应

多媒体之间的有机结合在信息接收和理解上可以相互支持、相得益彰。以记忆驻留效果为例，以谈话方式传递的信息，2 小时后能记住 70%，72 小时后能记住 10%；以观看的方式传递的信息，2 小时后能记住 72%，72 小时后能记住 20%；而以视听并举的方式传递的信息，2 小时后能记住 85%，72 小时后能记住 65%。事实上，人类正是在随时调用所有的感觉器官，借助不同的媒体同时感知其周围的环境，以便在综合判断的基础上做出最佳的行为抉择。

2．多媒体技术的主要特性

多媒体技术需要针对媒体的多样性、多种媒体的集成性、各种媒体与用户之间的交互性以及不同媒体之间的实时同步性来解决多媒体应用中的问题。

（1）媒体的多样性

人类对于信息的接收和理解主要来自于 5 个感觉空间，其中视觉、听觉和触觉所占的比例为 95%左右。与此相比，当前计算机所能处理的信息还只能按照比较简单的组合形式进行加工处理。媒体的多样化并不只是各种信息的简单输入和输出，还包括对输入的不同信息进行变换、组合和加工处理，并通过对计算机的周边设备和网络等进行重组和综合，来丰富信息的表现力和增强效果。多样化的信息处理具有更加广阔自由的空间，可以使用户对信息的接收和理解更加全面和正确。

（2）多媒体的集成性

多媒体的信息集成不是简单的信息累加。单一零散的媒体所提供的信息是片面的、不完整的，人类对环境信息的感知，虽然有信息来源的主次之分，但通过各个感官所获得的信息互相补充，从而得到一个更加全面、完整的环境认知。同样，多媒体技术也要求多种媒体信息的集成表现来满足用户多种信息的感知需要。

多媒体的集成性主要表现在各种信息媒体的集成以及处理这些媒体的硬件设备和软件的集成。虽然信息媒体是通过不同的通道输入或输出的，但对于用户而言，它们应该是一个整体。这种集成包括信息的多通道统一获取、多媒体信息的统一存储以及表现合成等。由于信息传输过程中的通信状况和噪声干扰可能会导致信息缺失，而且媒体信息的解释有时存在多义性，所以多种媒体的集成应用可以增强用户对信息的正确理解。与此相同，多媒体还应该在硬件上同时具有高速处理各种媒体信息的处理系统、大容量的存储能力、适合多媒体的输入/输出接口以及多媒体信息传输的通信网络；在软件上具有一体化的多媒体操作系统、适合于多媒体管理的数据库系统以及便于多媒体创作的各类应用软件等。通过这些硬件系统和软件系统的合理整合，信息媒体得到有效的集成，使信息更好地满足用户的需求。

（3）多媒体的交互性

多媒体信息的交互式使用、加工和控制手段，可以按照用户需求增加对信息的有效关注和理解。信息对于不同的个体或在不同的场合下有不同的重要性，即使是同样重要的信息，采用不同的表现方式可以产生不同的效果，以加强对这些信息的理解和控制。

数据是否转换成信息取决于接收者对数据的需求和理解程度。合适的交互手段可以帮助用户有效地获取更多信息。使用鼠标和键盘等工具在计算机上进行基本操作是简单的人机交互，但用户需要学习计算机的操作方法，这是人适应计算机的阶段。这样的交互方式在一定程度上限制了用户对信息的接收和理解。当用户可以通过自然动作，例如手势和声音等，利用任意交互方式自由地与计算机及其他设备进行交流，获得或传输所需要的各种媒体信息时，人机交互便进入智能阶段，这方面的研究工作正在积极开展。

（4）多媒体的实时同步性

多媒体中包括许多基于时间的媒体，如视/音频和动画，它们要求具有严格的时序控制和高速度的连续处理和显示播放。同时，不同媒体之间需要通过互相通信来保持同步和数据的交换传输，这就要求多媒体系统结构及其服务具有对各种媒体的实时同步处理能力。

多媒体具有空间性质、时间性质和语义性，多种媒体的有机结合可以产生相乘效应。多媒体技术具有媒体多样性、多媒体集成性、交互性和实时同步性。要完全实现多媒体技术的这些特性，还需要进行大量的研究工作。

1.2　多媒体技术与信息交流

多媒体技术的发展使信息内容的编辑和显示方式更加直接和直观，也使人类的信息交流手段实现了多样化和快捷化。

1.2.1　多媒体技术的发展历史

多媒体技术的概念起源于 20 世纪 80 年代初期，随着计算机技术和通信网络技术、大众传媒技术等现代信息技术的不断进步，多媒体技术在 20 世纪 90 年代得到了快速发展。多媒体技术是多学科不断融合、相互促进而产生的，是信息技术和应用需求的必然结果。

1984 年美国 Apple 公司在 Macintosh 计算机上使用窗口（Window）、图标（Icon）、菜单（Menu）和指针（Pointer）实现了图形用户界面（Graphics User Interface, GUI），利用鼠标作为交互设备，很大程度上改善了人机交互。1985 年，Microsoft 公司推出了 Windows 1.0 多用户的图形操作环境，并利用鼠标驱动的图形菜单，随后又陆续发布了一系列具有多媒体功能的、用户界面友好的多层窗口操作系统。同年，Commodore 公司推出第一台多媒体计算机 Amiga 系统，配置了图形处理芯片 Agnus 8370、音响处理芯片 Paula 8364 和视频处理芯片 Denise 8362。Amiga 具有专用的操作系统，能够处理多任务。

1986 年 Philips 和 Sony 公司联合推出交互式光盘系统（Compact Disc Interactive, CD-I），该系

统将各种媒体信息以数字形式存储在容量为 650 MB 的 CD-ROM 光盘上，用户可以直接读取和播放光盘中的多媒体信息。1987 年，RCA 公司展示了交互式数字视频系统（Digital Video Interactive, DVI），它以计算机技术为基础，用标准光盘来存储和检索多媒体信息。这项技术几经改进，成为 1989 年上市的 Action Media 750 多媒体技术产品。

进入 20 世纪 90 年代以后，多媒体个人计算机已成为厂商的关注对象，他们从硬件、软件以及外围设备等多方面提高计算机的多媒体处理能力，使个人计算机进入到多媒体计算机时代。关于多媒体计算机的相关内容将在第 2 章进行介绍。

多媒体技术是顺应信息时代需求，多学科交叉发展的结果，今后其总的发展趋势是处理高速化、存储大容量化、操作简单化和智能化，将具有更加自然的人机交互性。

1.2.2 多媒体技术对信息交流的改善

随着多媒体技术的发展和普及，人与人之间的信息交流逐渐实现了时间和空间上的跨越，而且各类信息的表示也更加直观、形象和易于被人接受。目前，多媒体技术的应用已经深入到教育、商业展示、信息咨询、电子出版、家庭娱乐以及科学研究等领域，尤其是多媒体技术与通信、网络相结合的远程教育、远程医疗和视频会议系统等，给人类的信息交流带来了巨大的变革。

在教育领域中，多媒体技术改变了传统的课堂教学方式。利用多媒体技术，可以制作各种带有图形图像和视/音频的课件，或将一些不易理解的现象和理论通过动画等形式进行说明和模拟，使学生的学习过程更加灵活生动，具体的应用系统有计算机辅助教学系统、多媒体演示系统、虚拟实验室和模拟训练等。另外，多媒体技术还可以通过计算机和简单的附加设备，将成人教育从以校园为主的教育模式改变成为以家庭/办公室为主的教育模式，实现无校舍、跨越时空的终身化教育。

多媒体电子出版物的内容多种多样，它打破了传统的纸质出版物信息传递上的局限性，改变了传统图书的发行、阅读、收藏和管理等方式，使印刷出版行业发生了质的变化。多媒体电子出版物除光盘出版物之外，还包括网络出版物，可以实时交互和重复使用。目前许多报纸、期刊和书籍都提供了相应的网络电子版。

多媒体网络是网络技术的发展方向。20 世纪 90 年代以来的"信息高速公路"计划，就是由多媒体技术触发的信息高技术创新，即用现有的"三电"（电子计算机、电子通信和广播电视）集成来推动"三网"（计算机网、公用通信网和广播电视网）合一，并使高速的大容量光纤通信实用化，实现信息产业和流通方式的变革。通过网络多媒体技术，远程信息（采购、教育和医疗等）服务以及商务或家庭式的多媒体会议和交流也将成为日常性的现实。

1.2.3 多媒体技术所面临的主要研究课题

多媒体技术在计算机、电子和通信技术领域的广泛应用使人类信息处理手段得到了大幅度提高。然而，计算机还缺乏类似于人类眼睛和耳朵等感官所能得到的视觉、听觉和触觉方面的信息处理能力，尤其是嗅觉和味觉的处理能力依然处于初期的研究阶段。这些感觉媒体信息在多媒体计算机上的有效融合处理也还需要假以时日。实现各种感觉媒体信息的处理能力及其它们的有机综合，使人类对环境的认知和相互交流方式更加快速、便捷且不受时空限制，是多媒体技术研究的终极目标。

　　用户与计算机之间的信息交流主要有 4 种形式：用户—计算机—用户，用户—计算机，计算机—用户以及计算机—计算机。其中每一种交流形式在信息的表达和传递等方式上都各有不同。计算机之间的通信包括通过网络进行传递、存储和检索多媒体数据。尽管已经开发了许多关于图像和音频等的数据交换标准，但是不同标准之间、不同程序之间甚至不同类型的计算机之间的多媒体数据交换仍然存在兼容问题。除此之外，针对多媒体数据的大容量化，还需要满足传输带宽和存储空间上的要求。在经由计算机的用户间交流上，计算机主要起到高效的传递媒体的作用，往往不需要计算机理解交流通信中的全部内容。例如，计算机传输和存储图像时只把图像当做一堆数据，不必对图像内容进行理解。然而，在远程教育和视频会议等多媒体技术应用中，通过计算机对所传输的多媒体数据进行理解，可以结合用户需要和传输条件对有效的数据内容及其传递表现方式进行合理的选择。用户与计算机之间的交互方式还处于用户学习和适应计算机的阶段，必须把人类并发的、联想的、模糊的和多样化的思维翻译成计算机所能接受的串行的、刻板的和明确的机器指令。随着多媒体技术的发展，将逐渐实现以人为中心的、自然直接的人机交互方式。

　　另外，多媒体技术还将根据用户的需求，选择更加有效的多媒体集成方式（声、图、文并茂）来承载信息，缩短信息传递和理解的路径。"最合适"的方法才是"最好的"方法，而这样的方法因用户而异，还因其当时所处的环境和条件而异。多媒体技术还需要在硬件和软件方面帮助人类随心所欲地获取、加工处理以及传输各种媒体信息，从而加强对人类自身及其所处环境的全面和正确的理解。

1.3　多媒体技术及应用的主要内容

　　多媒体技术需要研究的内容几乎遍及所有与信息相关的领域，本书主要讲述多媒体技术基础及其在计算机硬件和软件中的应用。

1.3.1　多媒体技术基础

　　多媒体技术需要研究的对象首先是媒体。媒体是传播信息的载体，不同的媒体有不同的性质和相应的处理方法。早期的计算机所处理的媒体主要是文字和数值，然而无论是表示还是表达，人类更加熟悉的是图形、图像、声音和触点等与人类感觉器官更加直接相通的媒体。而且，人类的不同感觉器官实际上是在同时工作的，每一种感觉之间相互影响产生"相乘效应"。因此，多媒体技术所研究的对象实际上是多媒体，即研究多媒体的大容量数据存储和传输所需要的数据压缩问题（多媒体压缩编码技术），多媒体的不同数据类型所带来的管理和存取问题（数据库技术），不同媒体之间传输、处理、表现等的同步问题（实时同步技术），以及多媒体之间的网络通信问题（网络多媒体技术）等。

1.3.2　多媒体硬件系统

　　多媒体计算机是多媒体技术的重要应用，用于各种多媒体处理的内部和外部硬件设备已经成为计算机的标准配置。例如，用于处理音频信息的音频卡，用于处理图像和视频信息的视频卡，适合于多媒体处理与通信指令体系的 CPU，以及多媒体信息输入/输出的鼠标、键盘、触摸屏、打印机和显示器等。另外，多媒体计算机的操作系统必须能够处理多媒体信息，尤其需要充分考虑基于时间的连续媒体的特性。多媒体操作系统必须支持系统资源的合理分配、对多媒体设备的有效管理以及各类媒体的时限要求。

1.3.3 多媒体应用软件

多媒体计算机处理的是二进制数据，各种不同的媒体信息大体经过以下处理过程：首先采集媒体数据并进行数字化，然后根据用户的需求加工成不同的表示形式，进而存储在计算机硬盘内或通过打印机/显示器显示出来或通过网络（如电子邮件等）传送出去。不同的媒体有不同的性质和与其特性相应的加工处理方法，例如音频处理软件 Goldwave 和 Cool Edit、图像处理软件 Photoshop、视频处理软件 Premiere 等。另外，还可以把不同的媒体组合后进行多媒体创作，设计制作商业广告、电子出版物和动画等多媒体作品。这些作品可以在多媒体计算机上存储和显示，还可以利用流媒体技术在网络或移动设备上发布。

小　结

本章介绍了媒体和多媒体的定义、多媒体技术的主要特性以及多媒体技术的实际应用等方面的基础知识。详细介绍了多媒体的时空性质、语义性质以及相乘效应，多媒体技术的媒体元素以及媒体多样性、多媒体集成性、交互性和实时同步性等主要特征。还介绍了多媒体技术在信息交流中的应用以及现阶段所面临的主要研究课题。

思考与练习

一、选择题

1. 下列选项中，_____不属于存储媒体。

    A. 纸张　　　　　B. 磁带　　　　　C. 光盘　　　　　D. 光纤

2. 多媒体计算机标准 MPC 1.0 是于_____年制定的。

    A. 1990　　　　　B. 2000　　　　　C. 1980　　　　　D. 1970

3. 多媒体系统的集成性主要表现在两方面，一方面是指_____的集成，另一方面是指把硬件设备和软件集成一个整体。

    A. 多媒体　　　　B. 感觉媒体　　　　C. 传输媒体　　　　D. 表现媒体

4. 多媒体具有_____等主要性质。

    A. 空间性质　　　B. 时间性质　　　　C. 语义性质　　　　D. 相加效应

二、问答题

1. 简述媒体的类别以及什么是多媒体。

2. 简述感觉媒体的媒体元素。

3. 简述多媒体技术的主要特征。

4. 列举两个多媒体技术应用的实例，叙述多媒体技术应用对人类社会的影响。

第 2 章　多媒体计算机

多媒体技术在计算机上的应用要求计算机具有多媒体处理功能。本章将介绍多媒体计算机的定义、硬件组成及基本性能指标以及多媒体操作系统等。

通过对本章内容的学习，应该能够做到：

- 了解：多媒体计算机的定义、多媒体计算机的硬件组成及其操作系统支持。
- 理解：多媒体计算机各个硬件组成部分的工作原理、基本性能和主要参数。
- 应用：基于多媒体计算机组成部分的特点和分类，能够根据实际需要选择适当的多媒体计算机配置。

2.1　多媒体计算机概述

多媒体计算机早期作为一种概念，是指可以同时处理声音和图像的计算机。20 世纪 80 年代中后期开始，随着半导体和计算机技术的快速发展以及视/音频等电子产品的低价格化，可以实现在个人计算机上进行多种媒体信息的交互处理和大信息量的高度集成。因此，通常所说的多媒体计算机是指多媒体个人计算机（Multimedia Personal Computer，MPC）。

2.1.1　多媒体计算机的定义

能够支持声音、图形图像、视频和文本等多种信息和多任务的综合处理，使多媒体信号在显示播放时保持同步和实时传输，并使人机界面交互融合，具有这些功能的计算机便称为多媒体计算机。

从多媒体计算机的定义可以看出，多媒体计算机是多媒体技术在计算机上的应用，它综合了多媒体技术的主要特点，即媒体的多样性、多媒体的集成性、交互性以及实时同步性。

多媒体计算机所处理的信息不仅局限于数值和文本，而且包括人类所接收信息的主要来源，即视觉、听觉和触觉等感觉器官所要求的信息。视觉要求的是文本、图形图像和动画视频，听觉要求的是乐音和语音，触觉要求的是力感觉、温湿度感觉和运动感觉等。嗅觉和味觉媒体的计算机处理也正处于研究中。多媒体计算机采用以下 3 种方法更好地综合处理声、文、图信息。

① 选用专用芯片设计专用接口单独解决。例如，利用音频接口进行音频的输入/输出和实时编解码等问题，利用视频接口处理视频信号的输入/输出及压缩编解码问题，利用局域网接口解决局域网与远程网的多媒体通信问题。

② 设计专用芯片和软件组成多媒体系统，综合处理不同媒体的加工、传输和存储问题，例如 Authorware 等各种多媒体软件工具。

③ 将多媒体技术集成到 CPU 芯片上，使计算机快速进行多种媒体的信息处理。

多媒体计算机是能够综合处理文字符号、图形图像、视/音频等多媒体数据，能够保持这些多媒体数据的同步表现和传输，并具有人机交互功能的计算机。

2.1.2 多媒体计算机的标准

多媒体计算机的多媒体功能是逐步升级和改进的。早期的多媒体计算机只具备音频卡和光盘驱动器等硬件设备。1990 年由 Microsoft、Philips、Tandy 和 NEC 等当时主要的个人计算机和多媒体产品厂商组成多媒体计算机市场协会（Multimedia PC Marketing Council），主要目的是制定多媒体计算平台标准。由于计算机技术的不断发展，MPC 的最低系统要求也随之不断提高。3 个 MPC 标准分别发布于 1991 年、1993 年和 1995 年，它们对多媒体计算机的最低系统要求如表 2-1 所示。

表 2-1　多媒体计算机最低功能要求标准

项　　　目	MPC Level 1	MPC Level 2	MPC Level 3
内存	2 MB	4 MB	8 MB
CPU	16 MHz 386SX	25 MHz 486SX	75 MHz Pentium
硬盘容量	30 MB	160 MB	540 MB
CD-ROM	单倍速（150 KB/s），最大 1 s 寻址时间	双倍速，最大寻址时间 400 ms	4 倍速，最大寻址时间 250 ms
音频卡	8 位，输入 11 kHz，输出 22 kHz	16 位，输出 44 kHz	16 位，输出 44 kHz
图像/视频卡	8 位，640×480 VGA	16 位，640×480 VGA	16 位，352×240 30 帧/秒视频系统，支持 MPEG-1 硬件和软件视频播放
操作系统	Windows 3.0	Windows 3.1	Windows 3.11/Windows 95

由表 2-1 可以看出，目前市场上的计算机大多都远远超过了 MPC Level 3 的最低配置要求。根据多媒体类别和功能的不同，多媒体计算机的硬件组成和操作系统将分别在 2.2 和 2.3 节中介绍，不同媒体的处理方法及其软件工具将在后续章节中进行具体的介绍。

2.2　多媒体计算机的硬件组成

多媒体计算机是将各种多媒体技术、电子产品和计算机网络等有机有序地高度集成，从而最大限度地实现多种媒体功能以及各功能之间的通信能力，例如多媒体数据的获取、实时处理以及数据的交换和输出等，使计算机能够及时满足用户多方位的信息要求。计算机所处理的是数字化的多媒体信息。文字符号、图形图像、视/音频信号需要通过硬件环境实现数字化存储和加工处理。这些硬件环境包括 CPU 处理器、内存、音频接口、视频接口、多媒体输入/输出（I/O）接口和多媒体存储设备等，多媒体计算机的硬件都在朝着大容量、高功率、高传输速度和轻便设计方向发展。

2.2.1　CPU 处理器

CPU（Central Processing Unit）即中央处理单元，是多媒体计算机的核心组成部分，其重要性相当于人的大脑，负责处理和运算计算机内的所有多媒体数据。CPU 通过主板芯片组控制与其他应用软件和设备之间的数据交换，不同的芯片组支持不同的 CPU，它们之间类似于大脑与神经系统的关系。多媒体计算机芯片组内纳入了 3D 加速显示和音频解码等多媒体功能，使计算机系统的图像/视频显示以及音频播放性能得到提高。CPU 主要由运算器、控制器、寄存器组和内部总线等构成，其性能由以下主要参数决定：

（1）主频

主频即时钟频率，用来表示 CPU 的数据运算处理速度。CPU 的主频=外频×倍频系数。外频指的是 CPU 的基准频率，是 CPU 与主板之间同步运行的速度；倍频系数是指 CPU 核心工作频率与外频之间的相对比例关系，通常是设计时预先锁定的（有可调倍频的新型 CPU）。一般而言，主频的数值越大，CPU 的运算速度也相对越快，但它们不是线性关系，CPU 的实际运算速度还与其他性能参数有关。

（2）总线频率

总线频率指的是数据传输速率，它直接影响 CPU 与内存数据的交换速度。数据传输最大带宽取决于所有同时传输的数据带宽和传输速率，即数据带宽=（总线频率×数据位宽）/8。例如，100 MHz 的总线频率指的是每秒 CPU 可以接收的数据传输量为 100 MHz×64 bit/8 bit/B=800 MB/s。计算机技术中采用的是二进制，代码只有 0 和 1，分别表示 1 位（bit）。CPU 在单位时间内一次能够处理的二进制位数称为字长，8 位成为 1 字节（byte，单位符号"B"）。目前通常的 CPU 位宽有 32 位和 64 位，分别可以一次处理 4 B 和 8 B。

（3）缓存

缓存（Cache）是介于 CPU 与内存之间进行高速数据交换的存储器，它将内存中的少部分数据复制过来，便于 CPU 即时读取数据。缓存容量增大可以提升 CPU 内部读取数据的命中率，从而提高系统性能。通常，CPU 带有一级缓存（L1 Cache）和二级缓存（L2 Cache），少数带有三级缓存。一级缓存受到 CPU 管芯面积的限制，容量比较小，通常为 32～256 KB，而二级缓存通常为 2 MB 以上。

（4）指令集

指令集是 CPU 用于计算和控制系统的一系列指令，分为复杂指令集（Complex Instruction Set Computing, CISC）和精简指令集（Reduced Instruction Set Computing, RISC）。多媒体计算机的 CPU 增加了大量多媒体控制指令。采用 CISC 的 CPU 中，程序的各条指令及其操作都按顺序串行执行，执行速度较慢，是目前市场上 CPU 的主流。而采用 RISC 的 CPU 并行处理能力较强，多用于高档服务器，在软件和硬件上都与 CISC 不兼容。

（5）多线程和多核心

多线程和多核心都适于充分利用 CPU 的资源，从而提高系统性能。多线程指的是让不同的 CPU 并行完成同一个任务，为 CPU 准备更多的待处理数据，减少因数据相关和缓存未命中后访问内存延时等引起的 CPU 闲置时间。多核心指的是单芯片多 CPU 结构，能够进行多任务和多线程处理，各 CPU 之间共享内存子系统和总线结构等资源。目前 CPU 的主要厂商是 Intel 和 AMD，市场上双核计算机已非常普遍，四核甚至八核计算机逐渐增多。

CPU 的性能取决于主频、总线频率、缓存以及线程等参数的综合作用，单项参数值超高并不能充分实现 CPU 的高性能。例如，1.0 GHz 的 Itanium 芯片的运行速度可以表现得与 2.66 GHz Xeon/Opteron 一样快。

2.2.2　内存

内存（Memory）是多媒体计算机直接寻址的记忆存储器，将需要 CPU 处理的数据及其处理运算结果暂时保存，其容量和性能直接影响计算机的运行速度和稳定性。内存一般采用半导体存储单元，包括只读存储器（Read Only Memory, ROM）和随机存储器（Random Access Memory, RAM）。ROM 用于保存计算机的 BIOS 等基本程序和数据，这些数据只能读取，不能改写，数据不会丢失，其外形是双列直插式的集成块。RAM 用于暂时保存计算机的处理结果，可以读写，但是停电等原因会导致数据丢失，其外形是一小块集成电路板。

内存性能的主要参数有内存主频、存储容量和存取速度等。主频用来表示内存的速度，即内存的最大工作频率，但是内存的时钟信号由主板芯片组或主板的时钟发生器提供，其实际工作频率并不由自身决定。存储容量是指内存可以容纳的信息量，它直接影响 CPU 的运行速度。由于价格原因，目前常见的内存存储容量主要有 1 GB 和 2 GB。存取速度（或存取周期）指两次独立存取操作所需的最短时间，一般为 60～100 ns。目前代表性的内存厂商有 Kingston、Kingmax 和 Corsair 等。

2.2.3　音频接口

音频卡又称声音卡（Sound card），是多媒体计算机的基本组成部分，是声音（包括语音和非语音）与数字信号之间相互转换的一种手段。音频卡把来自话筒或存储设备的模拟声音信号转换成数字信号（模数转换），经过加工处理后再次转换成模拟信号（数模转换），通过耳机、扬声器或音乐设备数字接口（MIDI）等外部音频放大器及音响系统进行播放。

1. 音频卡的功能

音频卡的基本功能主要是模拟信号的输入/输出功能、压缩和解压缩功能，数字声音处理器（DSP）和混音器（Mixer）功能、音乐合成功能以及文–语转换和语音识别功能。实现这些功能的软件支持包括驱动程序、混频程序和 CD 播放程序等，部分音频卡提供文语转换程序和语音识别程序。音频卡的接口如图 2-1 所示。线输入和线输出端口分别用于收音机和 MP3 等外接辅助音源的输入和输出。S/PIDF 接口是索尼和飞利浦数字音频接口格式的缩写。MIDI 及游戏摇杆接口可以配接游戏摇杆、模拟方向盘和电子乐器上的 MIDI 接口。

线输入　话筒　耳机　线输出 S/PIDF接口 MIDI接口

图 2-1　音频卡的接口

DSP 芯片带有 RAM 和 EPROM、I/O 接口、ADPCM（Adaptive Differential Pulse Code Modulation, 自适应微分脉冲编码调制）编码/解码程序等，其数字化声音接口有直接传送和 DMA 传送两种方式。直接传送方式是声音数据直接由应用程序通过 DSP 输入/输出，采用的是 8 位或 16 位脉冲编码调制（Pulse Code Modulation, PCM）数据；而 DMA（Direct Memory Access, 直接内存通道）传送方式是把声音数据输出到 DSP 或从 DSP 中输入声音数据，除 8 位或 16 位 PCM 数据外，还支持压缩数据格式 ADPCM。

混音器芯片可以对数字化声音、调频合成音乐、CD 音频及话筒输入等音频源进行混合。通过两个 I/O 端口可以对混音器的功能进行编程设置。除此之外，混音器还可以选择声音的 I/O 模式（单声道或立体声模式）和滤波器方式（高通滤波、低通滤波或关闭滤波功能）。

多媒体计算机通过内部合成器或连接到 MIDI 端口的外部合成器播放 MIDI 文件。MIDI 合成器的类型主要有频率调制（FM）合成和波形表（Wave Table）合成。一种声音的音色很大程度上依赖于其谐波的频率和振幅，FM 合成器是通过调制这些频率并合成产生各种乐器的音色。波形表合成器是预先将不同乐器的波形存储在表中，合成编辑时从中调用所需的乐器波形，从而得到更加逼真的乐音。

2. 音频卡的种类

音频卡最早是新加坡 Creative 公司 1989 年推出的 Sound Blaster，它已经成为各种音频卡的标准。衡量音频卡录制和重放声音质量的重要参数是采样率和量化位。当前的音频卡通常可以在 44.1 kHz 采样频率下对立体声源进行 16 位数字化处理。

按照接口类型，音频卡可以分成板式卡、集成卡和外置卡。

板式音频卡由 PCI 取代早期的 ISA 接口，改进了音频卡的性能和兼容性，支持即插即用。这类产品市场占有率比较高，包括低中高不同档次的产品。

集成音频卡集成在主板上，占用低 CPU 资源，不占用 PCI 接口，兼容性好，价格低廉。集成音频卡有软音频卡和硬音频卡之分。软音频卡没有主处理芯片，只有解码芯片，通过 CPU 的运算代替音频卡主处理芯片的作用。硬音频卡自带主处理芯片，不需要 CPU 参与声音处理。目前市场上集成音频卡占据主导地位，最大的厂商是中国台湾的 Realtek 公司。

外置音频卡通过 USB 接口与计算机连接，支持即插即用，移动便利。这类产品虽然音质较好，但是由于价格高，市场上还不多见，主要有 Creative 公司的 Extigy 和 Digital Music 等。

音频卡所采用的技术主要是 DSP 技术、CODEC 技术以及这两种技术的强强结合。DSP 音频卡自带 DSP 处理器，不依赖于 CPU，与 CPU 之间只进行数据交换，如 Creative 公司的 Sound Blaster 系列。CODEC 音频卡只进行声音的采样和播放，占用较多 CPU 资源，但成本低，如 Windows Sound System。另一类产品是以上两类的结合，采用有限可编程控制器来减轻主机的负担，并降低成本，例如 Turtle Beach 公司的 Mad 16。

2.2.4 图像/视频接口

视频卡又称显卡或图形卡（Video card/Graphics card），是计算机的基本组成部分，它不仅将数字化数据从存储介质中读出还原成视频信号，还将录像机、摄像机等的信息经过编辑加工，提供行扫描信号来控制显示器的正确显示。采集视频信号时，可以将单幅画面以多种图像文件格式进行存储，或者将动态连续的画面以每秒 25 或 30 帧的采样速度进行存储，并进行播放和加工处理。

图像数据经过 CPU 处理到达显示器，需要经过以下 4 个步骤：

① 由总线传输到图形处理器（Graphics Processing Unit, GPU）进行处理。

② 将显示芯片组（Video chipset，即 GPU）处理后的数据传输到显存（Video RAM）。

③ 显存读取出的数据由模数转换器（Digital Analog Converter, DAC）转换成模拟信号。

④ 将 DAC 的模拟信号传送到显示器。

1. 视频卡的基本结构元素

GPU、显存、显卡 BIOS 和散热装置是视频卡的基本结构元素。如图 2-2 所示，视频卡有 3 个接口：VGA 输出口、DVI 输出口和 ViVo（视频 I/O）接口。

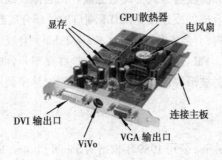

图 2-2 视频卡

GPU 的概念是由 NVidia 公司在发布 GeForce 256 时最早提出的，它使视频卡能够在进行 3D 图形绘制时减少对 CPU 的依赖，并可以进行图像处理和其他快速计算。其核心技术有硬件坐标转换和光照处理（Transform and Lighting, T&L）、纹理压缩和凹凸映射等。GPU 可以集成在主板上，借用部分计算机系统存储器进行图形处理（又称集成视频卡），也可以利用 PCI 或 PCI-E 等接口与主板连接，具有独立的图形存储器（又称独立视频卡）。独立视频卡在效能上远远高于集成视频卡，然而功耗和价格也比集成视频卡高出许多，因此当前 90% 的多媒体个人计算机使用的是集成视频卡。介于这两者之间，还有一类视频卡为了达到性能和价格的折中而降低功耗，配有专用的图形存储器，效能比较好。GPU 的主要参数是制造工艺和核心频率，其生产厂商主要有 NVidia 和 ATI/AMD 两家，他们在技术和市场上互相竞争，使 GPU 的性能和工艺不断得到提高。

显存类似于主板的内存，用来存储显示芯片组将要处理以及处理后的数据。独立视频卡有专用的显存，而集成卡分享计算机系统的内存。决定显存的主要参数是位宽、容量和频率。在视频卡的其他参数都相同的情况下，位宽和容量的数字越大其视频卡的性能越好。显存的主要厂商有 Kingston、三星和现代等。

显卡 BIOS 类似于主板的 BIOS，用于存放显示芯片组与驱动程序之间的控制程序，可以通过专用程序进行改写或升级。

散热装置是确保视频卡在正常性能下稳定工作的重要组件。由于视频卡功耗较大，运行过程中聚集的热能使内部和周围的组件温度升高而受到损害，尤其是 GPU 容易因高温而影响正常运转。大多数散热装置由散热片和电风扇组成，利用电风扇来吹散散热片表面的热量达到降温的效果。

2. 视频卡的种类

早期视频卡的主要功能是图像数据在输入设备、计算机和输出设备之间进行的模数转换和数模转换。随着计算机多媒体功能要求的多样化和高质量化，视频卡功能也出现多样化。根据视频卡的功能可将其分为 3 类：视频采集卡、视频压缩/解压卡和视频转换卡。

① 视频采集卡将摄像机或录像机等输入的模拟视频信号通过内置芯片转换成数字视频信号存储在计算机中或显示在 VGA（Video Graphic Array）显示器上。视频采集卡通常可以在捕捉

视频信息的同时捕捉音频信息，使视/音频信息在数字化时同步保存和播放。由于这类视频卡需要通过 CPU 执行 DVR（Digital Video Recorder）软件里的压缩算法，消耗计算机系统资源，因而又称软压缩卡。

② 视频压缩/解压卡在视频采集卡的基础上，增加了视频压缩和解压缩部分电路结构，由视频卡自带的 DSP 芯片执行压缩和解压缩算法，该类视频卡又称硬压缩卡。在压缩性能上硬压缩卡优于软压缩卡，但在价格和使用寿命上软压缩卡占优势。

③ 视频转换卡用于计算机信号和电视信号之间的转换。将计算机的 VGA 信号转换为 NTSC/PAL/SECAM 等标准信号在电视上播放或进行录像的卡称为 PC-TV 卡或 VGA-TV 卡。与之相反，将标准的 NTSC/PAL/SECAM 等电视信号转换成 VGA 信号在计算机显示器上显示的卡称为 TV-VGA 卡或电视调谐卡，可以通过计算机收看不同频道的电视节目。

2.2.5　多媒体输入设备

多媒体信息的输入是把原始数据和处理这些数据的指令程序输入到计算机，从而得到处理结果，是多媒体计算机与用户或其他设备之间进行交互处理的重要手段。随着计算机的快速普及和多媒体技术的发展，多媒体输入设备越来越人性化，更加直接地适应人类的自然行为习惯。

1. 常规输入设备

键盘和鼠标是最常见的计算机输入设备。键盘主要用于输入各种指令、数据和文字；鼠标主要用于显示器上的光标定位和菜单选项，在图形用户界面体系的计算机操作中与键盘一起发挥重要的作用。

大多数键盘有 101 键和 104 键，多媒体计算机应用中还增加了许多常用的快捷键，例如调节音量和收发电子邮件的快捷键。根据按键工作原理，目前市场上的键盘主要有塑料薄膜式键盘和电容式键盘。塑料薄膜式键盘由橡胶垫层和三层塑料薄膜层构成，其中上、下两层塑料薄膜上印刷了电路，并在按键位置下方有对应触点，通过中间层的圆点接触形成信号。该类键盘无机械磨损、低噪声和低成本，是市场上的主流产品。电容式键盘通过按键时改变电极间的距离产生电容量变化，形成暂时的允许震荡脉冲通过电容器的条件，从而获得通断控制信号。电容式键盘触点之间不需直接接触，因而无磨损、噪声小、手感好，但是价格比较高。

除了常规的硬体式键盘，例如台式计算机和笔记本式计算机键盘，还有可折叠的软体式键盘，便于携带。计算机通常提供两种键盘接口：PS/2 接口和 USB 接口，它们在性能上差别不大，但是后者更加便利。目前，利用红外线和蓝牙设备的无线键盘已出现在市场。

鼠标根据其工作原理可以分为机械鼠标和光电鼠标。机械鼠标主要由滚球、辊柱和光栅信号传感器组成。移动鼠标时，滚球带动辊柱转动，光栅信号传感器反映出鼠标在垂直和水平方向的位移变化，从而通过计算机程序控制光标在屏幕上的相应移动。光电鼠标利用光电传感器代替滚球，将检测出的鼠标位移信号转换成电脉冲信号，从而通过计算机程序控制屏幕上的光标移动。

通常的鼠标接口也有 PS/2 和 USB 接口两个接口，以及利用红外线或蓝牙的无线鼠标。除了二维定位的鼠标以外，还有 3D 鼠标。3D 鼠标可以控制前、后、左、右、上和下 6 个移动方向，有些甚至具有触觉回馈功能。

光笔通过在输入板上手写/手画进行计算机操作，可以取代鼠标的点击、拖动等功能，是一种更加符合用户书写行为习惯的人机交互工具。其输入准确率与配套使用的手写板的性能关系密切。手写板根据技术原理的不同，主要有电阻式、电磁式和电容式，与触摸屏的工作原理和性能相似。

2. 数码照相机/摄像机/摄像头

数码照相机（Digital Camera）是计算机外围输入的重要设备，将采集到的图像数据传输或存储到计算机。数码照相机利用感光器把镜头的入射光线转换成电荷，随后通过数模转换器芯片转换成数字信号。感光器称为电荷耦合器件（Charge Coupled Device, CCD），由许多排列成面阵的光敏元件（即像素）组成，其中每个光敏元件把光信号转换成比例的电信号，这些信号反映在组件上形成完整的画面。CCD 的加工工艺有 TTL（Transistor-Transistor Logic, 晶体管–晶体管逻辑电路）和 CMOS（Complementary Metal Oxide Semiconductor, 互补金属氧化半导体）两种，其耗电量级不同，TTL 工艺的 CCD 比 CMOS 性能稳定，但成本也更高。数码照相机中的 CCD 采用两种不同的结构，一种是将拜尔滤镜（Bayer Filter）加装在 CCD 上，每 4 个像素形成一个单元，其中两个像素各负责过滤红色和蓝色，另两个像素负责过滤绿色（增加画面亮度）；另一种是利用分光棱镜将入射光分析成红、绿、蓝 3 种色光，由 3 片 CCD 各自对一种色光成像。这种 3CCD 技术的照相机分辨率更高，但是价格也更加昂贵。

数码照相机的质量不仅由 CCD 决定，镜头以及通过 CCD 输出电信号形成图像的电路性能也非常重要，其主要参数有 CCD 尺寸、最大像素/有效像素、图像分辨率、光学变焦以及存储介质及其容量等。在相同的条件下，CCD 尺寸越大成像质量越好。最高像素通常包含 CCD 的非成像部分，有效像素是在镜头变焦倍率下换算出来的，更能反映图像质量。图像分辨率是照相机可选择的成像大小，例如 640×480 像素或 1 024×768 像素，像素数越少则图像面积越小。光学变焦通过镜片移动来放大或缩小所拍摄的场景，光学变焦倍数越大，则能拍摄的景物越远。数码照相机常见的存储卡有 SD 卡、MMC 卡和 SM 卡等，可存储容量及读写速度各不相同。

数字摄像机（Digital Video）用于拍摄数字视频，其工作原理以及主要参数与数字相机类似。

另外，数字摄像头随着宽带网络的普及和发展已成为多媒体计算机的重要视频输入设备，多用于网络视频（如 QQ 和 MSN）、视频会议、远程医疗及实时监控等方面。目前多媒体笔记本式计算机大多内带摄像头。

3. 扫描仪

扫描仪（Scanner）是将图形图像或文字等的模拟信号转换成数字信号的一种计算机外围设备。扫描仪由线性 CCD 阵列或光电倍增管（Photo Multiplier Tube, PMT）、光源和聚焦透镜组成。常见的扫描仪有平面式、滚筒式和便携式，可以扫描透明和非透明的材料。

① 平面扫描仪利用 CCD 光敏元件接收从原稿上反射回来的光线，并实现光电转换。对于不透明的材料，如照片和文本，较黑的区域反射较少的光线而较亮的区域反射较多的光线，因而 CCD 接收到的光亮度不同。对于照相底片等透明材料，CCD 接收的是透过材料的光线，扫描仪需要增加用于光源补偿的投射适配器装置。

② 滚筒式扫描仪又称鼓式扫描仪，主要用于专业印刷排版。采用二次发射倍增系统，能够实现高密度扫描，分辨出原稿的更多细节和 24～48 位色彩，但是扫描速度慢，耗时长，而且扫描仪价格昂贵。

③ 便携式扫描仪使用接触式传感器件（Contact Image Sensor, CIS），通过一列内置的 LED 发

光二极管照明,直接接触原稿表面读取图像数据,不需要透射/反射镜等光学系统,可以实现小体积和免预热扫描。

扫描仪的主要参数是光学分辨率、色彩位数/灰度级数和扫描速度。作为一般用途,目前市场上打印机与扫描仪一体的产品已比较多见。

4. 触摸屏

触摸屏(Touch Screen)是近年来比较常见的一种计算机输入设备,它比键盘和鼠标更加直观和人性化,只需用手指触摸计算机显示器前面的触摸屏上的图标或文字,就能实现操作输入,而不需要计算机操作的基础训练。触摸屏是通过对被触摸位置的坐标定位来检测和确定用户所输入的信息的。根据定位技术的不同,触摸屏可以有红外触摸屏、电阻膜触摸屏、电容触摸屏、表面声波触摸屏和光学式触摸屏等。下面主要介绍其中的 4 种。

(1)红外触摸屏(Infrared Touch Screen)

在红外触摸屏内侧排布纵横交错的红外线发射管和红外线接收管,形成一个二维的红外线矩阵。用户触摸时,手指挡住红外线的发射和接收,因而可以据此检测触摸位置的纵横坐标,如图 2-3 所示。除手指之外,还可以利用笔杆等其他代用品。最新的红外触摸屏可以抗光干扰,实现 1 000×720 的高分辨率,可长时间在有油污和划痕等恶劣环境中使用,可以实现多点触摸。然而,置于显示器前面的光点阵列框架使红外触摸屏外观显得比较笨重。

(2)电阻式触摸屏(Resistive Touch Screen)

电阻式触摸屏是利用压力感应在屏幕范围内进行触摸定位,它由表面涂有两层导电层的玻璃或硬塑料平板覆盖在显示器表面形成。当手指或其他代用品触摸屏幕时,两层导电层在触摸点的间隔减小,使该点的电阻发生变化,因而检测出触摸位置的纵横坐标,如图 2-4 所示。电阻式触摸屏可在有灰尘和水汽的环境中使用,最新的 5 线电阻式触摸屏采用超薄的导电层,实现高分辨率,比四线电阻式触摸屏具有更好的透光率和清晰度,使用寿命也更长。

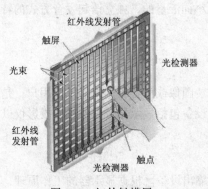

图 2-3　红外触摸屏

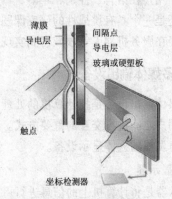

图 2-4　电阻式触摸屏

(3)电容式触摸屏(Capacitive Touch Screen)

电容式触摸屏是在玻璃屏内表面和夹层各涂有透明薄膜层(ITO),屏的 4 个边设有电极,在导电体内形成一个低电压交流场,如图 2-5 所示。用户触摸时,人体电场与触摸屏表面形成一个耦合电容器,4 个边的电极发出的电流流向触点,根据电流的强弱与手指及电极间的距离成正比检测出触摸点的位置坐标。电容触摸屏的透光率和清晰度较好,然而屏表面透光率不均匀,容易出现色彩失真和图像字符模糊等问题。

（4）表面声波触摸屏（Surface Acoustic Wave, SAW）

表面声波是一种在介质表面传播的超声波。表面声波触摸屏是根据沿玻璃表面传播的声波被罩在显示器上的声波栅格所阻断的情况来确定触摸点的位置坐标，如图 2-6 所示。SAW 触摸屏可以是平面、球面或柱面的玻璃平板，其四角分别设有垂直或水平方向超声波发射和接收换能器，四边刻有间隔精密的反射条纹。没有触摸时，发射信号和接收信号波形与参照波形一致；触摸时，发射声波能量被部分吸收从而导致接收波形出现衰减。通过分析接收波形的衰减可以计算出触摸点的坐标位置。SAW 触摸屏清晰度和透光率好、分辨率高、寿命长，可以有压力响应，目前在公共场所使用较多。然而，SAW 触摸屏对灰尘和油污等非常敏感，维护比较困难。

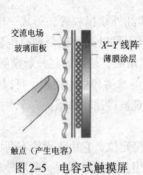

图 2-5　电容式触摸屏

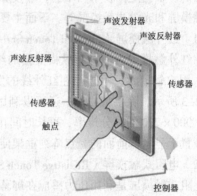

图 2-6　表面声波触摸屏

5. 语音输入

语音输入是将用户发出的声音转换成文字或符号，使计算机给出相应反馈的一种直接输入手段。由于用户在语言、性别、年龄、口音、发音速度和轻重习惯等方面存在差异，稳定的语音输入目前还是一个具有挑战性的研究课题，但是采用小词汇量的、独立语句发音方式的特定人语音输入已经在服务机器人等领域得到实现。

2.2.6　多媒体输出设备

多媒体输出设备是把计算机的处理结果以文字、图像或声音等形式显示给用户，是多媒体计算机与用户之间进行交互的重要方式。多媒体输出设备包括显示器、打印机、投影仪以及近年来得到快速发展的立体显示设备。

1. 显示器

显示器是将计算机上的信息进行可视化的重要输出设备。根据显示器的工作原理，目前市场上的显示器可以大体分为阴极射线管（Cathode Ray Tube, CRT）显示器、液晶显示器（Liquid Crystal Display, LCD）和等离子显示器（Plasma Display Panel，PDP）。

① CRT 显示器由电子枪、偏转线圈、孔状荫罩、高压石墨电极、荧光粉涂层和荧光屏组成。电子枪发射的电子光束照射到荧光屏上排列着的红、绿、蓝三色荧光粉单元（即像素）上，被激发的荧光粉单元分别发出相应的色光，根据颜色混合原理得到丰富的颜色。利用偏转线圈，电子束在荧光屏上快速进行逐行或隔行扫描，从而得到一幅完整的画面。

CRT 显示器的大小通常指的是显像管的对角线尺寸，与显示器的实际可视面积有出入。例如，

15 in 的显示器的可视面积大致为 13.8 in。按照显像管表面的平坦程度，CRT 显示器有球面显示器、平面直角显示器和纯平显示器。平面直角显示器通过将球面显像管的 4 个角改成直角，减轻了屏幕反光和图像失真程度，而纯平显示器使图像的失真和屏幕反光降低到最小。

② LCD 显示器利用液晶在电场作用下的光电效应来控制光线的明暗变化，从而实现显示图像的目的。目前市场上常见的液晶面板采用的是薄膜晶体管（Thin Film Transistor, TFT）型驱动，通过有源开关的方式实现对各个像素的独立控制，可以得到更精细的显示效果。从 TFT-LCD 显示器的背光板发射出的光线经过偏光板和液晶材料，使液晶分子的排列方式发生变化从而改变穿透液晶的光线角度，然后经过红、绿、蓝三色滤光片和偏光板，在液晶面板上形成各种不同的颜色组合。

LED（Light Emitting Diode）显示器是液晶显示器的一种，采用发光二极管（LED）代替液晶背光模组，亮度高，而且在使用寿命范围内实现稳定而丰富的色彩表现。

③ 等离子显示器利用电流激发显示屏上排列的密封的小低压气体室发出人眼看不见的紫外光，使紫外光抨击后面玻璃上的红、绿、蓝三色荧光体而成像。等离子显示器亮度高而且均匀，对比度高，色彩表现好。

显示器性能的主要参数是屏幕大小、可视角度、色彩表现、亮度对比度和响应时间等，其中，色彩表现指红、绿、蓝 3 种基本色可以有 6 位或者 8 位的灰度级数，即每个独立像素可以有 $64 \times 64 \times 64 = 262\ 144$ 或者 $256 \times 256 \times 256 = 16\ 777\ 216$ 种色彩表现。亮度对比是最大亮度值与最小亮度值的比值，其值越大画面层次感越强。通常 CRT 显示器的对比度是 500：1 或以上，而液晶显示器的对比度为 400：1 左右。响应时间是显示器各像素点对输入信号的反应速度，此值越小越好。

关于显示器的对比度，常见的还有动态对比度的概念，它指的是液晶显示器在某些特定情形下测得的对比度，比实际对比度高出许多。

2. 投影仪

投影仪主要作为计算机设备的延伸，将计算机上的信息放大显示在一定尺寸的大屏幕上，以方便多数人共享这些信息。目前市场上的投影仪主要有 LCD 投影仪、DLP 投影仪和 LCOS 投影仪。

（1）LCD 投影仪

LCD 投影仪分为两种，一种是利用传统的阴极射线管和液晶光阀作为成像元件，采用高亮度的外光源进行被动式投影的液晶光阀投影仪，其亮度高、分辨率大，适宜于大型会议厅等环境比较明亮的固定场合。另一种是以液晶板作为成像元件的液晶板投影仪，同样采用外光源和被动投影方式，其体积小、价格较低，广泛用于课堂教学和临时性会议等场合。

（2）DLP 投影仪

DLP（Digital Light Processor）投影仪以数字微镜面（Digital Micromirror Device, DMD）作为成像元件，提高光的利用效率，使图像颜色均匀、细节再现精确，适合于开放环境使用。

（3）LCOS 投影仪

LCOS（Liquid Crystal on Silicon）投影仪采用 CMOS 集成电路芯片作为液晶板的基片，提高液晶板的透光率，实现投影仪的高亮度、高分辨率和低成本。

投影仪的主要参数是投影亮度、对比度、标准分辨率和扫描频率。投影亮度与所采用的成像元件和光源有关，便携式投影仪的亮度一般为 1 000～2 000 ANSI 流明。对比度是投影画面最亮区和最暗区的亮度之比，对比度越高，投影灰度和色彩更加丰富，视觉效果更好。标准分辨率是设计投影仪达到最佳投影效果时的分辨率，由成像元件的精度决定。使用时可以根据投影需要调节工作分辨率，但是图像的清晰度和色彩层次会受到一定程度的影响。扫描频率分为行频和场频。通常行频为 50～100 kHz，场频为 60 Hz 左右。

3. 打印机

打印机是将计算机的处理结果打印在纸张和胶片等相关媒介上的输出设备。按照工作原理，目前市场上的打印机主要有喷墨式打印机和激光打印机。

（1）喷墨式打印机

喷墨式打印机是利用喷墨头将墨滴导引到设定的位置来印刷字符和图形。喷墨方式分为气泡式和液体压电式两类。气泡技术是利用强电场的作用使喷头管道中的部分墨水气化，产生气泡喷到纸张等介质上形成字符或图案；而液体压电式是通过施加电压到打印头喷嘴附近的压电陶瓷板上，使喷嘴中的墨滴喷出在介质上形成图案。喷墨式打印机头上一般有 48 或以上个喷嘴，从这些喷嘴喷出的墨滴可以是黑色或有色。有色墨滴根据颜色的混合原理，得到彩色打印效果。喷墨式打印机的价格较低、打印介质选择多，但是其打印质量受到分辨率、色彩表现的深浅控制以及墨盒和介质质量的影响。

（2）激光打印机

激光打印机是将激光扫描技术和电子显像技术相结合的非击打输出设备，由激光器、扫描器、硒鼓、同步器以及光偏转器等组成，其工作原理与复印机相似。计算机从接口输出二进制图文点阵信息到字形发生器，形成字形的二进制脉冲信息；同时由激光器发射出的单波长激光束经反射镜射入，这些信息和激光束经同步器调制后聚焦到硒鼓上，形成静电潜像，随后在转印电极的作用下定影成文字或图案。

激光打印机的机型不同，打印功能也有区别，然而都会经过充电、曝光、显影、转印、消电、清洁和定影 7 道工序。它与计算机之间的传输语言普遍采用标准的 PCL5 或 PCL6 语言，接口主要有 SCSI 接口或 USB 接口。有些激光打印机采用视频接口（VDO）方式直接从计算机接收激光束流，传输速度快，多用于印刷排版行业。

根据打印效果，激光打印机分为黑白激光打印机和彩色激光打印机。虽然黑白激光打印比喷墨式打印机购买价格高，但是由于其消耗部件的使用寿命较长，因而降低了单页的打印成本。彩色激光打印机在黑白打印机的基础上增加了黄、品红和青三色墨粉，通过硒鼓感光将各色墨粉转印到打印介质上。彩色激光打印机价格大致在万元左右，而且碳粉盒、硒鼓、转印组件和加热组件等消耗性部件的质量要求和价格也比较高，因而还不能实现普及应用。

4. 立体显示设备

根据人眼立体视觉原理，人类感知环境中的物体时，大脑将左右眼睛分别产生的图像融合在一起得到深度感觉，从而确定物体的三维位置。立体显示设备根据这一原理，利用计算机和显示设备来模拟实现人类立体视觉效果。常见的立体显示设备有头盔显示器、立体眼镜和双眼全方位监视器等。

（1）头盔显示器

头盔显示器（Head Mounted Display, HMD）通常固定在用户头部，如图 2-7 所示，用两个 LCD 显示器向左右两只眼睛分别显示图像。左右图像存在细小差异，由计算机分别驱动，然后经由大脑对这些图像差异进行处理后得到深度感知。HMD 由 3 个主要部分组成：显示器部分，负责显示计算机输出的图形图像；透镜和光学系统，负责将二维显示器的图像放大实现全像视觉；外壳，用于支撑 LCD 显示器和光学部件，并使佩戴者的视野和听觉与真实世界隔离。更重要的是，HMD 还带有头部位置跟踪设备，可以检测佩戴者头部的位置及运动方向，从而相应地改变场景的显示。HMD 可以显示计算机生成的虚拟场景或将虚拟场景与真实图像相结合的复合场景，画面清晰，沉浸感效果好。

（2）立体眼镜

立体眼镜（3D Glasses）分为被动式和主动式。其中，被动式立体眼镜带有一组垂直偏振片，使每次只有单只眼睛可以看到所显示的相应偏振光图像，头部不能自由活动。主动式立体眼镜（见图 2-8）由液晶光栅眼镜和红外线控制器组成。控制器高速切换液晶光栅，交替关闭左右眼睛的视野，从而在大脑中形成立体视觉。立体眼镜的主要参数是光栅开闭速度和屏幕刷新频率，结构比较简单轻便、价格低，头部可以活动，但是沉浸感效果不如头盔显示器好。

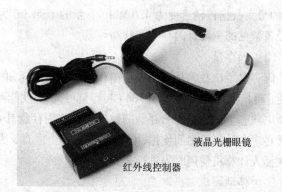

液晶光栅眼镜

红外线控制器

图 2-7 头盔显示器　　　　　　图 2-8 主动式立体眼镜

2.2.7 多媒体存储设备

由于多媒体数据的多样性以及音频/视频数据的海量存储要求，大容量存储能力和快速数据传输存取成为多媒体存储设备的特征和研发方向。下面介绍当前使用较多的 3 种主要存储设备。

1. 光存储设备

自 1980 年第一台光存储系统问世以来，光存储技术的研发工作得到了极大的关注和快速发展。目前常用的大容量光盘主要有 CD、DVD 和 BD。

（1）CD

CD（Compact Disc）用于存储音频文件和数据，分为只读光盘 CD-ROM、可刻录光盘 CD-R（一次性使用不可重写）和可重复刻录光盘（CD-RW）这 3 种，其容量通常为 650 MB，数据保存寿命为 70 年以上。

（2）DVD

DVD（Digital Versatile Disc）用于存储较大容量的视频/音频文件和数据，利用波长为 650 nm 的激光读取技术读取深藏于光盘片中的资料。按照 DVD 的格式和用途，它的存储容量有所不同。DVD-Video 用于存储电影和其他娱乐资料，可以有双面双层结构，总容量为 17 GB；只读

DVD-ROM 和可刻录 DVD-R 的容量为 4.7 GB；可重复刻录 DVD-RW 采用顺序读写存取，单面容量为 4.7 GB，与随机存取 DVD-RAM 相似，但是两者不能兼容；DVD-Audio 保存音频文件，其保真度比 CD 好。

（3）BD

BD（Blu-ray Disc）利用波长较短的蓝色激光（405 nm）读写存取数据，单面单层可以存储 25 GB 的视频文件，具有良好的反射率和存储密度，保护记录层的层面结实坚固，是新兴的大容量光存储设备（总容量可达 200 GB）。

CD 采用 780 nm 波长、DVD 采用 650 nm 波长、BD 采用 405 nm 波长的激光存取数据。波长越短的激光，在单位面积上记录或读取的信息越多。

2．USB 接口存储设备

USB（Universal Serial BUS，通用串行总线）接口是一个外部总线标准，用于连接计算机和外围设备之间的通信，支持设备的即插即用和热插拔功能，可多个设备同时连接而不损失带宽。USB 2.0 的最大数据传输速度为 480 Mbit/s，新的 USB 3.0 为 5 Gbit/s，均向下兼容。利用 USB 接口的存储设备常见的主要有闪存盘和移动硬盘。

（1）闪存盘

闪存盘（U 盘）是利用通用串行总线接口的无须物理驱动器的微型大容量移动存储盘，小巧轻便，价格低，存储量大（有 64 GB 容量可选），性能可靠。它采用闪存存储介质（Flash Memory），在断电状态下仍能保持所存储的数据。有些闪存盘具有加密功能，可以保证数据的安全性。由于经常在多台计算机之间使用，闪存盘容易带上病毒，因此，最好在新闪存盘使用前先做病毒免疫，每次插入计算机使用时先进行杀毒。

（2）移动硬盘

移动硬盘是以硬盘为存储介质，与计算机之间进行大容量数据交换的便携式存储设备。移动硬盘容量大（有 1 000 GB 可选）、传输速度快（多采用 USB 2.0 或 IEEE 1394 接口）、存储数据安全可靠（采用硅氧盘片）。移动硬盘的尺寸通常有 2.5 in（1 in=25.4mm）和 3.5 in 两种规格，后者体积较大，通常需要自带外置电源和散热风扇。移动硬盘的主要参数是读/写速度和容量。读/写速度通常由硬盘、读/写控制芯片和 USB 端口类型决定，目前移动硬盘的读/写控制芯片转速多为 5 400 r/min。

3．硬盘

硬盘（Hard Disc Drive, HDD）是计算机的主要存储媒介，由多个铝制或玻璃制的外表涂有铁磁性材料的盘片组成，通常被密封固定在硬盘驱动器中。硬盘有 CHS（Cylinder/Head/Sector）和线性寻址两种寻址方式。CHS 寻址式硬盘由磁头（Head）、磁道（Track）、扇区（Sector）和柱面（Cylinder）构成。其中，磁头数表示盘片数目，最大为 255；柱面数表示每一面盘片上的磁道数目，最大为 1 023；扇区数表示每一条磁道的扇区数目，最大为 63，每个扇区通常取 512 B。因此，硬盘的容量=柱面数×磁头数×扇区数×512 B。线性寻址式硬盘采用等密度结构，使外圈磁道的扇区比内圈磁道多，并改为以扇区为单位进行寻址，因而提高了硬盘容量。

硬盘的接口方式主要有 IDE、SCSI、SATA 和 SAS 等，不同的接口方式具有不同的数据传输速度。

① IDE（Integrated Drive Electronics）将盘体与控制器集成在一起，减少硬盘接口的电缆数目和长度，使数据传输的可靠性得到增强。这种接口类型的硬盘价格较低，兼容性强，硬盘安装方

便，是普通计算机的标准接口。

② SCSI 和光纤通道接口都是高速数据传输技术，具有高速带宽、热插拔等特点，主要应用于高端服务器等多硬盘系统。

③ SATA（Serial ATA）接口采用串行连接方式，具备纠错能力，能对传输指令进行检查，如果发现错误会自动矫正，在很大程度上提高了数据传输的可靠性。每次只传输一位数据，从而减少了连接电缆数目，提高了传输效率（1.5 Gbit/s）。SATA 接口结构简单，还具有热插拔功能。

SATA Ⅱ 是在 SATA 基础上发展起来的，其传输速度提高到 3 Gbit/s，还包括原生命令队列（Native Command Queuing, NCQ）、端口多路器和交错启动等技术特征。NCQ 技术可以对硬盘的指令执行顺序进行优化，在接收指令后对其进行排序和高效率寻址，避免磁头反复移动产生损耗。

④ SAS（Serial Attached SCSI）接口是在 SCSI 基础上发展起来的串行连接 SCSI 技术，提高传输速度并通过缩短连接线改进内部空间。SAS 接口技术可以兼容 SATA，SATA 可以被看做是 SAS 的一个子标准。SAS 采取直接点到点的串行传输方式，传输速度为 3 Gbit/s 以上，可以实现长距离的连接。

硬盘的主要参数是容量、转速、传输速率和缓存等。硬盘的容量通常为 1 GB=1 024 MB，但商家往往取 1 GB=1 000 MB，使硬盘的标称容量比实际容量大。通常，硬盘容量越大，单位字节的价格越低，主流硬盘容量为 320 GB 以上。转速是硬盘内电机主轴的旋转速度，即盘片每分钟的最大转数，它是决定硬盘传输速度的关键因素。通常台式计算机硬盘的转速为 7 200 r/min，笔记本式计算机硬盘为 5 400 r/min。传输速率主要由硬盘转速、接口方式和硬盘缓存决定。硬盘缓存（Cache Memory）是硬盘控制器的内存芯片，它是硬盘内部存储与外接设备之间的缓冲器，缓存越大，可以减小系统负荷，提高数据传输速度。目前硬盘制造商主要有 Seagate（收购了 Maxtor）、Westdigital 和日立等。

2.3　多媒体操作系统

操作系统是计算机软硬件系统的管理调控中心，用来提高系统中各类计算机资源的有效管理和利用，并为用户提供方便有效的人机交互界面。计算机资源可分为设备资源和信息资源。设备资源包括组成计算机的硬件设备及其周边设备；信息资源包括存放于计算机内的各种数据和应用软件等。由于多媒体计算机资源性质各异，大量使用基于时间的连续性媒体，例如音频和视频，因此，多媒体操作系统不仅需要解决实时媒体和非实时媒体之间的调度组合，还需要解决实时媒体之间的实时调度、分布式进程管理以及进程间通信等问题。

相对于通用操作系统，多媒体操作系统主要从系统体系结构、多媒体资源管理和分布式多媒体调度算法等几个方面对多媒体计算机给予支持。目前常用的 Windows、Mac OS X、Linux 类系统以及其他嵌入式操作系统都在原来的操作系统内核基础上进行了改进和扩展，从而能够支持多媒体技术的应用。

2.3.1　多媒体对操作系统的要求

由于多媒体计算机媒体的多样性、多媒体的集成性和交互性等特征，各种不同的媒体需要操作系统满足它们单个或组合形式的服务质量。

1．实时服务

多媒体中的音频/视频和动画等是基于时间的连续媒体，需要系统具有对时间的复杂控制和维护特定服务质量的机制，提供在系统短暂过载时进行保护和管理的模式。即使在遇到一些不可预见的延迟和抖动时，系统能够合理抢占资源，将延迟和抖动等控制在用户可容忍的限度内，保证服务质量。

2．中断等待

在连续媒体应用中，会频繁地产生中断请求并发向操作系统内核，这样的高事件流需求使上下文切换负担沉重，容易产生延迟和抖动。因此，需要对操作系统内核的内部结构进行改进，允许较高优先级的多媒体应用抢占资源。

3．优先级重组

由于多媒体应用的特性不尽相同，在共享同一个资源时，强实时媒体有时不得不等待弱实时媒体运行完成，因而导致延迟和抖动的发生。这时，需要系统根据多媒体任务的时限要求和优先级进行重新排序，动态调整优先级，保证多媒体应用的服务质量。

4．自适应机制

连续媒体需要周期性的服务活动，不能因为系统负载而暂时停止或加速。为了克服这样的问题，需要明确的服务时间以及操作系统对周期性操作和随机操作的自适应支持。

2.3.2 操作系统对多媒体的支持

对多媒体技术应用的支持已经成为计算机性能的一个重要方面。许多研究从系统的实时调度方案到设备驱动等，对通用操作系统进行改进以支持多媒体系统，尤其是对连续媒体的应用及其相互之间通信的支持。

1．系统体系结构的支持

通常，操作系统的基本结构是内核体系。进程管理、内存管理、文件系统和网络通信等服务都建立在内核之中，从而使内核机制变得庞大而复杂，难以扩展和移植。为适应多媒体应用的服务质量（Quality of Service, QoS）需求，多媒体操作系统必须具备以下几个方面的基本功能。

① 许可控制（Admission Control）功能可以检测系统的可利用资源能否满足多媒体应用所需的 QoS 参数。QoS 表示给定资源条件下的应用需求和服务能力，QoS 参数是描述不同多媒体应用特性的取值范围。例如描述时间分辨率的每秒帧数或采样速率，描述连续媒体传输的端到端延迟和抖动。基于 QoS 的管理模式可以确保重要任务不受延迟或丢弃，使系统对于动态的多媒体应用具有服务质量保证。

② 有效的资源调度和控制机制要求实现多媒体应用的充分资源共享。为不同的资源准备不同的调度和控制机制。例如对于 CPU 和硬盘 I/O 等互斥访问资源需要能够按照优先级区分实时调度和公平调度，而对于内存等共享资源，需要在空间上有效地共享复用。而且，资源调度机制可以对多媒体实际使用的资源进行统计，动态地调整资源分配。

③ 以数据为中心的内存管理方式更加适合多媒体应用的连续、快速和大容量数据特征，减少数据在内存、缓存和寄存器等不同空间中多次复制所引起的环境切换开销。

④ 实时性是连续媒体以及各媒体之间通信的基本要求。实时系统为多媒体操作系统提供了一个基于时间的、满足 QoS 需求的资源分配和管理方式，需要同时满足逻辑正确性和时间约束两

个条件。不同多媒体应用在时间上有不同的 QoS 需求，可以分成强实时媒体和弱实时媒体。强实时媒体必须充分占用资源以便实现该类媒体的期待效果，例如视频或音频的连续再现；而弱实时媒体有时被适当延缓，但是它们可能要求无故障完全处理，并保证处理结果正确可靠。

2．多媒体资源管理的支持

多媒体计算机的资源主要包括 CPU、内存和网络带宽等。对资源进行有效的管理，可以在再现视频或音频等多媒体时避免出现可能的延迟或抖动。这样的资源管理通常需要基于多媒体应用 QoS 保证。多媒体系统资源管理有 3 个过程：多媒体呼叫过程、多媒体传输过程和多媒体闭关过程。

① 多媒体呼叫过程中，申请端通过网络路径向资源端申请资源，先后包括 QoS 映射、QoS 协商、许可控制以及资源预定和分配。首先，将多媒体应用提出的 QoS 描述由上到下映射成系统层 QoS 描述；其次，检查当前系统资源能否满足系统层 QoS 请求，按照既定算法进行控制测试并提供最大满足 QoS 的值反馈给多媒体应用；最后，根据协商好的 QoS 进行资源预定和分配。

② 多媒体传输过程中，多媒体资源在网络上进行实时传输，包括 CPU 管理、缓冲区管理、速率控制、错误控制、资源监视和调整。当系统资源不能保证多媒体流 QoS 或被高优先级多媒体流抢占时，需要重新进行 QoS 协商，并对系统资源进行重新调整。

③ 多媒体关闭过程中，申请端通过网络路径向资源端申请关闭资源，或资源端强制性关闭资源，包括资源的释放和回收。

3．分布式多媒体调度算法的支持

多媒体计算机系统中的进程调度对于保证多媒体应用的 QoS 需求至关重要。多媒体系统有许多不同种类的信息源和信息类型，例如文字符号、图形图像、视频/音频流和动画等，这些连续媒体流往往需要长时间持续传输，而且在传输过程中会出现许多信息源和目的地，甚至在同一个信息源和目的地，不同的信息类型可以使用不同的 CPU 和通信通道。

分布式多媒体流的调度算法研究多媒体流的任务在 CPU 上运行的调度次序，以保证多媒体流的延迟和抖动 QoS 需求。适合分布式多媒体任务调度的系统调度算法主要有最早时限优先（ Earliest Deadline First, EDF ）算法和单调速率（ Rate Monotonic, RM ）算法及其扩展算法。这两类算法都是基于周期的调度，要求被调度的任务是独立的。

（1）EDF 算法

EDF 算法适用于预知资源申请的服务时间的情况。新的多媒体任务送达时，EDF 抢占当前正在运行的任务资源，并立即计算时限序列，按照最早时限对所有任务重新排序。如果新任务的运行时间比被中断任务时限早，则立即执行新任务，而被中断任务将根据 EDF 算法重新调度。由此可见，EDF 算法是依据多媒体任务的时限进行调度的，是抢占式算法，它可以用于周期性或非周期性随机任务调度，在为非周期性请求提供合理响应时间的同时，又能够保证实时请求在时限内得到服务。

（2）RM 算法

RM 算法对任务按照单调速率优先级进行资源分配。任务集内的每个任务由调度器事先按照调度速率赋予一个优先级，速率越快优先级越高，然后进行调度排序和相应的资源分配。RM 算法要求每个任务的执行必须在它的下一周期开始前完成，而且有固定的最大执行时间。对于不具有时限要求的非周期性任务，RM 算法将其转换成周期任务进行调度。RM 算法是静态最优调度算法，可以较好地保证任务的延迟和抖动 QoS 需求，但对于动态调度，EDF 算法效果更好。

小　结

本章主要介绍了多媒体计算机的定义、各类硬件组成及其规范，以及多媒体操作系统对多媒体应用的主要支持。详细介绍了多媒体计算机的 CPU 处理器和内存、音频接口和视频接口、输入/输出设备以及存储设备等主要多媒体计算机设备，其中重点包括 CPU 处理器、音频卡、视频卡、触摸屏、USB 接口存储设备和硬盘的工作原理和基本性能指标。还介绍了多媒体操作系统的基本功能、对多媒体应用的资源管理模式和调度算法。

思考与练习

一、选择题

1. 多媒体计算机是能够综合处理文字符号、图形图像、视/音频等多媒体数据，能够保持这些多媒体数据的同步表现和传输，并具有_____的计算机。

    A. 游戏功能　　　B. 通信功能　　　C. 人机交互功能　　D. 人机互惠功能

2. CPU 的性能取决于_____、_____、_____以及线程等参数的综合作用，单项参数值超高并不能充分实现 CPU 的高性能。

    A. 主频　　　　　　B. 总线频率　　　C. 显存　　　　　　D. 缓存

3. 内存（Memory）是多媒体计算机直接寻址的记忆存储器，将需要 CPU 处理的数据及其处理运算结果暂时保存，其容量和性能直接影响计算机的运行速度和稳定性。

    A. 间接寻址　　　B. ROM　　　　　C. RAM　　　　　　D. 直接寻址

4. _____的概念是由 NVidia 公司在发布 GeForce 256 时最早提出的，它使视频卡能够在进行 3D 图形绘制时减少对 CPU 的依赖，并可以进行图像处理和其他快速计算。

    A. CPU　　　　　　B. BIOS　　　　　C. GPU　　　　　　D. QoS

5. USB（Universal Serial BUS，通用串行总线）接口是一个外部总线标准，用于连接计算机和外围设备之间的通信，支持设备的_____和_____功能，可多个设备同时连接而不损失带宽。

    A. 即插即用　　　B. 数据传输　　　C. 设备通信　　　　D. 热插拔

二、问答题

1. 简述音频卡和视频卡的主要特点和参数。

2. 简述触摸屏的种类及各自的特点。

3. 简述数码照相机的主要技术指标。

4. 购买多媒体计算机时需要考虑哪些主要配置？

5. 为什么通用操作系统不能适应多媒体技术应用的需求？

第3章 数字音频处理技术

多媒体计算机需要综合处理声、文、图信息。声音是携带信息的重要媒体，对音频的处理技术是多媒体技术研究中的一个重要组成部分。本章首先介绍了声音的基础知识，然后介绍了音频数字化过程以及在音频数字化中涉及的一些重要概念：采样、量化、音频编码与压缩、数字音频的质量等，对常用的音频文件格式和音频软件也做了详细介绍。

通过对本章内容的学习，应该能够做到：

- 了解：什么是声音，人听觉系统的基本特性，几种常用音频软件的特点。
- 理解：声音的基本参数频率和振幅的含义，音频数字化的过程，音频编码与压缩的基本知识，数字音频质量的衡量标准。
- 掌握：采样和量化的基本原理，各种数字音频文件格式及其特点。
- 应用：能用 Cool Edit 和 Windows 录音机做简单的音频处理。

3.1 音频处理概述

音频处理是多媒体技术中的一个重要内容。早期的计算机虽然带有扬声器，但它只能实现一些简单的发声功能，自从配备了声卡之后，计算机才能真正实现声音录放、合成等功能，为计算机的应用开辟了一个声像结合的新世界。

3.1.1 什么是声音

世界上存在各种各样的声音，例如人类的话音、各种动物发出的声音、不同的乐器声、自然界的风雨雷声等，这些声音既有许多共同的特性，也有各自的特性。在利用计算机处理这些声音时，既要考虑它们的共性，又要考虑它们各自的特性。

从物理学的角度上讲，声音是一种机械波，由物体振动产生，并在弹性介质（如空气等）中传播，如人类话音由声带振动产生，弦乐器声音由弦振动产生……我们可以用声波来表示声音。声波是一条随时间变化的连续曲线，图 3-1（a）所示的是一个单一频率和幅度的声音波形，声音波形中两个连续的波峰（或波谷）之间的距离称为一个周期；振幅则是指声波波形的最大位移，它是波形的最高（低）点与基线之间的距离。

单音信号一般只有电子仪器才能产生，自然界存在的声音大多是复合音，即由若干频率和振幅各不相同的正弦波组成的音频信号，如图 3-1（b）所示。

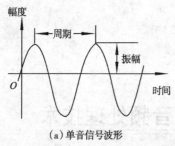
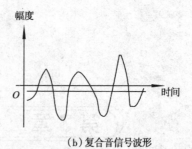

（a）单音信号波形　　　　　　　　　　（b）复合音信号波形

图3-1　单音信号和复合音信号波形

3.1.2　声音的基本参数

声音的三要素是音调、音色和音强。音调指声音的高低；音色指具有特色的声音；音强指声音的强度，又称响度或音量。而这三要素取决于声音信号的两个基本参数：频率和振幅，两者间有密切的联系。

1. 频率

根据物理学定义，频率是周期的倒数。声音的频率表示声波每秒中出现的周期数目，即变化的次数，以赫兹（Hz）为单位。

频率反映出声音的音调高低。频率越高，音调越细越尖；频率越低，音调粗低。声音按频率可分成三类。

① 次音（亚音）信号：指频率低于20 Hz的声音。

② 音频（Audio）信号：指频率范围在20 Hz～20 kHz之间的声音。

③ 超音频（超声波）信号：指频率高于20 kHz的声音。

这3类声音中，人的听觉器官只能感知到音频信号，次音信号和超音频信号人类无法听到，因此在多媒体技术中，处理的声音信号主要是音频信号，包括乐音、语音以及自然界的各种声音等。例如人类发音器官发出的声音频率范围大约是80～3 400 Hz，而人类正常说话的信号频率通常为300～3 000 Hz，人正常说话的声音信号称为语音（Speech）信号。

在复合音中，最低频率的声音称为基音，其他频率的声音称为谐音，基音和谐音是构成声音音色的重要因素。

2. 振幅

声波的振幅决定声音的强度，振幅越高，声音越强；振幅越低，声音越弱。

常用的幅度单位是分贝（dB），体现的是声强。人耳刚刚能听到的最低声音，称为听阈，例如0 dB。此外，当声强过高，达到120 dB以上时，会使人耳感到疼痛，称为痛阈。

人耳的听觉范围就在听阈与痛阈之间。

3.1.3　人的听觉特性

音频信号的感知过程与人耳的听觉系统密不可分。进入20世纪·80年代之后，科学工作者一直在研究利用人类的听觉系统的感知特性来处理声音信号的技术，特别是在利用人的听觉特性来压缩声音数据方面，已经取得很大的进展，如MP3的编码方式就是建立在感知声音编码的基本原理之上。

1．频率与音强的关系

研究表明，人耳对不同频率段声音的音强敏感度差别很大，即不同频率的声音要达到能被人耳听到的水平所需要的强度是不一样的。因此不同频率的纯音，0 dB 的音强不同，例如 1 kHz 纯音，音强达到 10^{-16} W/cm²（瓦/平方厘米）；而 100 Hz 的纯音，0 分贝的音强则要达到 10^{-12} W/cm²（瓦/平方厘米）。通常人耳对 2～4 kHz 范围内的信号最敏感，即使幅度很低，音量很小也能被人听到，而在低频区和高频区，能被人听到的信号幅度要高得多。

2．掩蔽效应

人的听觉具有掩蔽效应，是指一种音频信号会阻碍听觉系统感受另一种音频信号的现象，前者称为掩蔽音，后者称为被掩蔽音。掩蔽效应可分为频域掩蔽和时域掩蔽。

频域掩蔽是指在一定频率范围内，若同时存在一强一弱两个音频信号时，强音频信号会掩蔽另一个弱音频信号，使得弱音不被人耳察觉，即被强音"掩蔽"掉。

时域掩蔽是发生在掩蔽音和被掩蔽音不同时出现的情况下，包括超前掩蔽和滞后掩蔽。超前掩蔽是指较强的掩蔽音出现之前较弱的被掩蔽音无法听到，一般很短，大约只有 5～20 ms。而滞后掩蔽是指较强的掩蔽音即使消失了一段时间，较弱的被掩蔽音也无法听到，可以持续 50～200 ms。产生时域掩蔽的主要原因是人的大脑处理信息需要花费一定的时间。

3.1.4 音频数字化过程

音频信号在时间和幅度上都是连续的，时间上的连续意味着在一个指定的时间范围内声音信号的幅值有无穷多个；幅度上的连续指幅度的数值有无穷多个。这种时间和幅度上都连续的信号称为模拟信号。由于计算机只能处理二进制的数字信号，因此，模拟音频信号必须经过一定的变化和处理，使其从模拟信号变成时间和幅度都离散的二进制数字信号之后才能由计算机编辑和存储，这个过程称为音频数字化过程（见图 3-2）。

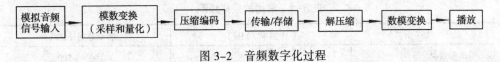

图 3-2　音频数字化过程

在音频数字化过程中，模拟音频信号输入一般由麦克风或录音机产生，再由声卡上的 WAVE 合成器的模/数转换器对模拟音频进行数字化变换，再压缩编码后，转换为一定字长的二进制序列，并在计算机内传输和存储。在数字音频回放时，由数字到模拟的转化器（数/模转换器）解码可将二进制编码恢复成原始的声音信号，通过音响设备输出。

3.2　音频的数字化

在上述音频信号数字化过程中，采样、量化和压缩编码是必不可少的 3 个步骤。将时间和幅度上都连续的模拟信号转换成时间和幅度都离散的数字信号的"模/数变换"是最重要的步骤之一，其间包括"采样"和"量化"两步——采样实现时间上的离散，量化则实现幅度上的离散。而压缩编码的目的则是为了尽可能在保证音频效果的前提下减少音频文件的数据率。

3.2.1 音频的采样

采样是按照设定的时间间隔，读取音频信号波形的幅度值。若每隔相等的时间间隔采样一次，则称为均匀采样（见图 3-3）；若采样时间间隔不恒定，则称为非均匀采样。

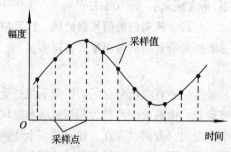

图 3-3 声音的采样

采样时间间隔称为采样周期，它的倒数称为采样频率，单位为 Hz。采样频率决定了每秒钟所取声波幅度样本的次数。一般来讲，采样频率高，每秒采集的样本多，声音的保真度越好，但所要求的数据存储量也越大，因此要根据需要权衡合适的采样频率。

音频数字化中的采样频率高低根据奈奎斯特定理（Nyquists Theorem），由声音信号本身的最高频率决定。奈奎斯特定理指出，采样频率若高于声音信号本身最高频率的两倍时，就能把数字声音不失真地还原成原始声音。奈奎斯特定理用公式表示，即

$$f_s > =2f \text{ 或 } T_s < =T/2$$

其中：f_s 为采样频率；f 为音频信号的最高频率，T_s 为采样周期；T 为音频信号的最小周期。

表 3-1 列出了几种常用的采样频率。例如人类发音器官发出的声音频率范围大约是 80 ～3 400 Hz，因此通常最少采用 8 kHz 的采样频率来处理人的声音信号。对于音频信号，根据不同的质量标准，通常采用 3 种采样频率，即 44.1 kHz（高保真效果）、22.05 kHz（音乐效果）和 11.025 kHz（语音效果）。

表 3-1 常用的采样频率

效 果	采样频率（kHz）	频率范围（Hz）
语音效果	11.025	100～5 500
音乐效果	22.050	20～11 000
高保真效果	44.1	5～20 000

采样是把模拟信号在时间域上以固定的时间间隔对波形值进行抽取，再用若干位二进制数表示。经过采样后，从原来随时间连续变化的模拟信号得到了一组样本，即一组离散的模拟信号。每秒的取样次数称为采样频率。采样频率直接影响到声音的质量，频率越高声音保真度越好，但数据量越大。一般采样频率大于信号最高频率两倍时就能不失真地还原原始声音。

3.2.2 音频的量化

采样进行了时间上的离散化，但采样后的信号波形的幅度值仍然是模拟数值，因此量化就是对样本（即采样后的信号波形）的幅度值进行离散化处理。

1. 量化过程

量化过程分两步：

① 将整个信号幅度值划分为有限个小幅度（量化阶距△）的集合。如果采用相等的量化阶距对采样得到的信号进行量化，那么这种量化称为均匀量化。均匀量化中，量化阶距 $\triangle = 2X_{max}/2^B$。其中：X_{max} 是声波最大幅值；2^B 是指若采用二进制数据表示量化值，则 B 位二进制码可以表示的量化值的个数。图 3-4 中采用 3 位二进制数表示量化值，则有 2^3 个量化值可以选择，因此整个波形分成 8 个量化阶距△。

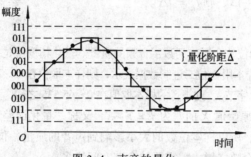

图 3-4　声音的量化

实际量化中，通常会以人的听力敏感度为准来设定更适当且不同大小的量化阶距，这种方式称为非均匀量化。在非均匀量化中，先将来自原始空间的采样值 X 用一个非线性变换电路进行压缩，得到值 Z，再对 Z 值进行线性量化，从而得到 Y 值。经过这一系列的转换后，Y 与最初的 X 值将存在一定的对应关系。在接受端，再用一个扩张器来恢复 X 值（见图 3-5）。

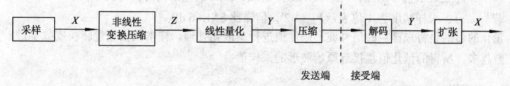

图 3-5　非均匀量化过程

发送端的量化输出数据 Y 与采样输入信号幅度 X 之间通常采用对数压缩，即 $y=1nx$。有两种常用的对应关系，一种称为 μ 律压扩算法（μ-law），另一种称为 A 律压扩算法（A-law）。

μ-law:

$$r = \frac{\text{sgn}(s)}{\ln(1+\mu)} \ln\left\{1 + \mu\left|\frac{s}{\text{sp}}\right|\right\}\mu\left|\frac{s}{\text{sp}}\right|\right\}. \left|\frac{s}{\text{sp}}\right| \le 1$$

A-1aw:

$$r = \begin{cases} \dfrac{A}{1+\ln A}\left(\dfrac{s}{\text{sp}}\right), & \left|\dfrac{s}{\text{sp}}\right| \le \dfrac{1}{A} \\[3mm] \dfrac{\text{sgn}(s)}{1+\ln A}\left[1 + \ln A\left|\dfrac{s}{\text{sp}}\right|\right], & \dfrac{1}{A} \le \left|\dfrac{s}{\text{sp}}\right| \le 1 \end{cases}$$

$$\text{whrer sgn}(s) = \begin{cases} 1 & \text{if } s > 0, \\ -1 & \text{otherwise} \end{cases}$$

其中 μ、A——压缩系数。压缩系数 μ 愈大，则压缩效果愈明显，$\mu = 0$，相当于无压缩。

s——输入信号，规格化为 $-1 <= s <= 1$

sgn（s）——输入信号 s 的极性（－1 或 1）。

μ 律压扩算法主要用在北美和日本等地区的数字电话通信系统中；而 A 律压扩算法用在欧洲和中国等地区的数字电话系统中。

② 把落在某个量化界线的 ±1/2 范围内的采样值归为一类，赋予同样的量化值。即设采样值为 i_n，若 $(i+\frac{1}{2})\Delta > i_n \geq (i-\frac{1}{2})\Delta$，则 $i_n = i\Delta$。

2．量化精度

量化中采用二进制数的位数会影响到数字音频的质量。量化精度就是指声音量化后样本值的位数（bit/s 或 b/s）。若每个声音样本用 3 位二进制数据表示，则样本取值在 0～7 之间，量化精度为 1/8；若用 16 位二进制数据表示（2 字节），则声音的样本取值在 0～65 535 之间，量化精度为 1/65 536。

量化后的样本值 Y 与原始值 X 的差为 $E = Y - X$，又称"量化误差"或"量化噪声"。量化误差随量化阶距变大而增加，所以样本位数的大小影响到声音的质量，位数越多，量化误差越小，声音质量越高，但数据量会随之增大，需要的存储空间增多。

量化精度可以用信噪比 SNR 表示：

$$SNR = 10\lg[(V_{signal})^2 / (V_{noise})^2] = 20\lg(V_{signal} / V_{noise})$$

其中：V_{signal} 表示信号电压，V_{noise} 表示噪声电压；SNR 的单位为分贝（dB）。

若 $V_{noise}=1$，采样精度为 1 位表示 $V_{signal}=2^1$，信噪比 SNR=6 dB。

量化的目的是将采样后的信号波形幅度值进行离散化处理，样本从模拟量转换成数字量。量化位数越多，所得的量化值越接近原始波形的采样值。

3.2.3 声道数

声道数即声音通道个数，一次采样所记录产生的声音波形个数决定声道数的多少。记录声音时，若每次生成一组声波数据称为单声道；每次生成两组声波数据称为双声道（立体声）。一般家庭影院的音响是 4.1 声道，即前后左右各一个声道，.1 是指低音音箱，也叫低音炮，用来播放分离的低频声音。

声道数多，音质音色好，更真实，存储容量也会相应增加。

3.2.4 音频编码与压缩基础

音频编码与压缩时通常考虑的因素有音频质量、数据量、计算复杂度等。目前音频编码压缩的技术主要分为四大类：波形编码、参数编码、混合编码和感知编码，如表 3-2 所示。

表 3-2 常见音频编码算法和标准

编码类型	算 法	名 称	数据率（kbit/s）	标 准	应 用	质 量
波形编码	PCM	脉冲编码调制			公共网 ISDN 配音	4.0～4.5
	μ(A)	μ(A)	64	G.711		
	APCM	自适应脉冲编码调制				
	DPCM	差分脉冲编码调制				
	ADPCM	自适应差分脉冲编码调制	32	G.721		
	SB-ADPCM	子带—自适应差值量化	64	G.722		

续表

编码类型	算　法	名　　称	数据率（kbit/s）	标　准	应　用	质　量
参数编码	LPC	线性预测编码	2.4		保密电话	2.5～3.5
混合编码	CELPC	码激励 LPC	4.8		移动通信	
	VSELP	矢量和激励 LPC	8		语音邮件	
	RPE-CELP	长时预测规则码激励	13.2		ISDN	3.7-4.0
	LD-CELP	低延时码激励 LPC	16	G.728		
感知编码	MPEG	多子带感知编码	128		CD	5.0
	AC-3	感知编码			音响	5.0

1. 波形编码

基于音频数据的统计特性进行的编码，其目标是使重建语音波形保持原波形的形状，具有算法简单，易于实现，可获得高质量语音等特点。常见的波形编码算法有以下几种：

（1）脉冲编码调制（Pulse Code Modulation，PCM）

其编码原理就是采样、均匀量化的理论，是一种没有进行压缩、最简单、理论上最完善的编码系统，也是数据量最大的编码系统。采用此种算法的波形音频文件，其存储量计算公式如下：

$$存储量=采样频率×量化位数×声道数×时间/8$$

说明：存储量单位为字节（B），时间单位为秒（s）。

例如，用 44.1 kHz 的采样频率进行采样，量化位数选用 16 位，则录制 1 秒的立体声节目，其波形文件所需的存储量为 44 100×16×2×1/8 =176 400（字节）。

（2）自适应脉冲编码调制（Adaptive Pulse Code Modulation，APCM）

自适应脉冲编码调制根据输入信号幅度大小来改变量化阶大小的一种波形编码技术。这种自适应可以是瞬间自适应，即量化间距的大小每隔几个样本就改变，也可以是音节自适应，即量化阶距的大小在较长时间周期内发生变化。

（3）差分脉冲编码调制（Differential Pulse Code Modulation，DPCM）

差分脉冲编码调制是利用样本间存在的信息冗余度来进行编码的一种压缩编码算法。利用音频信号幅度分布规律和样本间的相关性，在编码中使用预测技术，从过去的样本预测下一个样本的值。对预测的样本值与原始的样本值的差值进行编码，量化差值信号可以用比较少的二进制位数表示，以降低音频数据的编码率。

（4）自适应差分脉冲编码调制（Adaptive Differential PCM，ADPCM）

自适应差分脉冲编码调制综合了 APCM 的自适应特性和 DPCM 的差分特性。使用自适应的预测器和量化器，对不同频段设置不同的量化间距，用小的量化间距对小的差值进行编码，用大的量化间距对大的差值进行编码，较好地解决了 DPCM 编码对幅度急剧变化的输入信号会产生比较大的噪声的问题，使数据得到进一步的压缩，压缩率可达 8:4、8:3、8:2、16:4。

2. 参数编码

通过分析音频波形来产生声道激励和转移函数的参数，即提取生成声音的参数。将音频波形的编码实际转换为对这些参数的编码，使得声音的数据量大大减少。播放声音时，使用这些参数通过话音生成模型重构声音信号。这种编码方式产生的话音虽然可以听懂，但因为受到话音生成模型的限制，音质比较差，且算法复杂，计算量大，但它的保密性能好，压缩率高，因此这种编译方式一直用在军事上。

3．混合编码

将波形编码的高质量和参数编码的低数据率结合在一起的编码方式，能取得较好的效果。混合型编码充分利用了线性预测技术和综合分析技术，其典型算法有：码激励 LPC、矢量和激励 LPC、长时预测规则码激励、低延时码激励 LPC 等。

4．感知编码

当前，很多数字音频编码系统均采用感知编码原理，即利用人耳的听觉特性，如掩蔽效应等，在编码过程中保留人耳可以听到（感知）的部分，而忽略人耳听不到（不能感知）的部分，将听众察觉不了的信号去除。

这种算法一般属于有损压缩编码，也就是说，压缩后又恢复的数据和原来的数据理论上是不同的，但由于人耳识别范围的限制，如果选择了适当的压缩方法，尽管数据有损失，并不能感觉出太大的差别。即使有时能看出和听出差别，但感官上也还能接受。常见的感知编码有 MPEG 标准中的音频编码、Dolby AC-3 等。

3.2.5 数字音频的质量

数字音频质量主要受到采样频率、量化精度、声道数、压缩率等因素影响，因此，在将声音资料数字化时，需要注意下列问题：

① 采样频率是多少。

② 声音信号数据可以量化到什么程度，量化的阶距是否一致。

③ 声道数有多少。

④ 压缩率有多大。

根据声音的频带，通常把声音分成 5 个等级，由低到高分别是电话、调幅广播（AM）、调频（FM）、光盘（CD）和数字录音带（DAT）。在这 5 个等级中，使用的采样频率、样本精度等都有所不同，如表 3-3 所示。

表 3-3　音质与数据率

质　　量	采样频率（kHz）	样 本 精 度	声　　道	数据率（未压缩）（kb/s）	频率范围（Hz）
电话	8	8	单声道	8	200～3 400
AM Radio	11.025	8	单声道	11.0	100～5 500
FM Radio	22.050	16	立体声	88.2	20～11 000
CD	44.1	16	立体声	176.4	5～20 000
数字录音带 DAT	48	16	立体声	192.0	5～20 000
DVD Audio	192（max）	24（max）	6 声道	1200.0	0～96 000

数字化后的音频信息具有数据海量性的特点，对信息的存储和传输造成很大困难，因此对数据进行压缩是解决问题的一个重要手段。数据压缩不仅仅存在于音频信息上，所有的其他多媒体数据，例如图像、视频等都存在这个问题，而某些压缩编码算法也存在通用性。数据压缩算法的研究已成为多媒体信息处理的关键技术。

3.3 音频文件格式及标准

音频文件种类繁多，一般常见的音频文件格式包括 WAV 格式、MPEG 格式、流媒体音频格式（包括 RealMedia 格式、Windows Media 格式、QuickTime 等）、MP3、MIDI 等，适当的分类有助于我们更好地进行了解和分析。

3.3.1 波形文件格式

（1）WAV 文件

WAV 文件的扩展名为 WAV，是 Microsoft Windows 的标准数字音频文件，由微软和 IBM 公司于 1991 年 8 月联合开发。由于 Windows 的影响力，这种格式已成为事实上的通用音频格式，一般的音频播放软件和编辑软件都支持这一格式，并将该格式作为默认文件保存格式之一。

此种文件能真实记录声源的声音，声音效果稳定、一致性好，可以达到较高的音质要求。但由于该种文件数据记录详尽，音频数据基本没有经过压缩处理，因此数据量很大，一般适用于存放音频数据并做进一步处理，而不是用于聆听的音频文件。

（2）CD Audio 音乐

CD Audio 音乐文件的扩展名为.CDA，是 CD 唱片采用的格式，也是目前音质最好的音频格式。不过，在 CD 光盘中以 CDA 为后缀名的文件并没有真正包含声音的信息，而只是一个索引信息，不论 CD 音乐的长短，*.CDA 的文件都是 44 字节长，因此直接复制*.CDA 文件到硬盘上是无法播放的，只有使用专门的抓音轨软件才能对 CD 格式的文件进行转换。

（3）VOC 文件

VOC 文件是 Creative 公司波形音频文件格式，也是声霸卡使用的音频文件格式。该格式一个明显的缺点是带有浓厚的硬件相关色彩。随着 Windows 平台本身提供标准的 WAV 文件格式后，加上 Windows 平台不提供对 VOC 格式的直接支持，该格式逐渐消失，但现在的很多播放器和音频编辑器都还是支持该格式的。

3.3.2 MPEG 音频文件格式

MPEG（Moving Pictures Experts Group）即动态图像专家组，是 1988 年由国际标准化组织 ISO 和国际电工委员会 IEC 联合成立的专家组，负责开发电视图像数据和声音数据的编码、解码和同步等标准。该组织制定的标准称为 MPEG 标准，到目前为止，已经开发和正在研究的有 MPEG-1：数字电视标准（1992 年发布）、MPEG-2：数字电视标准（1994 年发布）、MPEG-4：多媒体应用标准（1999 年发布）、MPEG-7：多媒体内容描述接口标准。

在 MPEG-1 和 MPEG-2 标准中，关于音频数据压缩编码的技术标准有 MPEG-1 Audio、MPEG-2 Audio、MPEG-2 AAC 等，它们采用感知压缩编码原理，处理 10～20 000 Hz 范围内的声音数据，这种压缩一般属于有损压缩。

最常见的 MPEG 音频文件是 MP3 声音文件格式，其全称是 MPEG-1 Layer 3 音频文件。MPEG-1 标准按照音频本身的压缩质量和编码方案的复杂程度，提供 3 个独立的压缩层次，即 Layer 1、Layer 2、Layer 3。

① 层一（Layer 1）：最为简单的压缩层，编码器的输出数据率为 384 kbit/s，主要用于小型数字盒式磁带。

② 层二（Layer 2）：复杂程度中等的压缩层，编码器的输出数据率为 256 kbit/s～192 kbit/s，主要用于数字广播声音、数字音乐、只读光盘交互系统（CD-I）和视盘（VCD）等。

③ 层三（Layer 3）：最复杂的编码层，编码器的输出数据率为 64 kbit/s，主要用于网络上的声音传输。

用这 3 层标准压缩出的文件，分别对应*.MP1、*.MP2、*.MP3 这 3 种声音文件。

MPEG-1 声音的压缩率如表 3-4 所示。

表 3-4   MPEG-1 声音的压缩率

层 次	压 缩 率	立体声信号所对应的位率/kbit/s
1	4:1	384
2	6:1～8:1	256～192
3	10:1～12:1	128～112

由表 3-4 可知，mp3 压缩率较大，相同长度的音乐文件，用 mp3 的格式存储，所占的存储空间只相当于 WAV 文件的十分之一，但音质与 CD 唱片大体接近，因此在网络、可视电话、通信方面应用十分广泛。

3.3.3   流媒体音频文件格式

流媒体技术是网络技术及视/音频技术的有机结合，流媒体是指采用流式传输的方式在 Internet 上播放的各种媒体信息，例如音频、视频、动画等多媒体文件。

流式传输时，将经过压缩处理后的音频、视频、动画等信息放在流媒体服务器上，由流媒体服务器向用户端连续实时传送信息。在播放前先在用户端的计算机上创建一个缓冲区，预先下载一段数据作为缓冲后即可播放，文件的剩余部分将在后台继续下载。当网络实际连线速度小于播放所耗的速度时，播放程序就会取用缓冲区内的数据，避免播放的中断，使得播放品质得以保证。相对于传统的下载后播放方式，流媒体使得用户可以边接收边播放，减少了大量的等待时间。

流媒体音频方面，目前主要包括 RealNetwork 公司的 RealMedia 格式、Microsoft 的 Windows Media 和 Apple 公司的 QuickTime 等。

（1）RealMedia

RealMedia 是 RealNetwork 公司推出的流式声音格式，文件扩展名为.RA，.RAM 或.RM，是一种在网络上很常见的音频文件格式。这种格式的文件具有强大的压缩量和极小的失真，因此主要目标是压缩比和容错性，其次才是音质。该格式声音文件的一个特点是可以随网络带宽的不同而改变编码，使得低带宽（28.8 kbit/s）的用户能在线聆听。在 Real Media 出现之后，网络广播、网络教学、网上点播等众多网络服务应运而生，极大地促进了网络技术的发展。

（2）QuickTime

QuickTime 是 Apple 公司面向专业视频编辑、Web 网站创建和 CD-ROM 内容制作领域开发的多媒体技术平台，主要应用于声音管理，文件扩展名是.MOV，所对应的播放器是 QuickTime。QuickTime 支持几乎所有主流的个人计算平台，是数字媒体领域事实上的工业标准，是创建 3D 动画、实时效果、虚拟现实、音/视频和其他数字流媒体的重要基础。

（3）Windows Media

Media Microsoft 公司的 Windows Media 的核心是 ASF（Advanced Stream Format），文件的扩展名是.ASF 和.WMV，与它对应的播放器是微软公司的 Media Player。

3.3.4　MIDI

MIDI（Musical Instrument Digital Interface）即乐器数字接口，是一种定义 MIDI 电子音乐设备与计算机之间交换音乐信息的国际标准协议，规定了使用数字编码来描述音乐乐谱的规范。在 20 世纪 80 年代初期，MIDI 数字音乐国际标准才正式制定，并成为被音乐家和作曲家广泛接受和使用的一种音乐形式。

MIDI 是一个脚本语言，它通过对"事件"编码来产生某种声音。一个 MIDI 事件可能包含一个音阶的音调、持续的时间和音量。由 MIDI 控制器（或 MIDI 文件）产生一套指示电子音乐合成器要做什么、怎么做（如演奏某个音符、加大音量、生成音响效果）的标准指令。

因此，MIDI 音频文件与波形音频文件完全不同，MIDI 文件中存放的不是声音信号，而是一套计算机指令，这些指令如同乐谱一样记录下要演奏的符号，包含乐曲中的音符、定时和通道的演奏定义，甚至包括每个通道演奏的音符信息、音长、音量和力度（击键时，键达到最低位置的速度），是乐谱的一种数字式描述。通过这一套指令可以指示 MIDI 设备或其他相关装置要演奏什么、怎么演奏，例如，用什么乐器的声音演奏什么音符、或调节音量、或产生音响效果等。最后播出的声音是由 MIDI 设备根据这些指令产生，经放大后由扬声器输出。电子琴就是一种常见的 MIDI 设备。

常见的 MIDI 音频文件有*.MID、*.RMI 文件等，其中 RMI 是 Microsoft 公司的 MIDI 文件格式，可以包括图片标记和文本。

1. MIDI 乐音合成方法

MIDI 乐音的合成方法很多，常见的有两种：一种是频率调制（FM）合成法，另一种是乐音样本合成法，又称波形表合成法。

（1）频率调制（FM）合成法

FM 合成法是 20 世纪 70 年代末 80 年代初期，由美国斯坦福大学的一个研究生发明的。这种合成声音的原理是根据傅立叶级数而来。傅立叶级数的理论是：任何一种波形信号都可以被分解成若干个频率不同的正弦波，所以一个乐音也可以由若干个正弦波合成得到。

FM 合成法中，利用 FM 乐音合成器产生若干个频率不同的正弦波（见图 3-6），将这些不同频率的正弦波形用数字形式表达，通过不同的算法和参数把它们组合起来，如改变数字载波频率可以改变乐音的音调，改变它的幅度可以改变它的音量；改变波形的类型，例如正弦波、半正弦波或其他波形，会影响基本音调的完整性等，就可以得到不同乐音的数字信号，最后通过数模转换器（DAC）来生成乐音。

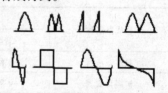

图 3-6　声音合成器波形

在乐音合成器中，数字载波波形和调制波形有很多种，不同型号的 FM 合成器所选用的波形也不同。至于这样产生的乐音有多接近真实的乐音，则取决于可用的波形源的数目、算法和波形的类型。

FM 合成方式是将多个频率的简单声音合成复合音来模拟各种乐器的声音，但是利用这种方法产生的声音音色少、音质差，所以这种方式是早期使用的方法。而现在用得比较多的一种方法是乐音样本合成法（波形表合成法）。

（2）乐音样本合成法（波形表合成法）

乐音样本合成法和 FM 合成法最大的不同在于：FM 合成法通过对简单正弦波的线性控制来模拟音乐乐器、鼓和特殊效果，而波形表合成法则是采用真实的声音样本进行回放。它先记录各种乐器的真实声音，并进行数字化处理形成波形数据，存储在 ROM 中。发音时通过查表找到所选乐器的波形数据，再经过调制、滤波、合成等处理形成立体声回放。

由于乐音样本合成器需要的输入控制参数比较少，控制的数字音效也不多，产生的声音质量比 FM 合成的声音质量更高，更直观，也更接近自然的声音。

在进行乐音样本采集时，一般是采用 44.1 kHz 的采样频率、16 位的乐音样本，这相当于 CD 的质量。

2. MIDI 系统简介

MIDI 系统基本设备配置包括 MIDI 控制器、MIDI 端口、音序器、合成器、扬声器。

① MIDI 控制器：例如电子琴等，是当做乐器使用的一种设备，键盘本身并不会发出声音，只是在用户按键时发出按键信息，产生 MIDI 数据流，数据流由音序器录制生成 MIDI 文件。

② MIDI 端口：与其他设备的接口，包括 MIDI In（输入）、MIDI Out（输出）、MIDI Thru（穿越）3 种。

③ 音序器：为 MIDI 作曲而设计的计算机程序或电子装置，用于记录、编辑、播放 MIDI 声音文件。大多数音序器能输入/输出 MIDI 文件，捕捉 MIDI 消息，将其存入 MIDI 文件，并可以编辑 MIDI 文件。有硬件音序器和软件音序器两种，目前大多数为软件音序器。

④ 合成器：利用数字信号处理器或其他芯片产生音乐或声音的电子装置。主要功能是解释 MIDI 文件中的指令符号，然后生成所需要的声音波形，经放大后由扬声器输出。合成器能产生许多不同的乐音，例如钢琴声、低音和鼓音等。合成方法主要是前面介绍的 FM 合成法与波表合成法两种。

在计算机构造的 MIDI 系统中，合成器是集成在声卡上的。MPC 规定声卡的合成器是多音色、多音调的。MPC 规格定义了两种音乐合成器：基本合成器和扩展合成器（见表 3-5）。

表 3-5　基本合成器和扩展合成器

合成器名称	旋律乐器声		打击乐器声	
	音色数	音调数	音色数	音调数
基本合成器	3 种音色	6 个音符	3 种音色	3 个音符
扩展合成器	9 种音色	16 个音符	8 种音色	16 个音符

基本合成器必须具备同时播放 3 种旋律音色和 3 种打击音色的能力，而且还必须具有同时播放 6 个旋律音符和 3 个打击音符的能力，因此基本合成器具有 9 种音调。其中，音色是声音的音质，取决于声音频率的组成，用于区分一种乐器与另一种乐器的声音，一个人的声音与另一个人的声音；音调是指合成器能够播放的音符数。

⑤ 扬声器：播放音乐的设备。

3．MIDI 音乐特点

MIDI 标准之所以受到欢迎，主要因为它具有以下优点：

① 生成的文件比较小：因为 MIDI 存储的是指令，而不是声音波形，每一分钟的 MIDI 音乐大约只占 5～10 KB。

② 容易编辑：在音序器的帮助下，用户可自由地改变音调、音色以及乐曲速度等，以达到需要的效果。

③ MIDI 声音适合重现打击乐或一些电子乐器的声音，可用计算机作曲。

④ 对 MIDI 的编辑很灵活：在音序器的帮助下，用户可自由地改变音调、音色以及乐曲速度等，以达到需要的效果。

因此 MIDI 音乐适合以下几种情况下使用：需要长时间播放高质量音乐；需要以音乐为背景的音响效果，同时从 CD – ROM 中装载其他数据；需要以音乐为背景的音响效果，同时播放波形音频或实现文—语转换，实现音乐和语音同时输出。

3.4　音频软件的使用

音频软件有很多种，一般都包括对音频文件进行播放、录制、编辑、混合以及转换格式等功能。本节主要介绍几款处理数字音频文件的音频软件。此处所说的数字音频主要是指用录音设备录制下来后的真实声音，通过采样、量化等处理，转换成能被计算机接受和处理的数字音频文件。

3.4.1　常见音频软件简介

1．Cool Edit Pro

Cool Edit Pro 是美国 Syntrillium Software Corporation 公司开发的一款功能强大、效果出色的专业化多轨录音和音频处理软件。可以同时处理多个文件，并可以在普通声卡上同时处理多达 128 轨的音频信号；提供多种特效，如放大、降低噪音压缩、扩展、回声、延迟、失真、调整音调等；可生成噪音、低音、静音、电话信号等声音；自动静音检测和删除，自动节拍查找；可以在 AIF、AU、MP3、Raw PCM、SAM、VOC、VOX、WAV 等多种文件格式之间进行转换。

2．Windows 录音机

该软件是 Windows 操作系统附带的一个声音处理软件，编辑和效果处理功能比较简单，且只能打开和保存*.WAV 格式的声音文件。录音时可以设置不同的数字化参数，并可以使用不同的算法压缩声音，其可做的编辑操作有：向文件中添加声音，删除部分声音文件，更改回放速度，更改回放音量，更改或转换声音文件类型，添加回音。

3．GoldWave

该软件是一个共享软件，文件小巧，不需安装即可使用，内含 LameMP3 编码插件，可直接制作高品质、多种压缩比率/采样比率/采样精度的 MP3 文件。GoldWave 同时附有许多效果处理功能，可将编辑好的文件保存成 MP3、WAV、AU、SND、RAW、AFC 等多种格式，也可以从 CD、DVD、VCD 以及其他视频文件中获取声音。其他功能还有：以不同的采样频率录制声音信号；声音剪辑，例如删除声音片段，复制声音片段，连接两段声音，把多种声音合成在一起等；增加特殊效果，例如增加混响时间，生成回音效果，改变声音的频率，制作声音的淡入/淡出效果，颠倒声音等。

4．SoundForge

该软件由 Sonic Foundry 公司开发，具有全套的音频处理、工具和效果制作等功能，界面简单、可操作性强。它不仅能够直观地实现对音频文件的编辑，也能对视频文件中的声音部分进行各种处理，因此特别适用于多媒体音频编辑。此外，SoundForge 的录音界面非常专业且实用，可以满足任何录音要求，录音功能完全达到甚至超过了专业硬件录音设备。SoundForge+计算机+声卡就可以组成一台硬盘录音机。在购买某些品牌声卡时，往往会附送 SoundForge。录音生成 WAV 文件。

5．MIDI 音乐软件

（1）Cakewalk

该软件是最著名的 MIDI 工具软件，功能强大，可编辑、创作、调试 MIDI 音乐。Cakewalk 4.0 之后，加入了音频处理功能。Cakewalk 有很多种不同的版本，从低到高分别为 CakeWalkExpress Gold 初级版、用于家庭娱乐的 CakeWalk HomeStudio 家用版、加入音频编辑功能的 CakeWalk Professional 专业版以及功能齐备的 CakeWalk Pro Audio 专业音频版。

（2）Midisoft Studio

该软件是 Midisoft Corporation 专业 MIDI 制作软件，能够录制、播放 MIDI 等格式的乐曲，并能编辑可打印乐谱（五线谱）。

3.4.2　Cool Edit 简介

Cool Edit 是一个功能强大的专业级音频处理软件，本身具有录音功能，提供了许多已经设置好的样例音效，还可以让用户随便增减或自定义各种音效模式音频文件的编辑软件，主要有以下几种功能：

① 录制音频文件，多文件、多音轨操作。

② 对音频文件进行剪切、粘贴、合并、重叠声音操作。

③ 提供多种特效，如放大、降低噪音压缩、扩展、回声、延迟、失真、调整音调等。

④ 可生成噪音、低音、静音、电话信号等声音。

⑤ 自动静音检测和删除，自动节拍查找。

⑥ 多种文件格式转换。

1．Cool Edit 界面

Cool Edit 界面分为两种：波形文件编辑界面和多音轨界面。两种界面可使用功能键 F12 或切换按钮进行切换。

（1）波形文件编辑界面（见图 3-7）

波形文件编辑界面一次只能对一个声音文件的波形进行编辑。

① 界面由标题栏、工具条、状态栏、编辑区等组成。

② 在编辑区将鼠标移至波形文件的任意地方可进行选择等操作。

③ 缩放键可以缩放编辑区波形的振幅和频率。

④ 播放控制键用于音频的录放控制；时间显示区显示指针所在的起始位置、音频文件的时长、当前选择数据范围长度等。

⑤ 立体声音频显示两个波形，单声道的音频只有一个。

⑥ 底部的状态栏提示当前编辑的时间等信息。

（2）多音轨编辑界面（见图 3-8）

我们听到的音乐一般都是由多个不同音轨混合后得到的，在多音轨编辑界面中最多能完成 128 个音轨的录音、编辑、合成等任务。多音轨界面主要由文件列表窗口和音轨编辑区组成。音轨编辑区中一个音轨可以插入一个波形。

① CEP 的多轨窗口中有一条竖状的亮线，播放时，随着它的移动作用于经过的所有轨道。

② 按住鼠标右键，可以对音轨中的波形文件进行左右拖动，以设置其播放时间。也可以上下拖动，移至其他轨道。

③ 双击某个音轨可以切换至该音轨的波形文件编辑界面中。

④ 各个轨道的左边按钮中，有 3 个较醒目的按钮 R、S、M，分别代表录音状态、独奏、静音，可按照需要选用与取消对此轨道的作用。

图 3-7　波形文件编辑界面

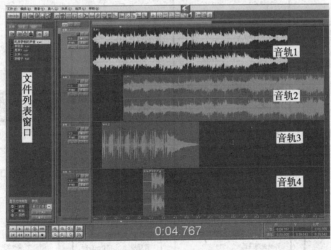

图 3-8　多音轨编辑界面

2．菜单结构

下面对波形文件编辑界面中几个常用的菜单进行说明（见图 3-9 和图 3-10）。

图 3-9　波形文件编辑界面菜单栏

① "文件"菜单：提供对工程文件的基本操作，包括建立、打开、追加、保存工程等。一个工程可能由多个波形文件组成。

② "编辑"菜单：提供基本的音频编辑命令，例如复制、剪切、粘贴、混缩粘贴、全选、删除选区、转换音频格式等。

在进行编辑操作时，应首先选择需要处理的区域，如果不选，则是对整个波形音频文件进行操作。

③ "查看"菜单：改变窗口视图，打开关闭各种窗口。

④ "效果"菜单：音频特殊效果编辑。

Cool Edit 不仅具有完备的音效编辑功能，包括反相、倒置、变速变调、音量调节、噪音消除等，还提供了许多已经设置好的样例音效让用户选择，用户也可以随便增减或自定义各种音效模式。

⑤ "生成"菜单：产生一些特殊的声音，例如静音、噪音以及铃音等，也可以产生一些频率和振幅有规律的声波文件。

⑥ "分析"菜单：对波形音频进行频谱、相位分析和波形统计。

⑦ "偏好"菜单：列出用户常用的一些音效命令。

⑧ "选项"菜单：包括设置循环播放模式、时间录音模式、启用 MIDI、Windows 录音控制台等命令。

⑨ "窗口"菜单：在已经打开的多个波形文件之间进行切换。

⑩ "帮助"菜单：提供相关帮助信息。

"文件"菜单

"编辑"菜单

"查看"菜单

"效果"菜单

"生成"菜单

图 3-10　波形文件编辑界面菜单

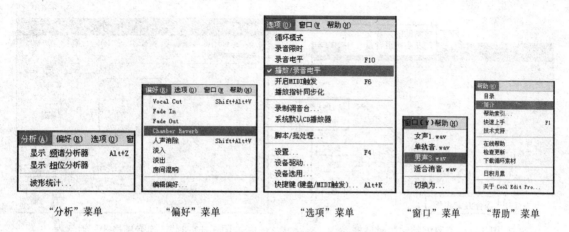

"分析"菜单　　"偏好"菜单　　"选项"菜单　　"窗口"菜单　　"帮助"菜单

图 3-10　波形文件编辑界面菜单（续）

3.5　音频效果处理技巧

音频效果处理是指对原始录制之后的音频进行编辑、修饰或增加特殊效果。

3.5.1　常用音频编辑命令

（1）声音的插入、混合和替换

用"混缩粘贴"命令能在当前波形文件的插入点中，混合剪贴板中音频数据或其他音频文件数据。混缩粘贴对话框中的参数含义如下（见图 3-11）。

① 左、右音量滚动条代表被粘贴的声音文件的左右声道音量，若为单声道文件，则只有一个声道音量调节。

② 混合方式的选择分为：插入、混合、替换和调制。

- 插入：将剪贴板中数据插到当前文件插入点之后，原波形插入点之后的数据后移。
- 混合：被粘贴的数据不会取代当前文件中选定的部分，而是与当前选定的部分叠加，若被粘贴的数据比当前文件的选定部分长，则超出范围的部分将继续被粘贴。
- 替换：被插入的数据替换原波形数据。
- 调制：与混合相似，只是音量要相乘混合后输出。

③ 数据来源：数据可以来自剪贴板、文件等。

（2）将单轨音频转为立体声音频

选择"编辑"|"转换音频格式"命令，弹出"转换音频格式"对话框，设置声道数、采样率和量化位数（见图 3-12）。

（3）调整采样率

选择"编辑"|"调整采样率"命令，弹出"转换音频格式"对话框，可临时设置和调整音频播放时声卡回放的采样率，但不破坏原始音频。

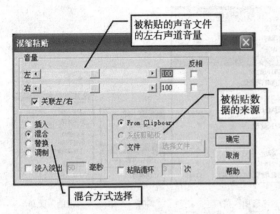

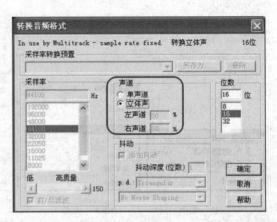

图 3-11 "混缩粘贴"对话框   图 3-12 "转换音频格式"对话框

3.5.2 常用音效命令

（1）"效果"命令中的几个基本操作

① 反相：交换波形振幅（见图 3-13）。

② 倒置：把声波从后往前反向播放。

③ 静音：产生无声音的波形。

（2）改变声音频率和节拍

选择"效果"|"变速变调"|"变速器"命令，弹出"变速变调"对话框，在此对话框中可以改变声波的音调（频率）和节拍，例如可以改变一首歌的音调到高音或不改变音调而改变播放速度（见图 3-14）。

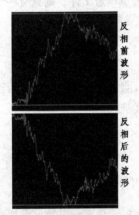

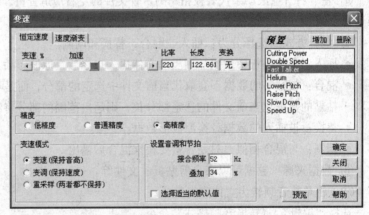

图 3-13 "反相"效果   图 3-14 "变速"对话框

（3）调节音量大小

选择"效果"|"波形振幅"命令，弹出"波形振幅"对话框，其中"恒量改变"和"淡入/出"两个选项卡的功能分别如下：

① 恒量改变：改变整个声波振幅，即改变音量（见图 3-15）。可以自己设置参数，也可以从预设框中选择样例音效。

② 淡入/出：声音波形振幅逐渐增大或减小（见图 3-16）。

图 3-15　"恒量改变"选项卡

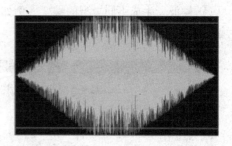

图 3-16　淡入/淡出效果

（4）特殊音效

选择"效果"|"常用效果器"命令，可以给音频添加回声、合唱、延时等特效。

选择"效果"|"常用效果器"|"房间回声"命令，弹出"房间回声"对话框（见图 3-17），通过设置不同的参数（房间大小、回声强度等）可以产生各种房间中的回声效果。

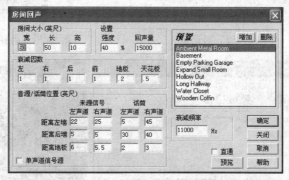

图 3-17　"房间回声"对话框

（5）噪音消除

选择"效果"|"噪音消除"命令可用于降低背景噪音，例如移去咔嗒声、磁带的咝咝声等一定频率的噪音，并进行破音修复等操作。

3.5.3　特殊音频的生成

选择"效果"|"生成"命令，可生成多种特殊音频。

① 静音，即波形振幅为 0 的音频。

② DTMF 信号，如图 3-18 所示。

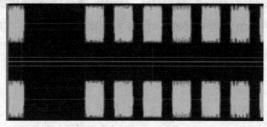

图 3-18　DTMF 信号波形图

③ 音调：在"生成音调"对话框中设置各种不同频率、音量参数，可产生不同的音调（见图 3-19）。图 3-20 所示为两种参数不同的音调波形图。

④ 噪波：生成不同类型的噪音，例如褐色波、粉噪、白噪等。图 3-21 所示为"生成噪波"对话框和几种不同噪波的波形图。

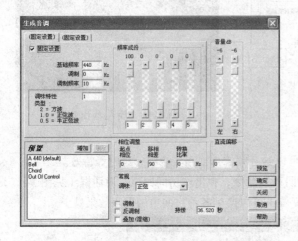

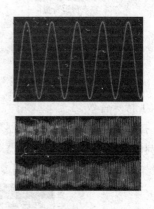

图 3-19　"生成音调"对话框　　　　　　　　图 3-20　两种不同参数的音调波形

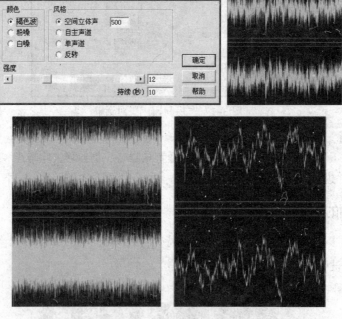

图 3-21　"生成噪波"对话框和几种不同噪波的波形图

小　结

本章介绍了声音的基础知识，如声音的基本参数和人的听觉特性等。详细介绍了数字化音频过程和一些关键技术，例如采样、量化的概念，几种常见的音频编码技术等。此外还介绍了一些常见的音频文件格式，并对音频处理软件 Cool Edit 做了详细介绍。

思考与练习

一、选择题

1. 下述声音分类中质量最好的是_____。
   A. 数字激光唱盘　　B. 调频无线电广播　　C. 调幅无线电广播　D. 电话

2. 下列_____不是常用音频文件的扩展名。
   A. WAV　　　　　　B. MID　　　　　　　C. MP3　　　　　　D. DOC

3. 下列采集的波形声音中，_____的质量最好。
   A. 单声道、8 位量化、22.05 kHz 采样频率
   B. 双声道、8 位量化、44.1 kHz 采样频率
   C. 单声道、16 位量化、22.05 kHz 采样频率
   D. 双声道、16 位量化、44.1 kHz 采样频率

4. 在数字音频信息获取与处理过程中，下列顺序正确的是_____。
   A. A/D 变换、采样、压缩、存储、解压缩、D/A 变换
   B. 采样、压缩、A/D 变换、存储、解压缩、D/A 变换
   C. 采样、A/D 变换、压缩、存储、解压缩、D/A 变换
   D. 采样、D/A 变换、压缩、存储、解压缩、A/D 变换

5. 两分钟双声道，16 位采样位数，22.05 kHz 采样频率声音不压缩的数据量是_____。
   A. 5.05 MB　　　　B. 10.58 MB　　　　C. 10.35 MB　　　　D. 10.09 MB

6. 以下采样频率中，_____是目前音频卡所支持的。
   A. 20 kHz　　　　　B. 22.05 kHz　　　　C. 100 kHz　　　　D. 50 kHz

二、判断题

1. MIDI 文件是一系列指令而不是波形数据的集合，因此其要求的存储空间较小。　（　　　）

2. 在音频数字处理技术中，要考虑采样量化的编码问题。　（　　　）

3. 音频大约在 20 kHz～20 MHz 的频率范围内。　（　　　）

4. 声音质量与它的频率范围无关。　（　　　）

5. 在数字音频信息获取与处理过程中，正确的顺序是采样、D/A 变换、压缩、存储、解压缩、A/D 变换。　（　　　）

6. 在计算机系统的音频数据存储和传输中，数据压缩会造成音频质量的下降。　（　　　）

7. 采样频率越高，则在单位时间内计算机得到的声音样本数据就越多，对声音信号 波形的表示也越精确。　（　　　）

三、问答题

1. 什么是声音。

2. 如果采样频率为 44.1 kHz，分辨率为 16 位立体声，所述条件符合 CD 质量的红皮书音频标准，录音的时间长度为 20 秒的情况下，文件的大小应为多少。

3. 声卡对声音的处理质量可以用 3 个基本参数来衡量，即采样频率、采样位数和声道数。请解释这 3 个参数的含义，并分析它们的变化与声音数据量之间的关系。

第4章 数字图像处理技术

数字图像处理（Digital Image Processing）又称计算机图像处理，它是指将图像信号转换成数字信号并利用计算机对其进行处理的过程。本章从数字化、色彩、文件格式、压缩标准、效果处理技巧、图像处理工具 Photoshop 多个方面介绍当前的数字图像处理技术。

通过对本章内容的学习，应该能够做到：

- 了解：各种颜色空间，各种数字图像文件格式，JPEG 标准，图像处理软件 Photoshop 的功能和特点。
- 理解：图像数字化的概念，色彩的基本概念和相关知识。
- 掌握：常用图像格式的使用场合和特点，构图和色彩的美学运用技巧。
- 应用：在实践中结合美学知识使用 Photoshop 的图像色彩控制、编辑区域、文字编辑、滤镜、图层等功能。

4.1 数字图像处理概述

数字图像处理是指利用计算机技术对数字图像进行几何变换、色彩调整、图像增强、艺术效果、文件格式转换、数据压缩等处理，被广泛地应用于多媒体产品制作、平面广告设计、教育教学等领域。

4.1.1 基本术语

图像是三维世界的场景通过人的视觉感官在大脑中留下的印象，以数字形式表示的图像是数字图像。

1. 像素

像素（Pixel）通常被视为图像最小的完整采样。在位图中，像素是最小的图像元素；对显示器而言，像素是最基本的显示单元；对数码照相机而言，像素是光电转换元件的光敏单元。

2. 图像分辨率

图像分辨率指数字图像的像素数量，通常以像素列数与像素行数的乘积的形式表示，例如图像分辨率为 640×480，表示组成图像的像素由 480 行组成，每行有 640 个像素。图像分辨率也可以以每英寸显示的像素数（Pixels Per inch，PPI）来表示。总之，图像分辨率实际上是对一幅模拟图像采样的数量描述。对于同样的场景，数字图像的分辨率越高，细节越详细，但占用的存储空间也越大。

3. 颜色深度

颜色深度（Color Depth）是指描述每个像素的颜色信息所需的二进制位数，单位为位（bit），所以也叫位深度（Bit Depth）、像素深度（Pixel Depth）。颜色深度越高，意味着能表示的颜色越多，占用的存储空间越大，该数字图像可以更精确地表示原来场景中的颜色。各种颜色深度所能表示的最大颜色数如表 4-1 所示。当颜色深度达到 24 位时，图像的颜色数量超出人眼能分辨出的颜色数，基本上可以还原自然场景中的颜色，称为"真彩色"图像。

表 4-1　颜色深度与颜色数量的关系

颜色深度/bit	数　　值	颜色数量	颜色评价
1	2^1	2	二值（单色）图像
4	2^4	16	简单色图像
8	2^8	256	基本色图像
16	2^{16}	65 536	增强色图像
24	2^{24}	16 777 216	真彩色图像
32	2^{32}	4 294 967 296	真彩色图像
36	2^{36}	68 719 476 736	真彩色图像

4.1.2　数字图像的分类

表示数字图像的手段有两种：位图图像和矢量图形。通常图像指位图，图形指矢量图。

1. 位图

位图又叫点阵图或像素图，是直接量化的原始信号形式。位图在放大到一定限度时会发现它是由一个个小方格组成的，这些小方格被称为像素点，是图像中最小的图像元素。多个像素点的色彩组合就形成了图像，如图 4-1 所示。

在处理位图图像时，所编辑的是像素而不是对象或形状，所以在对图像进行拉伸、放大或缩小等处理时，其清晰度和光滑度会受到影响。图像的大小和质量取决于图像中的像素点的多少，图像分辨率越高，图像越清晰，颜色之间的混和也越平滑，相应的存储容量也越大。

位图图像可以通过数码照相机、扫描或 PhotoCD 获得，也可以通过其他设计软件生成。

2. 矢量图

矢量图在数学上由具有方向和长度的矢量线段构成，如图 4-2 所示，主要用于工程图、卡通漫画等。这些图像可以分解为直线、曲线、文字、圆、矩形、多边形等简单图形元素，它们被称为对象。每个对象可以用一个代数式来表达，它们具有颜色、形状、轮廓、大小和屏幕位置等属性。每个对象在多次缩放、移动和改变属性时，不会影响其他对象。

图 4-1　位图图像

图 4-2　矢量图形

基于矢量的绘图与分辨率无关，显示到输出设备上可以无限放大图形中的细节，而不会造成失真。另外，矢量图无法通过扫描获得，它们主要是依靠设计软件生成。

4.1.3 数字图像处理的特点

数字图像处理是利用计算机的计算，实现与光学系统模拟处理相同效果的过程。数字图像处理具有以下特点：

① 再现性好。数字图像处理与模拟图像处理的根本不同在于，它不会因图像的存储、传输或复制等一系列变换操作而导致图像质量的退化。若图像在数字化时准确地表现了原稿，则数字图像处理过程始终能保持图像的再现。

② 处理精度高。按目前的技术，几乎可将一幅模拟图像数字化为任意大小的二维数组，这主要取决于图像数字化设备的能力。对计算机而言，不论数组大小，也不论每个像素的位数是多少，其处理程序几乎是一样的。换言之，理论上不论图像的精度有多高，处理总是能实现的，只要在处理时改变程序中的数组参数即可。而图像的模拟处理为了把处理精度提高一个数量级，就要大幅度地改进处理装置。

③ 适用面宽。图像可以来自多种信息源，可以是可见光图像，也可以是不可见的波谱图像（例如 X 射线图像、超声波图像、红外图像等）。从图像反映的客观实体尺度来看，可以小到电子显微镜图像，大到航空照片、遥感图像甚至天文望远镜图像。

④ 处理的多样性。由于图像处理是通过运行程序进行的，因此，设计不同的图像处理程序，可以实现各种不同的处理目的。

⑤ 处理费时。由于图像数据量大，因此处理需要花费较多的时间。

4.1.4 数字图像处理的应用

数字图像处理技术已应用到各个领域，除了大家熟悉的个人数码、影视娱乐、商业广告方面，还应用到国计民生的各个方面：

① 航空应用：星球照片的处理、飞机遥感、卫星遥感等。
② 军事应用：导弹末端制导、生物特征（人脸、指纹、掌纹）识别等。
③ 农业应用：运用图像遥感技术进行农业普查、森林覆盖计算、森林火灾监护等。
④ 医学应用：CT、B 超、血管造影、电子显微镜、X 射线、远程医疗图像、γ 刀等。
⑤ 工业应用：X 线探伤、三维测量（定位、形状测量）、机器人视觉、商检等。

4.2 图像的数字化

三维世界场景的视觉成像或胶片成像都是连续图像，即图像中任何两点之间有无穷多个点，图像颜色或亮度的变化会有无穷多个值。计算机无法接收和处理连续图像，而图像数字化就是将连续图像离散化，即用有限的点来组成图像，每个点的颜色是有限种颜色或灰度中的一种。

4.2.1 图像的数字化过程

图像的数字化过程主要分为采样、量化和编码 3 个步骤。

1．图像的采样

图像数字化的一般过程是将整幅图像划分为微小的矩形区域，用该区域中某个点的颜色表示该区域的颜色，这个过程称为采样。简单来讲，对二维空间上连续的图像在水平和垂直方向上等间距地分割成矩形网状结构，所形成的微小方格称为像素点。一副图像就被采样成有限个像素点构成的集合。

如图 4-3 所示，左图是要采样的物体，右图是采样后的图像，每个小格即为一个像素点。

2．图像的量化

量化是将颜色取值限定在有限个整数取值范围内。例如，限定颜色的亮度取值为 0 或 1，能反映的颜色只有黑或白，得到的就是一幅黑白图像。经过量化，图像数值矩阵的元素取有限离散区间的某个整数值。在量化时所确定的离散取值个数称为量化级数。

例如，图 4-4 左图中线段 AB 的连续图像，灰度值的曲线如图 4-4 右图所示，取白色值最大，黑色值最小。沿线段 AB 等间隔进行采样，取样值在灰度值上是连续分布的，如图 4-5（a）所示；图 4-5（b）所示的灰度级标尺表示量化级数为 8；量化结果如图 4-5（c）所示。

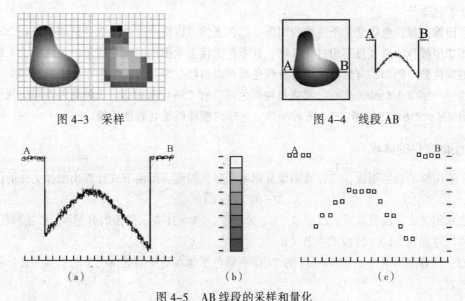

图 4-3　采样　　　　　　　　　　　　　　　图 4-4　线段 AB

（a）　　　　　　　　　　（b）　　　　　　　　　　（c）

图 4-5　AB 线段的采样和量化

3．图像编码

为了在计算机中表示图像，需要考虑如何将量化后的图像数值矩阵转化为适合计算机表示的方式。如果量化级数是 2，可以分别用二进制的 0 和 1 来表示；如果量化级数为 16，可以用 4 个二进制位编码出 16 种符号分别表示这 16 种取值。

例如，上述例子的量化级数是 8，0 到 7 每个级别对应的编码分别为 000、001、010、011、100、101、110、111。

将数值矩阵转化为适合计算机表示的数值矩阵的过程称为编码。

4.2.2　图像颜色

根据颜色的单一与否，图像分为单色图像和彩色图像两大类。

（1）单色图像

单色图像是指颜色单一的图像，其简单形式是二值图像，仅由黑白两种颜色组成，用一位二进制数表示，如图 4-6（a）所示。同一种颜色的灰度发生变化，形成不同的灰度层次，这样的图像称为灰度图像，是单色图像的复杂形式。例如，白到黑的均匀过渡，充分体现出典型的灰度变化，如图 4-6（b）所示。标准的灰度图像有 256 个级别的灰度，每个像素点的灰度数值可以用一个字节表示，取值从 0～255，称为 256 级灰度或 8 位灰度。图像也可以有 4 位（16 级）、16 位（65 536 级）灰度。

（a）二值图像　　　　　　　（b）灰度图像

图 4-6　图像颜色模式

（2）彩色图像

彩色图像是指颜色数量大于两种的图像。彩色图像可以按照颜色的数目来划分，如 256 色图表示该图像中颜色的总数目不超过 256 种；真彩色图像表示图像的颜色数量已经超出了人眼能够分别出的颜色数。例如，自然界中的所有颜色都可以由红、绿、蓝三原色组合而成，如果三种原色分别用一个字节（8 bit）表示，那么每种原色可以有 256 个灰度级，3 种原色不同的灰度级可以组合出 256×256×256=16 777 216 种颜色，这样的图像就是真彩色图像。

4.2.3　图像文件的体积

对于不压缩的数字图像，已知其图像分辨率和颜色深度，可由下式计算出图像文件的体积：

$$D = (W \times H \times C)/8$$

式中 D 表示图像文件的数据量，以字节（B）为单位；W×H 表示图像的分辨率；C 是颜色深度；/8 表示将二进制位（bit）转换成字节（B）。

例如，计算分辨率为 1 024×768 的 24 位真彩色图像在不压缩的情况下的图像文件体积。套用上述公式：

$$D=(1\ 024 \times 768 \times 24)/8=235\ 926\ B=2\ 304\ KB=2.25\ MB$$

由于高质量的图像占用的存储空间很大，所以在不影响图像质量或质量降低允许的前提下，可以用更少的数据量来存储图像，例如采用颜色深度低的图像格式，或是采用适当的压缩算法来减小体积。

4.2.4　图像的获取

数字化图像的获取主要有 3 个途径：

（1）利用设备进行模数转换

① 用数码照相机直接拍摄景物，传送到计算机中进行处理。

② 收集印刷品、照片以及实物等素材，然后用扫描仪扫描，经少许加工，得到数字图像。

（2）从光盘图像库或网络上获取图像

为了满足高质量的图像处理需要，有商家提供高质量的图片库刻录在光盘上，可以使用其中的图片进行加工，以完成自己的作品。

在网络中，有很多网站或个人提供了丰富的数字图像，可以下载这些图像素材。最常用的方法是右击网络上的图片，在弹出的快捷菜单中选择"图片另存为"命令；如果一个网页上有很多要下载的图片，可以使用浏览器中的"文件"|"另存为"命令保存整个网页，图片会被保存在与网页同名，扩展名为.FILES 的文件夹中。

（3）利用软件的抓图功能从计算机上获取图像

使用 Pr Scrn 键可截取整个屏幕，使用 Alt+Pr Scrn 组合键可截取当前活动窗口；使用带有抓图功能的视频播放器（如金山影霸）可截取视频中的某个画面。另外还有一些专门的抓图软件，例如 HyperSnap-DX、SuperCapture、SnagIt 等。

4.3 图像中的色彩

颜色是人的视觉系统对可见光的感知结果，感知到的颜色由光波的波长决定。光波是一种电磁波，其波长覆盖的范围很广，只有波长在 380～780 nm 之间的电磁波能够引起眼睛的兴奋而被感知。只有单一波长成分的光称为单色光；由两种以上波长成分组合成的光称为复合光。对不同波长的单色可见光，人眼感知为不同的颜色；当复合可见光信号一同进入人眼的某一点时，视觉器官会将它们混合起来，感知为一种颜色。

4.3.1 色彩的三要素

国际照明委员会（英语：International Commission on Illumination，法语：Commission International del é clairage，采用法语简称为 CIE）规定使用颜色的色相、饱和度和亮度 3 个量来准确描述颜色，将它们称为色彩的三要素。

1. 色相

色相（Hue）指色彩的特性，用于区别颜色的种类，用红、橙、黄、绿、青、蓝、靛、紫等术语来描述，亦称为色调。某一物体的色相是指该物体在日光照射下所反射的各光谱成分作用于人眼的综合效果。色相只与各光谱成分的波长有关，当某一颜色的饱和度、亮度发生变化时，由于该颜色的波长不会因此改变，所以色相不变。

2. 饱和度

饱和度（Saturation）是指色彩的纯度，即色彩含有某种单色光的纯净程度。饱和度越高，表现越鲜明；饱和度较低，表现则较黯淡。完全饱和的颜色是单色光，饱和度为 100%；黑、白、灰色的饱和度为 0%；光谱色与白光混合，可以产生各种混合色光，其中光谱色所占的百分比，就是该色光的饱和度。

3. 亮度

亮度（Brightness）是指色光作用于人眼时所引起的明亮程度的感觉，亦称为明度。色彩的亮度差异有多种情况：一是不同色相之间的亮度差异，如白比黄亮、黄比橙亮、橙比红亮、红比紫亮、紫比黑亮；二是相同的色相，因光线照射的强弱不同也会产生不同的明暗差异，光照弱会给人昏暗的感觉，光照强会给人明亮的感觉。

4. 三要素的关系

数字图像处理中，在某种颜色中加白色，亮度就会逐渐提高，加黑色亮度就会变暗，但同时它们的饱和度就会降低；饱和度不够时，色相视觉上的区分不明显。

4.3.2　三原色

三原色是指这 3 种颜色中的任意一色都不能由另外两种原色混合产生，而其他任何一种颜色都可由这三色按照一定的比例混合出来，所以原色亦称为基色。原色目前有 3 个系统，即 RGB 色光三原色系统、RYB 色料三原色系统和 CMY 印刷三原色。

1．RGB 色光三原色

R（红）、G（绿）、B（蓝）3 种颜色构成了色光的三原色，计算机显示器就是根据 RGB 原理制造的，所以光三原色又叫"电脑三原色"。理论上，任何一种颜色都可用红、绿、蓝三原色按不同比例混合得到，三原色的比例决定混合色的色相。某种颜色和这 3 种原色之间的关系可用下面的等式和图 4-7（a）来描述：

颜色=R（红色的百分比）+G（绿色的百分比）+B（蓝色的百分比）

从混色理论上说，色光的混合是相加混色，即两种以上的光混合在一起，光亮度会提高，混合色的光的总亮度等于相混各色光亮度之和，合色愈多，被增强的光线愈多，就愈近于白。

2．RYB 色料三原色

绘画中使用 R（红）、Y（黄）、B（蓝）3 种基本色料，从理论上说，任何一种颜色都可以用这 3 种基本色料按一定比例混合得到，这就是色料三原色。

颜料具有滤光特性，即颜料本身不发光，呈现出的颜色是吸收了它的互补色而呈现出的颜色。从混色理论上说，色料的混合是相减混色，即当两种以上的色料相混合重叠时，白光就减去各种色料的吸收光，其剩余部分的反射光混合结果就是混合色。在减法混色中，混合的色越多，亮度越低，饱和度也会有所下降。

RYB 相减混色如图 4-7（b）所示。

3．CMY 印刷三原色

彩色印刷品是以黄、品红、青 3 种油墨加黑油墨印刷的；在彩色照片的成像中，3 层乳剂层分别为底层黄色、中层品红、上层青色。所以 C（青）、M（品红）、Y（黄）被称为印刷三原色，同样是因为颜料的滤光特性，它也是相减混色。

CMY 三色与 RYB 三色相比，CMY 三色能调配出更多的颜色，而且颜色更纯正，更鲜艳。RYB三色更偏于理论。CMY 配色的基本规律如图 4-7（c）所示。

（a）RGB 相加混色　　　　（b）RYB 相减混色　　　　（c）CMY 相减混色

图 4-7　各种三原色的配色规律

4.3.3　颜色空间

颜色通常用 3 个相对独立的属性来描述，3 个独立变量综合作用，构成一个空间坐标，这就是颜色空间，亦称颜色模型。而颜色可以由不同的角度用 3 个一组的不同属性加以描述，产生不同的颜色空间。被描述的颜色对象本身是客观的，不同颜色空间只是从不同的角度去衡量同一个对象。

1. RGB 颜色空间

采用红、绿、蓝 3 种原色的不同比例的混合来产生颜色的模型称为 RGB 颜色空间。RGB 颜色空间通常用图 4-8（a）所示的立方体来表示。在正方体的主对角线上，各原色的量相等，产生由暗到亮的白色，即灰度。（0，0，0）为黑，（255，255，255）为白。正方体的其他 6 个顶点分别为红、黄、绿、青、蓝和品红。

RGB 颜色空间通常用于彩色阴极射线管和彩色光栅图形显示器。因为不同的扫描仪扫描同一幅图像，会得到不同色彩的图像数据；不同型号的显示器显示同一幅图像，也会有不同的色彩显示结果，所以 RGB 颜色空间是与设备相关的颜色空间。

2. CMYK 颜色空间

印刷业通过青（C）、品红（M）、黄（Y）三原色油墨的不同网点面积率的叠印来表现丰富多彩的颜色和阶调，这便是三原色的 CMY 颜色空间。CMY 颜色空间对应的直角坐标系的子空间与 RGB 模型所对应的子空间几乎完全相同，如图 4-8（b）所示，区别仅在于 CMY 模型以白为原点，是通过从白色中减去某种颜色来定义一种颜色。而实际印刷中，由于彩色墨水和颜料的化学特性，用等量的三基色得到的黑色不是真正的黑色，因此在印刷机中经常加入一种真正的黑色（BK），成为 CMYK 颜色空间。CMYK 颜色空间也是与设备相关的颜色空间。

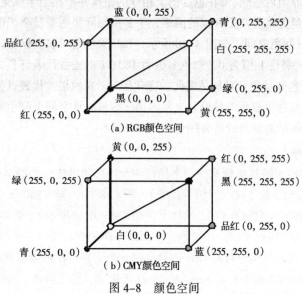

图 4-8　颜色空间

在印刷过程中，需要将计算机中使用的 RGB 颜色转换成印刷使用的 CMYK 颜色。在转换过程中存在两个复杂的问题，其一是这两个颜色空间在表现颜色的范围上不完全一样，RGB 的色域较大而 CMYK 则较小，因此就要进行色域压缩；其二是这两个颜色空间都是和具体的设备相关，颜色本身没有绝对性，因此就需要通过一个与设备无关的颜色空间来进行转换，例如通过 XYZ 或 LAB 颜色空间来进行转换。

3. CIE XYZ 颜色空间

国际照明委员会 CIE 在 1931 年开发并在 1964 年修订了 CIE XYZ 颜色空间,它使用 3 种假想的标准原色 X、Y、Z 表示红、绿、蓝,通过相加混色或者相减混色,任何色相都可以使用不同量的标准原色混合产生。采用相关算法将可见光投影到二维平面上,就构成了 CIE 色度图(CIE Chromaticity Diagram),如图 4-9 所示,从而实现三维颜色空间到二维色度图的变换。

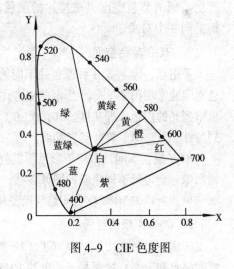

图 4-9   CIE 色度图

CIE 色度图中横轴 X 表示红色分量系数,纵轴 Y 表示绿色分量系数。所有单色光都位于封闭曲线上,这条封闭曲线就是单色轨迹,曲线旁标注的数字是单色(或称光谱色)光的波长值。自然界中各种实际颜色都位于这条闭合曲线内,任何颜色都可以在 CIE 色度图中找到相应的坐标。

连接封闭区域中的 3 个点得到一个三角形区域,该区域内的任一点所表示的颜色可以由 3 个顶点的颜色以不同的比例得到,因此,不同色彩空间的颜色都可以通过其在色度图上的坐标相互转换。

4. CIE Lab 颜色空间

因为 CIE XYZ 是非匀色空间,即在色度图上相等的距离并不相当于视觉所察觉到的相等色差,这样在进行色差的度量上就会产生一定的困难,于是由国际照明委员会 CIE 于 1976 年制订了另一种等色空间——Lab 颜色空间。如图 4-10 所示,Lab 颜色空间取坐标(L,a,b),其中 L 表示亮度,取值 0 到 100,黑色 L 值为 0,白色 L 值为 100;a 的正数代表红色,负数代表绿色,取值 –120 到 120,表示红色和绿色两种原色之间的变化区域;b 的正数代表黄色,负数代表蓝色,取值 –120 到 120,表示黄色和蓝色两种原色之间的变化区域。该空间上颜色的"距离"与色差是成正比的,且包含了人眼睛能看到的所有颜色。

5. HSV 颜色空间

HSV 颜色空间对应于圆柱坐标系中一个倒置的六边形的锥体。如图 4-11 所示,六边形的 6 个顶点分别对应红(0°)、黄(60°)、绿(120°)、青(180°)、蓝(240°)、品红(300°),这里的角度表示色相 H;饱和度 S 取值 0 到 1,六边形的中心 S=0,边缘 S=1;锥体的中心轴表示亮度 V,取值 0 到 1,下面的锥体顶点 V=0,呈黑色,上面锥体面的中心 V=1,呈白色。

HSV 颜色空间所代表的颜色域是 CIE 色度图的一个子集,在圆锥的顶点处,V=0,H 和 S 无定义,代表黑色。圆锥的顶面中心处 S=0,V=1,H 无定义,代表白色,从该点到顶点代表亮度渐暗的灰色,即具有不同灰度的灰色。对于这些点,S=0,H 的值无定义。

6. HSL 颜色空间

HSL 颜色空间用两个六边形的锥体叠放起来表示颜色的色相(H)、饱和度(S)、亮度(L):锥体中心轴表示亮度 L,下面的锥体顶点 L=0,呈现黑色,上面的锥体顶点 L=1,呈现白色;饱和度 S 的表示与 HSV 相同;色相 H 值与 HSV 相差 120°,即红色为 120°,其他类推。最纯的颜色在 L=0.5 的六边形边界上。

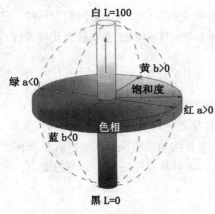

图 4-10　Lab 颜色空间

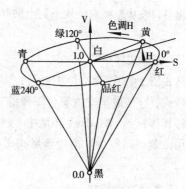

图 4-11　HSV 颜色空间模型

7. 色差模型

色差模型是彩色电视和数字视频中广泛采用的颜色空间。色差模型将亮度信号和色彩信号分离表示，例如 YUV 模型。彩色图像信号经分色、分别放大和校正得到 RGB，再经过矩阵变换电路得到亮度信号 Y、色差信号 B-Y（U，蓝色的相对值）和 R-Y（V，红色的相对值），最后发送端将 Y、U、V 这 3 个信号进行编码，用同一信道发送出去。

色差模型的优点是它的亮度信号和色度信号是分离的，可以用亮度信号 Y 解决彩色电视机与黑白电视机的兼容问题。如果只有 Y 信号分量而没有 U、V 分量，那么显示的图像就是黑白灰度图；黑白电视机只接收彩色信号中的亮度信号即可。

色差模型有 YUV、YIQ、YCbCr 等，Y 表示亮度，另外两个参数表示色差分量，它们分别适用于 PAL、NTSC 和 SECAM 制式的电视机。这 3 种制式电视机的主要区别是对色差信号的计算编码方法不同。

4.4　图像文件格式及标准

根据不同的开发者和不同的使用场合，图像文件有多种不同类型的格式。不同格式的文件通过工具可相互转换。由于不同的文件格式可能采用不同的压缩算法，若同一幅图像采用不同的文件格式保存时，图像颜色和层次的还原效果可能不同。

所谓"JPEG 文件格式"实质是指该静态图像文件采用了 JPEG 标准。JPEG 标准是一种静态图像数据压缩标准。

4.4.1　图像文件格式

目前图像文件之所以会有种种不同的格式，主要在于在文件编码的过程中定义了不同的识别信息和压缩方法。下面介绍几种常见的文件格式。

1. BMP 图像文件格式

BMP（Bitmap）图像文件即位图，是 Windows 操作系统中的标准图像文件格式，以.bmp 作为文件扩展名，被多种 Windows 应用程序所支持。这种格式的特点是包含的图像信息较丰富，几乎不进行压缩，除了降低颜色深度的压缩外，不采用其他任何压缩，因此占用的存储空间较大；支持1位、4位、8位、24位和32位的颜色深度；与传统的以图像左上角为起点不同，它是以图像左下角为起点，按从左到右，从下到上的顺序存储图像。目前 BMP 在单机上比较流行，不适合网络应用。

2．PCX 图像文件格式

PCX 格式以.PCX 作为文件扩展名，最初是 ZSOFT 公司在开发图像处理软件 Paintbrush 时开发的一种格式，它是最早支持彩色图像的一种文件格式，几乎与个人计算机同步发展。Microsoft 公司后来将其移植到 Windows 环境中，成为一个重要的功能模块。PCX 格式是一种经过压缩的格式，占用磁盘空间较少。由于该格式历史悠久，并且具有压缩及全彩色的能力，所以现在仍比较流行。

3．TIFF 图像文件格式

TIFF 是 Tag Image File Format 的缩写，TIFF 格式是由 Aldus 和微软联合开发的图像文件格式，以.TIF 作为文件扩展名，最初是出于跨平台存储扫描图像的需要而设计的。TIFF 主要的优点是适合多种机型和广泛的应用程序，与计算机的结构、操作系统和图形硬件无关，因此对媒体之间的数据交换，TIFF 是位图模式的最佳选择之一。TIFF 的其他特点是支持从单色模式到32位真彩色模式的所有图像；数据结构是可变的，文件具有可改写性，使用者可向文件中写入相关信息；能提供多种不同的数据压缩方法，便于使用者选择。

4．GIF 图像文件格式

GIF 是 Graphics Interchange Format 的缩写，即图形交换格式。20世纪80年代，美国一家著名的在线信息服务机构 CompuServe 针对当时网络传输带宽的限制，开发出了这种 GIF 图像格式，以.GIF 作为文件扩展名。

GIF 格式的特点是压缩比高，磁盘空间占用较少。GIF 图像格式还增加了渐显方式，也就是说，在图像传输过程中，用户可以先看到图像的大致轮廓，然后随着传输过程的继续而逐步看清图像中的细节部分，从而适应了用户从朦胧到清楚的观赏心理。目前 Internet 上大量采用的彩色动画文件多为这种格式的文件。但是 GIF 不能存储超过256色的图像。

5．TGA 图像文件格式

TGA 是 Tagged Graphics 的缩写，TGA 格式是由美国 Truevision 公司为其显卡开发的一种图像文件格式，以.TGA 作为文件扩展名，已被国际上的图形、图像工业所接受。TGA 的结构比较简单，属于一种图形、图像数据的通用格式，支持1位单色到32位真彩色模式的所有图像。它最大的特点是可以做出不规则形状的图形、图像文件，一般图形、图像文件都为四方形，TGA 还能支持圆形、菱形甚至是镂空的图像文件。TGA 是计算机生成图像向电视转换的一种首选格式，因而目前被广泛应用在动画制作、模拟显示、影视画面合成等多个专门领域。

6．PNG 图像文件格式

可移植的网络图像（Portable Network Graphic，PNG）文件格式是一种新兴的网络图像格式，它是为了适应网络数据传输而设计的一种免费的图像文件格式，以.PNG 作为文件扩展名，用于取代格式较为简单、专利限制严格的 GIF 图像文件格式，但不支持动画。该种文件的主要特点有：支持压缩，是目前保证最不失真的压缩格式，能够提供比 GIF 小30%的无损压缩图像文件；提供 Alpha 通道控制图像的透明度，支持 Gamma 校正机制用来调整图像的亮度，即支持透明图像的制作。

PNG 文件格式支持 3 种主要的图像类型：灰度级图像、颜色索引数据图像和真彩色图像。存储灰度图像时，像素深度可达 16 位；存储彩色图像时，像素深度可达 48 位；可存储多达 16 位的 Alpha 通道数据。PNG 使用从 LZ77 派生的无损数据压缩算法。在某种程度上，这种格式可以取代比较复杂的 TIFF 图像文件格式。

7. 其他图像图形文件格式

其他大多数图像文件格式与某个产品有关，为该产品专用。如 EXIF 是 1994 年富士公司提倡的数码照相机图像文件格式；PSD 是 Photoshop 图像处理软件的专用文件格式，可以支持图层、通道、蒙版和不同色彩模式的各种图像特征，是一种非压缩的原始文件保存格式；UFO 是图像编辑软件 Ulead PhotoImapct 的专用图像格式，能够完整地记录所有 PhotoImapct 处理过的图像属性；PCD 是 Kodak 开发的一种 Photo CD 文件格式，该格式使用 YCC 色彩模式定义图像中的色彩，图像大多具有非常高的质量。

SVG（Scalable Vector Graphics）是可缩放的矢量图形格式，一种开放标准的矢量图形语言。主要特点有：可以任意放大图形显示，而不会影响图像质量；文字在 SVG 图像中保留可编辑和可搜寻的状态；文件体积小。所以 SVG 十分适合用于设计高分辨率的 Web 图形页面。

其他大多数图形文件格式与某个产品有关，为该产品专用。如 WMF 是微软 Windows 的图元文件格式，用于 Windows 的"剪贴画"；EPS 是 CorelDraw、FreeHand 等软件使用的图形文件格式；DXF 是 AutoCAD 支持的以 ASCII 文本存储的图形文件格式等；CDR 是著名绘图软件 CorelDRAW 的专用图形文件格式。

4.4.2　JPEG 标准

JPEG（Joint Photographic Experts Group，联合图像专家组）是由 CCITT（国际电报电话咨询委员会）和 ISO（国际标准化组织）联合组成的一个图像专家组；该专家组制定了第一个压缩静态数字图像的国际标准，其标准名称为"连续色调静态图像的数字压缩和编码(digital compression and coding Of continuous−tone still image)"，简称 JPEG 算法。

1. JPEG 压缩算法简介

JPEG 专家组开发了两种基本的压缩算法，一种是以离散余弦变换（Discrete Cosine Transform，DCT）为基础的有损压缩算法，另一种是以 DPCM 预测编码技术为基础的无损压缩算法。在 DCT 方式中，又分为基本系统和扩展系统两类。基本系统能满足大多数应用系统的基本要求；扩展系统是为了满足更为广阔领域的应用要求而设置的。

JPEG 压缩技术十分先进，它用有损压缩方式去除冗余的图像和彩色数据，获取极高的压缩率的同时能展现十分丰富生动的图像，并具有调节图像质量的功能，允许用户用不同的压缩比例对这种文件进行压缩，用户可以自行在图像质量和文件尺寸之间找到平衡点。

使用无损压缩算法，压缩比大约为 4:1。使用有损压缩算法，压缩比可以达到 5:1 ~ 100:1。在压缩比为 25:1 的情况下，人眼很难找出压缩后还原得到的图像与原始图像之间的区别，因此得到了广泛的应用。

在数字图像处理中，频域反映图像在空域灰度变化的剧烈程度，即图像灰度的变化速度。图像的边缘部分是突变部分，变化较快，因此反映在频域上是高频分量。JPEG 的有损压缩充分利用人眼对图像中的高频分量不敏感的特点，来大幅度压缩需要处理的数据信息量。压缩编码过程也分两大步：

① 去除视觉上的多余信息，即降低空间冗余度，用到 DCT 变换和量化。

② 去除数据本身的多余信息，即降低结构（静态）冗余度，用到行程编码和霍夫曼编码。

2．JPEG 文件格式

使用 JPEG 算法压缩的图像文件格式就是 JPEG 文件格式，以.JPG 或.JPEG 作为文件扩展名。JPEG 格式不适用于所含颜色很少、具有大块颜色相近的区域或亮度差异十分明显的较简单的图片，所以对于使用计算机绘制的具有明显边界的图形，JPEG 编码方式的处理效果不佳；而对于表达自然景观色彩丰富的图片，则具有非常好的处理效果，支持 24 位真彩色。该格式还具有调节图像质量的功能，允许用户用不同的压缩比例对这种文件进行压缩，用户可以自行在图像质量和文件尺寸之间找到平衡点。

4.4.3 JPEG 2000 标准

随着多媒体应用领域的激增，传统 JPEG 压缩技术已无法满足人们对多媒体图像资料的要求。因此，更高压缩率以及更多新功能的新一代静态图像压缩技术 JPEG 2000 随之诞生。JPEG 2000 标准同样由 JPEG 组织负责制定，自 1997 年 3 月开始筹划，于 2000 年 3 月出台，其标准号为 ISO 15444。

1．JPEG 2000 编码原理

JPEG 2000 与传统 JPEG 最大的不同，在于它放弃了 JPEG 所采用的以 DCT 离散余弦变换为主的区块编码方式，而改采用以小波转换（Wavelet transform）为主的多解析编码方式。小波转换的主要目的是要将图像的频率成分抽取出来，分别加以控制及编码。

2．JPEG 2000 的特征

① 高压缩率：由于在离散子波变换算法中，图像可以转换成一系列可更加有效存储像素模块的"子波"，因此，JPEG 2000 格式的图片压缩比可在现在的 JPEG 基础上再提高 10%～30%，而且压缩后的图像显得更加细腻平滑。

② 渐进传输：现在网络上的 JPEG 图像下载时是按"块"传输的，因此只能逐行显示，而采用 JPEG 2000 格式的图像支持渐进传输（Progressive Transmission）。所谓的渐进传输就是先传输图像轮廓数据，然后再逐步传输其他数据来不断提高图像质量。互联网、打印机和图像文档是这一特性的主要应用场合。

③ 感兴趣区域压缩：可以指定图片上感兴趣的区域（Region of Interest），然后在压缩时对这些区域指定压缩质量，或在恢复时指定某些区域的解压缩要求。这是因为子波在空间和频率域上具有局域性，要完全恢复图像中的某个局部，并不需要所有编码都被精确保留，只要对应它的一部分编码没有误差即可。

④ 固定文件大小：这一特征允许用户先指定压缩后的文件大小，再进行压缩。这样可以在有限的存储空间上获得较好的图像质量。

⑤ 容错性：在码流中提供容错性有时是必要的，例如在无线等传输误码很高的通信信道中传输图像时，没有容错性是不能让人接受的。

⑥ 开放的框架结构：为了在不同的图像类型和应用领域优化编码系统，提供一个开放的框架结构是必须的，在这种开放的结构中编码器只实现核心的工具算法和码流的解析，如果需要解

码器可以要求数据源发送未知的工具算法。

⑦ 基于内容的描述：图像文档、图像索引和搜索在图像处理中是一个重要的领域，MPEG-7 就是支持用户对其感兴趣的各种"资料"进行快速、有效检索的一个国际标准。基于内容的描述在 JPEG 2000 中是压缩系统的特性之一。

在一些低复杂度的应用中，JPEG 2000 不可能代替 JPEG，因为 JPEG 2000 的算法复杂度不能满足这些领域的要求，但是，对于有较好的图像质量、较低的比特率或者是一些特殊性的要求（渐进传输和感兴趣区域编码等）时，JPEG 2000 将是最好的选择。

4.5　图像效果处理技巧

本节将从美学效果、图像增强、图像合成 3 个方面介绍一些图像效果处理技巧。

4.5.1　美学效果

人们可以从美学方面设计和提升图像效果。美学是通过绘画、色彩和版面展现自然美感的学科。本节从色彩搭配和版面构图两个方面介绍图像效果处理技巧。

1. 色彩搭配

色彩搭配的目的是要创造美，色彩搭配不当将达不到满意的整体视觉效果。色彩搭配的技巧和注意事项有以下几点：

（1）运用颜色之间的关系

从 RGB 三原色开始，相邻两色相互混合得到另一种颜色，如此周而复始，从而构成一个首尾相交的环，被称为蒙赛尔色相环，即色环。图 4-12 所示的是 12 色相色环。

① 近似色：色环上相邻的两个颜色称为近似色。如图 4-13 所示，橙色的近似色是红和黄。用近似色的颜色主题可以实现色彩的融洽与融合。

② 互补色：互补色也叫对比色，是指在色环中的直接位置相对的颜色，如图 4-14 所示，橙色和蓝色是一对互补。如果想要使色彩强烈突出、富有冲击力，可选择对比色。假如正在组合一幅铆钉的图片，用蓝色背景会使铆钉更加突出。

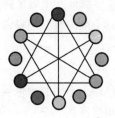
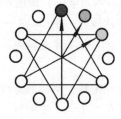
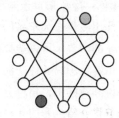

图 4-12　12 色相色环　　　　　图 4-13　近似色　　　　　图 4-14　互补色

③ 分离补色：分离补色可以由 2 ~ 3 种颜色组成。在色环上选择一种颜色，它的补色就在色环的另一面。可以使用补色旁边的一种或多种颜色。这样的一组颜色叫做分离补色，如图 4-15 所示。

分离补色的搭配可以起到类似补充色的强烈对比作用，但有近似色的缓冲，可以使页面效果更加柔和。

④ 组色：组色是色环上距离相等的任意 3 种颜色。图 4-16 所示为色环上的一组组色。因为 3 种颜色形成了对比关系，所以组色被用做一个色彩主题时，会对浏览者造成紧张的情绪。

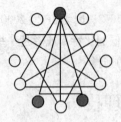
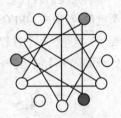

图 4-15　分离补色　　　　　　　　　　图 4-16　色环上的一组组色

（2）了解颜色的系别

不同的色相，会向用户传达不同的信息，因此色相的选择对于表达公司的形象也有至关重要的作用。通常在制作商业作品时，选用色彩都希望传达一种稳重、安定的印象。在这种情况下，多数采用的就是同系色或同类色。色相按照色系分，可分为暖色和冷色。图 4-17 和图 4-18 分别展示了两种系别的同系色。

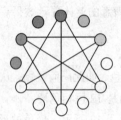
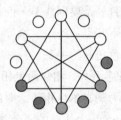

图 4-17　暖色系　　　　　　　　　　图 4-18　冷色系

① 暖色：暖色由红色调组成，例如红色、橙色和黄色。它们给选择的颜色赋予温暖、舒适和活力，也产生了一种色彩向浏览者显示或移动，并从页面中突出可视化效果。图 4-17 所示为色环上的暖色系。如果希望展现一种温暖、温馨的形象，可以考虑选择暖色。

② 冷色：冷色来自于蓝色色调，例如蓝色、青色和绿色。这些颜色对色彩主题起到冷静的作用，因此用冷色作为作品的背景色比较好。图 4-18 所示为色环上的冷色。如果希望给人一种沉稳、专业的印象，可以选择使用冷色系作为主要颜色。

（3）了解色彩的 4 种功能角色

在小说和戏剧中，角色分为主角和配角。同样的道理，在配色中，不同的颜色也担当不同的角色。本节将介绍色彩的 4 种功能角色：主色、支配色、融合色和强调色。

① 主色：在戏剧中，主角是整个剧集的主线；在舞台上，主角站在聚光灯下，配角们退后一步来衬托他。配色上的主角也是一样，其配色要比其他配角明显、清楚、强烈，使得浏览者一看就知道哪是主角，从而使视线固定下来，达到传达中心思想的作用。

如图 4-19 所示，本应作为页面主角的男人埋没于网站的背景色中，使得页面中心模糊，给浏览者找不到主题的感觉。图 4-20 所示则将主角从背景色中分离出来，达到突出而鲜明的效果，从而很好地表达了主题。

图 4-19   主色模糊的网站   图 4-20   将主角从背景色中分离

② 支配色：支配色又称背景色。舞台的中心是主角，但是决定整体印象的却是背景。同样的道理，在决定作品配色时，如果背景色十分素雅，那么整体也会变得素雅；背景色如果明亮，那么整体也会给人明亮的印象。

③ 融合色：融合色是能够融在一起的颜色，例如在画面的不同部位涂上相同的颜色，通过颜色的反复效果使同样的颜色产生共鸣，从而让画面更有立体感。中间对着左边，上边对着下边，这样把分开的部分涂上共同的颜色，像回音一样相互呼应，画面的整体就融合在了一起。

④ 强调色：如果在选用页面配色时，画面的整体采用了压抑的颜色，然后在一小块面积上使用强烈的颜色，就能起到着重强调的作用，这就是强调色的作用。整体色调越压抑，强调色越有效果。因为有了重点，画面整体也会产生轻快的动感。

如图 4-21 所示，页面上使用的黄色菊花元素是整个页面的亮点，使页面产生了轻快的动感。

图 4-21   强调色的效果

2. 版面构图

版面构图主要针对版面上两个或两个以上的对象进行设计和研究。以美学为基础的版面构图须遵循一定的构图规则，以便准确地表达设计意图。

（1）点、线、面的构图规则

点、线、面是构成视觉效果的基本元素，也是版面设计上的主要语言。版面设计实际上就是如何经营好点、线、面。不管版面的内容与形式如何复杂，但最终可以简化到点、线、面上来。它们相互依存，相互作用，组合出各种各样的形态，构建成一个个千变万化的全新版面。

① 点的构图规则：点的感觉是相对的，它是由形状，方向、大小、位置等形式构成的。这种聚散的排列与组合，带给人们不同的心理感应。点可以成为画龙点睛之"点"，和其他视觉设计要素相比，形成画面的中心，也可以和其他形态组合，起平衡画面轻重、填补一定的空间、点缀和活跃画面气氛的作用；还可以组合起来，成为一种肌理或其他要素，衬托画面主体。

图 4-22（a）所示是典型的点构图形式。图中的点是笔记本式计算机，用来表现多媒体技术的主体，主题突出。版面上也可以有多点，如图 4-22（b）所示。

（a）单点构图　　　　　　　　　　　　　　　（b）多点构图

图 4-22　点的构图形式

② 线的构图规则：线游离于点与形之间，具有位置、长度、宽度、方向、形状和性格。直线和曲线是决定版面形象的基本要素。每一种线都有它自己独特的个性与情感。将各种不同的线运用到版面设计中，可以获得各种不同的效果，如图 4-23 所示。

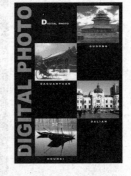

图 4-23　线的构图形式

从理论上讲，线是点的发展和延伸。线的性质在版面设计中是多样性的，它可以构成多种装饰要素以及形态的外轮廓，起着界定、分隔画面各种形象的作用。作为设计要素，线在设计中的影响力大于点。用线串联各种视觉要素或是分割画面和图像文字，会在视觉上占有更大的空间，可以稳定画面；另外线的延伸也带来一种动势，可以使画面充满动感。

③ 面的构图规则：面在空间上占有的面积最多，因而视觉效果比线更强烈和实在。面可分成几何形和自由形两大类。几何形的面往往把版面几何图形进行错落有致的摆放，形成纵深感、多层次感，版面内容丰富、充实，具有浑然一体的视觉效果，如图 4-24（a）所示。自由形的面往往根据设计者的意图进行设计，可以突出一个画面的整体效果，也可以强调画面之间的关系，以此产生庞大的视觉效果，如图 4-24（b）所示。

（a）几何形的面　　　　　　　　　　　　（b）自由形的面

图 4-24　面的构图形式

（2）突出重复性与交错性

突出重复性和交错性是针对两个以上对象在同一个版面中的情况。重复性是指对多个形态一致的对象进行规则排列，产生整齐划一的视觉效果，这种构图需要精心设计，否则容易呆板。图 4-25 和图 4-26 所示是突出重复性设计的作品。

交错性是指对多个对象交错排列，使版面呈现错落有致的视觉效果，造成视觉上的变化，容易避免呆板的感觉。图 4-27 所示是一个体现交错设计思想的作品。

图 4-25　突出重复性的作品　　图 4-26　突出重复性的作品　　图 4-27　突出交错性的作品

（3）突出对称性与均衡性

对称是同等同量对象的平衡，要实现对称，至少有两个尺寸相同的对象。对称的形式主要有上下对称、左右对称和对角线对称。而作为对称元素的对象可以有两种形式：完全相同的形态和互为翻转的形态。如图 4-28 所示，对称版面的特点是平衡、整齐与稳重。

均衡性的表现形式是，版面布局匀称、重心稳定，强调一种庄重与宁静的气氛。均衡的形式有很多变化，表现的情绪也不尽相同。适当的均衡处理可产生动中有静、静中有动的意境。图 4-29 所示是两个强调版面均衡的作品。

（4）突出对比性与调和性

对比性强调两个对象或更多对象之间的差异，例如尺寸大小的对比、明与暗的对比、颜色的对比、直线和曲线的对比、动态与静态的对比等。采用对比手法设计的版面具有强烈的视觉冲击力，醒目、有棱角，使观赏者受到震撼。图 4-30 所示是利用对比手法设计的广告，提醒人们注意保护我们的家园。

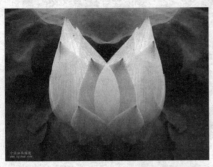

图 4-28　突出对称性的作品　　　　　　　　图 4-29　突出均衡性的作品

调和性与对比性正好相反，它强调两个对象或更多对象之间的近似性和共性。调和性的作品具有舒适、安定、统一的视觉效果。图 4-31（a）所示强调色调上的近似性，图 4-31（b）所示强调图形的近似性，二者都属于调和性设计作品。

在版面的美学设计中，调和性和对比性不是对立的，往往利用调和性设计整体版面，利用对比性设计局部。

（a）强调色调　　　　　　　（b）强调图形

图 4-30　突出对比性的作品　　　　　　　图 4-31　突出调和性的作品

4.5.2　图像增强

图像增强是一种常用的图像处理技巧，其作用是改善图像的视觉效果，针对给定图像的应用场合，有目的地强调图像的整体或局部特性，扩大图像中不同物体特征之间的差别，加强图像判读和识别效果，满足某些特殊分析的需要。其方法是通过一定手段对原图像附加一些信息或变换数据，有选择地突出图像中感兴趣的特征或者抑制（掩盖）图像中某些不需要的特征。

图像增强并不要求忠实地反映原始图像。相反，含有某种失真（例如突出轮廓线）的图像可能比无失真的原始图像更为清晰，常用的图像增强方法有以下几种：

① 灰度等级直方图处理：使加工后的图像在某一灰度范围内有更好的对比度。

② 干扰抑制：通过低通滤波、多图像平均、空间域算等处理，抑制叠加在图像上的随机性干扰。

③ 边缘锐化：通过高通滤波、差分运算或一些特殊变换，使图形的轮廓线增强。

④ 伪彩色处理：利用特定的颜色表示图像中的特征，便于分析和检测图像包含的信息。

4.5.3　图像合成

将一幅以上的图像以某种特定的形式合成在一起形成新的图像，这个过程就是图像合成，又称图像的帧处理。所谓"特定的形式"是指：

① 以"逻辑与"运算关系进行合成。

② 以"逻辑或"运算关系进行合成。

③ 以"异或"运算关系进行合成。

④ 按照相加、相减，以及有条件的复合算法进行合成。

⑤ 覆盖、取平均值进行合成。

从效果上来分类，图像合成分为两种方式：第一种方式叫做拼贴，即把多个图像按一定的方式组合在一起，使人明显感觉到它们的来源是不同的。第二种方式是图片剪辑，用来制作虚拟场景，无论画面的内容多么不可思议，都会使人相信整幅图像是现实生活中某个真实场景的记录。

4.6　Photoshop 使用方法

Photoshop 是世界级的图像设计与制作软件，可以对已有的图片进行编辑设计处理，包括海报、招贴、包装设计、效果图处理、宣传册的制作、数码照片处理、界面设计等。Photoshop 支持多种图像格式、多种颜色模式、分层处理功能，可以制作各种艺术效果及绘画效果。

Photoshop 系列软件的每个版本都是以版本号的递增作为名称，例如 Photoshop 6.0、Photoshop 7.0 等。但从 Photoshop 8.0 版本开始，Adobe 不再延续原来的命名方法，改称为 Adobe Creative Suite（创作套件，简称 CS），Photoshop 8.0 也随之更名为 Photoshop CS，目前最新的版本是 2010 年 4 月 23 日发行的 Photoshop CS5。本教材选用 Photoshop CS3 版本作为工具，性能稳定。图 4-32 所示是 Photoshop CS3 图像处理软件的界面。

图 4-32　Photoshop CS3 界面

4.6.1 Photoshop 使用基础

1. 图像选区

图像选区是图像上的一个或多个有效编辑区域，由选区工具划定。编辑操作只对选区内的图像局部有效，选区外的图像内容不受影响。借助选区操作，可方便地处理图像上某个指定的区域。

（1）相关工具

划定选区的工具分布在图 4-33 所示的工具箱顶部。

图 4-33　工具箱

- [ ]（矩形选框工具）、○（椭圆选框工具）：用于划定标准形状的选区。
- ⟋（套索工具）、⟋（多边形套索工具）、⟋（磁性套索工具）：用于划定自由轮廓的选区。
- ⟋（魔棒工具）：用于自动选取选区。通过调整容差值，可改变自动选取的敏感度。
- ⊹（移动工具）：用于选区的移动与复制。

（2）替换工具箱中的工具

在工具箱某个右下角带有▲标记的工具按钮处单击即显示其余工具，选择需要的工具，即可替换工具箱中原有的工具。除了选区工具之外，工具箱中所有带有▲标记的工具均可替换。

（3）划定选区

选择"文件"|"打开"命令，打开一幅图像，然后进行下面的操作。

① 划定标准形状的选区："在工具箱中单击▢矩形选框工具，然后在图像上画出矩形区域，该区域由闪烁的虚线包围，这就是所谓的"选区"，该选区呈矩形，如图 4-34（a）所示。

若希望画出圆形选区，单击○椭圆选框工具，即可在图像上画出圆形选区，如图 4-34（b）所示。若想画出正方形或圆形选区，按住 Shift 键的同时绘制选区即可。

把鼠标置于选区内部，拖动选区可进行移动。

② 划定自由形状的选区：单击⟋套索工具，按住鼠标左键不放在图像上徒手画出选区，结束时双击即可绘制图 4-34（c）所示的选区。

也可用⟋多边形套索工具绘制选区，沿着图形轮廓边缘，每单击一次便形成一个拐点，当选区接近闭合时双击即结束。

使用⟋磁性套索工具在图形轮廓边缘单击，然后释放鼠标并沿着图形移动，即可自动画出选区。当选区接近闭合时，双击即结束。

③ 自动划定选区：单击⟋魔棒工具，并在辅助工具栏中设置一个容差值，该值越大，敏感度越低，忽略的色素越多，反之亦然。然后在图像上单击，与单击点颜色近似的一片区域将被划成选区，如图 4-34（d）所示。

（4）增减选区

选区一般很难一次性完成，可通过多次添加或减少选区来不断地完善选区。选择选区工具，就会显示图 4-35 所示的辅助工具栏。

（a）矩形选区　　　（b）圆形选区　　　（c）自由形状选区　　　（d）自动划定选区

图 4-34　划定各种形式的选区

① 首次画选区之前，单击"新选区"按钮。

② 把新画的选区添加到原选区时，先单击"添加到选区"按钮，然后再画选区。

③ 选择"从选区减去"按钮后再画选区，就会从原选区中减去新画的选区。

④ 若选择"与选区交叉"按钮，新画的选区与原选区共有的区域被保留。

新选区　添加到选区　从选区剪去　与选区交叉

图 4-35　划定各种形式的选区

（5）移动与复制选区

移动和复制选区的操作如下：

① 划定选区。

② 选择 ⊕ 移动工具。

③ 拖动选区，即可移动选区内容，如图 4-36（a）所示。

④ 拖动的同时按住 Alt 键，即可实现复制选区，如图 4-36（b）所示。

（a）移动选区　　　　　　　　　　　　（b）复制选区

图 4-36　划定各种形式的选区

（6）取消选区

右击选区，在弹出的快捷菜单中选择"取消选择"命令，即取消选区。

2．图像几何形状处理

图像几何形状的处理包括几何尺寸的放大与缩小、几何形状的改变（例如方形变为梯形和平行四边形等）、图像翻转、图像旋转等。

图像几何尺寸在缩小与放大的过程中，依据缩放比例进行运算。放大时增加像点数量，缩小时，减少像点数量。若不是整倍数缩放，则会产生畸变失真。

（1）选区内图像的缩放

缩放选区内图像的操作如下：

① 划定图像选区。

② 选择"编辑"|"变换"|"缩放"命令，选区四周显示实线框，拖动该框上的小方块进行缩放。

③ 双击缩放后的实线框内部，结束缩放。

如果希望缩放图像时保持原比例，可按 Shift 键，然后拖动四角上的小方块进行缩放。

（2）整幅图像的缩放

缩放整幅图像的操作如下：

① 选择"图像"|"图像大小"命令，弹出"图像大小"对话框，如图 4-37 所示。

② 修改像素的宽度和高数数值，或者修改文档的宽度和高度数值。

③ 单击"确定"按钮。

不宜对同一图像进行多次缩放，否则会降低图像质量。

（3）变形

将图像变形的操作如下：

① 调入图像，划定选区。

② 选择"编辑"|"变换"|"斜切"命令，拖动虚线框，可形成类似平行四边形。

③ 选择"编辑"|"变换"|"扭曲"命令，拖动虚线框，可形成任意多边形。

④ 选择"编辑"|"变换"|"透视"命令，拖动虚线框，可形成梯形。

⑤ 选择"编辑"|"变换"|"水平翻转"命令，图像即可对称 Y 轴翻转。

⑥ 选择"编辑"|"变换"|"垂直翻转"命令，图像即可对称 X 轴翻转。

3．保存图像

Photoshop CS3 有多种保存格式，其中 PSD 格式是其默认的图像文件格式，该格式能保留图层、叠加、效果、文字等编辑特征，是一种非压缩的原始文件保存格式。除了 PSD 格式以外，以其他格式保存之前，应首先合并图层。

保存图像的操作如下：

① 选择"文件"|"储存为"命令，弹出"存储为"对话框。

② 在"格式"列表框中选择文件格式。

③ 在"文件名"文本框中输入文件名。

④ 单击"保存"按钮，显示文件格式确定的对话框。例如，若选择 BMP 格式，单击"保存"按钮后，将弹出图 4-38 所示的"BMP 选项"对话框，选择 Windows 单选按钮，然后单击"确定"按钮。

图 4-37　"图像大小"对话框

图 4-38　"BMP 选项"对话框

4.6.2　图像增强技术

1. 调整色阶

色阶是某个颜色分量的级别，例如 RGB 图像每个分量的取值范围是 0～255，调整色阶就是改变某个分量的数值，从而改变颜色的色相或亮度。调查色阶可以用来纠正偏色，营造某种气氛。

打开一幅彩色图像，选择"图像"|"调整"|"色彩平衡"命令，如图 4-39 所示。

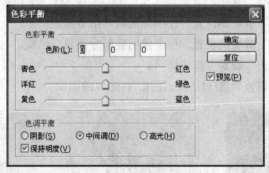

图 4-39　"色彩平衡"对话框

调整色阶的操作如下：

① 可根据情况选择"阴影"、"中间调"或"高光"单选按钮。这 3 个选项是针对图像本身所具有的固有属性而言的。

② 调整色彩平衡的滑块位置，选择"预览"复选框，可观察到图像色相或亮度的变化。

③ 满意后，单击"确定"按钮。

若希望调整图像某个局部的色相或亮度，应首先划出选区，然后再进行色阶调整工作。

2. 去色

使用"去色"命令可把彩色图像变成灰度（黑白）图像。选择"图像"|"调整"|"去色"命令，图像即刻变成灰度图像。如果希望为图像的局部去色，形成某种艺术效果，需要首先划出选区，然后再选择"图像"|"调查"|"去色"命令。

3. 调整亮度/对比度

由于拍摄条件和光线的限制，图片和数码照片会有亮度不足，清晰度不够的情况，适当地调整图像的亮度和对比度，可使图像趋于理想化，操作如下：

① 选择"图像"|"调整"|"亮度/对比度"命令，弹出图 4-40 所示的"亮度/对比度"对话框。

② 调整滑块位置，改变亮度和对比度，选择"预览"复选框，可观察图像色相或亮度的变化。

③ 满意后，单击"确定"按钮即可。

4．调整阴影/高光

逆光拍摄时，照片或图片往往较暗，看不到细节部分，通过调查阴影和高光可使细节显现出来。调整阴影和高光的操作如下：

① 选择"图像"|"调整"|"阴影/高光"命令，弹出图 4-41 所示的"阴影/高光"对话框。

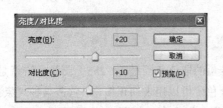

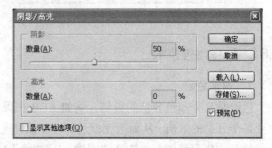

图 4-40 "亮度/对比度"对话框   图 4-41   "阴影/高光"对话框

② 调整"阴影数量"滑块的位置，使图像黑暗的细节呈现出来。

③ 调整"高光数量"滑块的位置，使图像明亮部分突显或暗淡。

④ 预览满意后，单击"确定"按钮即可。

图 4-42 所示分别为调整亮度/对比度、阴影/高光后的图像。

（a）原图   （b）调整亮度和对比度   （c）调整阴影和高光

图 4-42   图片调整效果

对图像的调整不可过度，尤其是对比度和阴影数量，否则颜色损失较大，层次感变差，造成细节损失严重。

5．阈值

指定某个色阶作为阈值，所有比阈值亮的像素转换为白色，比阈值暗的像素转换为黑色，从而将灰度图或彩色图像转换为高对比度的黑白图像。这对确定图像的最亮和最暗区域很有用。

例如，调入一幅彩色图像，如图 4-43 所示，然后选择"图像"|"调整"|"阈值"命令，在"阈值"对话框（见图 4-44）中设定阈值色阶为 60，单击"确定"按钮，效果如图 4-45 所示。

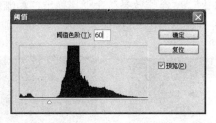

图 4-43　原图　　　　　　图 4-44　"阈值"对话框　　　　　　图 4-45　最终效果

6．色调分离

选择"图像"|"调整"|"色调分离"命令，弹出"色调分离"对话框，指定图像中每个通道的色阶数目，然后将像素映射为最接近的匹配色阶，可产生一些特殊效果。

例如，对图 4-46（a）所示的原图进行色调分离，设定 3 个通道的色阶数为 4，会产生图 4-46（b）所示的效果。

通道是存储不同类型信息的灰度图像。打开新图像时，自动创建颜色信息通道。图像的颜色模式决定所创建的颜色通道的数目。例如，RGB 图像有 3 个默认通道：红色、绿色和蓝色，以及一个用于编辑图像的复合通道。通过图 4-47 所示的"通道"面板可以创建并管理通道，以及监视编辑效果。

可以创建 Alpha 通道，将选区存储为 8 位灰度图像。可以使用 Alpha 通道创建并存储蒙版，这些蒙版可以处理、隔离和保护图像的特定部分。一幅图像可以有 24 个通道。

（a）色调色离　　　　　　　（b）效果　　　　　　　　　　　　　　　　　　　

图 4-46　展示色调分离效果　　　　　　　　　图 4-47　"通道"面板

7．使用滤镜

Photoshop CS3 的"滤镜"菜单提供了各种各样的滤镜，其作用类似于摄像师的滤镜所产生的特效。在"滤镜"菜单中选择某个滤镜名称，再加以适当调整，就可以对一幅图像或图像的一部分进行模糊、扭曲、风格化、增加光照效果和增加杂色等特殊效果处理，而无须了解内部的原理。由于滤镜的使用方法基本相同，本节只举几个例子，其他滤镜效果读者可自行试用。

滤镜的使用没有次数限制，对一幅图像可以多次使用同一滤镜，也可以使用不同的滤镜。对于颜色深度小于 8 bit 的图像，一般无法使用滤镜。

（1）浮雕效果

常见的浮雕材料是大理石和石膏，这些材料色调单一，模拟浮雕效果也应符合这一规律。操作如下：

① 打开一幅图像，设置需要施加浮雕效果的选区。

② 选择"滤镜"|"风格化"|"浮雕效果"命令，弹出"浮雕效果"对话框，调整角度、高度和数量滑块，直至满意为止。效果如图 4-48 所示。

（a）原图　　　　　　　　　　　　　　（b）效果图

图 4-48　浮雕效果

为了制作色调单一的浮雕，可在使用浮雕滤镜之前选择"图像"|"调整"|"去色"命令，把图像变成灰度图像。

（2）扭曲效果

扭曲效果有波浪扭曲、极坐标扭曲、旋转扭曲等多种效果。图像被扭曲后，极具装饰性，常用于广告设计和书籍装帧设计等。"旋转扭曲"命令能够创造出一种螺旋形的效果，在图像中央出现最大的扭曲，逐渐向边界方向递减。操作如下：

① 打开一幅图像，如图 4-49（a）所示。

② 选择"滤镜"|"扭曲"|"旋转扭曲"命令，弹出图 4-49（b）所示的对话框。左右移动"角度"滑块，调整扭曲角度。图 4-49（c）所示为扭曲后的效果。

（a）原图　　　　　（b）"旋转扭曲"对话框　　　　　（c）效果图

图 4-49　旋转扭曲效果

也可对图像的局部区域进行旋转扭曲。

（3）镜头光晕效果

镜头光晕效果用于模拟逆光摄影所产生的效果。使用不同焦距的镜头，其产生的光晕效果也不同，但可以调整光晕的亮度。操作如下：

① 打开一幅图像，如图 4-50（a）所示。

② 选择"滤镜"|"渲染"|"镜头光晕"命令，弹出"镜头光晕"对话框，单击光晕中心，调整"亮度"滑块，然后选择镜头类型。图 4-50（b）所示为光晕效果。

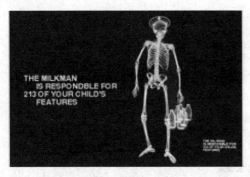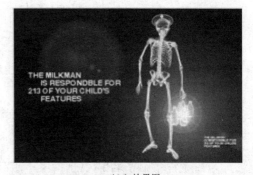

（a）原图　　　　　　　　　　　　　　　（b）效果图

图 4-50　镜头光晕效果

（4）轮廓线效果

轮廓线效果是把自然图像用线条来表现，形式如同钢笔素描的效果。操作如下：

① 打开一幅图片，如图 4-51（a）所示。

② 去色后选择"滤镜"|"风格化"|"查找边缘"命令，出现图 4-51（b）所示的素描画效果。

（a）原图　　　　　　　　　　　　　　（b）效果图

图 4-51　轮廓线效果

在实施查找边缘操作之前，最好提高图片的对比度和亮度，以减少细节。

4.6.3　图层控制技术

Photoshop 图像处理软件是使用图层控制技术实现图像合成。可以将图层看成是一张张独立的透明胶片，在每一个图层的相应位置创建组成图像的一部分内容，所有图层重叠放置在一起，就合成了一幅完整的图像。图层越多，对图像进行操作的灵活性越大，灵活运用 Photoshop 对图层进行分层管理的方法之一就是尽可能创建需要的图层。

1."图层"面板

图层的操作离不开"图层"面板，选择"窗口"|"图层"命令，即可显示"图层"面板，如图 4-52 所示。"图层"面板通常和"通道"及"路径"面板组合在一起，也可将其从组合中拖出来。

2. 图层的三大特性及相关应用

（1）分层管理

图层的特性首先是分层，其含义是图层具有非常好的独立可操作性，可以针对每一张透明胶片即图层进行不同的操作，也可以删除旧的图层或增加新的图层而不会影响其他图层，从而可以尝试各种图层复合设计得到不同的效果。

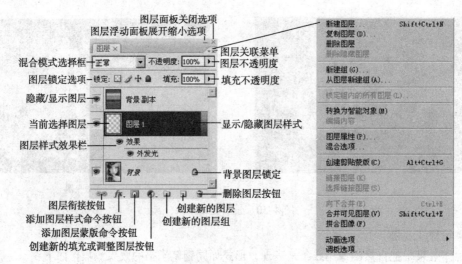

图 4-52 "图层"面板

相关的应用有：

① 选择编辑图层。单击图层名称，该图层反显。

② 显示/隐蔽图层。单击图层名称前面的 图标，该图标消失，隐蔽该图层。再次单击图标位置，图层恢复显示。

③ 改变图层的覆盖顺序。拖动图层名称上下移动，可改变图层相互覆盖的顺序，其效果可通过观察合成图像得到确认。

④ 复制图层。右击图层名称，在弹出的快捷菜单中选择"复制图层"命令，在弹出的对话框中为复制的图层命名，单击"确定"按钮。

⑤ 删除图层。右击图层名称，在弹出的快捷菜单中选择"删除图层"命令即可。

（2）透明特性

图层最基本的特性是透明，即透过上面图层的透明部分，能够看到下方图层的图像效果。在 Photoshop CS3 中，图层的透明部分是以灰白相间的方格来表现的。

相关的应用有：

① 改变不透明度。单击某图层，改变"不透明度"的百分比即可。

② 改变填充数值。单击某图层，改变"填充"的百分比即可。

图 4-53（a）所示为两个图像素材。图 4-53（b）是把两个素材合成在一起的效果，景物在上，不透明度为 70%；人物在下。图 4-53（c）所示为对应的"图层"面板。

不透明度和填充的区别在于：不透明度是图层之间的简单关系，而填充则是图层之间的渗透程度。调整时，要随时观察合成图像，以便确定最合适的不透明度和填充程度。

（3）合成特性

"合成"是图层的第 3 个特性，其意义在于图层可以使用各种不同的叠加方法及控制选项得到不同的合成效果，最为简单的是改变图层的不透明度及填充百分比。在观察分层的图像时，最终效果是由一个个图层叠加在一起产生的，由于透明图层除图像外的区域（在图中以灰白格显示）都是透明的，因此在叠加时，可以透过其透明区域观察到该图层下方的图层。由于"背景"图层不透明，因此观察者的视线在穿透所有透明图层后，停留在"背景"图层上，并最终产生所有图层叠加在一起的视觉效果。

（a）宝宝和景物素材　　　　　　　（b）合成效果　　　　　（c）对应的"图层"面板

图 4-53　图层的不透明度合成效果

合并图层的操作是：在"图层"面板中，按住 Ctrl 键的同时，单击多个图层，这些图层均被选中，呈反显状态。然后右击，在弹出的快捷菜单中选择"合并图层"命令，被选中的图层即被合并成一个图层。

若希望合并所有图层，鼠标右键单击任意一个图层名称，选择"拼合图像"选项。

3．图层类型

① 普通图层：普通图层显示为灰白方格，表示透明区域。

② "背景"图层："背景"图层叠放于各图层的最下方，是不透明的图层。"背景"图层不能移动位置和改变叠放次序，也不能更改不透明度和混合模式。如果需要改变"背景"图层，则可将"背景"图层转为普通图层。选择"图层"|"新建"|"背景图层"命令（或双击"背景"图层），弹出"新图层"对话框，并以"图层 0"为默认名称，单击"好"，即可将背景图层转换为普通图层。

③ 效果图层：为图层添加图层样式即可得到效果图层；"背景"图层不能添加图层样式。

④ 文字图层：在输入文字时，系统自动创建一个文字图层，并以输入的文字作为该图层的名称。若要修饰或与其他图层合并，则必须将文字图层栅格为普通图层，选择"图层"|"栅格化文字"命令即可。

⑤ 蒙版图层：蒙版是图像合成的重要手段，蒙版图层中的黑、白和灰色像素控制图层相应位置图像的透明度，其中白色对应图像的显示区域，黑色对应图像不显示的区域，灰色对应图像半透明区域。

4．图层样式

在"图层"菜单下的"图层样式"中提供了多达 10 种不同的效果，包括投影、内阴影、外发光、内发光、斜面和浮雕、光泽、颜色叠加、渐变叠加、图案叠加和描边等效果。在"图层样式"对话框中可以对这些特效进行调整，以达到需要的效果。还可以设定"混合选项"，并自定义一些图层样式。

图 4-55 是图 4-54 所示的两个图像素材的合成效果和图层设置，其中应用了图层样式。操作如下：

（a）风景素材　　　　　　　　　　　（b）人物素材

图 4-54　待合成的图像素材

① 打开两个图像素材，用磁性套索工具选取人物，并适当调整边缘。

② 用移动工具将选定的人物选区拖到风景图像中，这时在"图层"面板中人物会作为普通图层出现在风景图像所在的"背景"图层上方。为方便理解，将人物图层命名为"人物"。

③ 选择"编辑"|"自由变化"命令，调查"人物"图层的人物大小的，并用移动工具拖到合适位置。

图 4-55　合成效果和图层设置

④ 选择"人物"图层，单击"图层"面板下方的 fx. "添加图层样式"按钮，在下拉菜单中选择"投影"命令，弹出"图层样式"对话框，设置如图 4-56 所示。添加样式后，"人物"图层就由普通图层变成了效果图层。

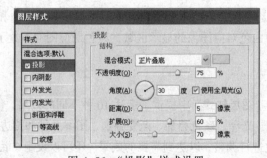

图 4-56　"投影"样式设置

4.6.4　文字编辑技术

文字是多媒体产品以及平面设计中必不可少的。Photoshop CS3 的文字是以文字图层的形式进行编辑，保存为位图格式，可满足一般需要。但当设计作品用于印刷时，小字号的文字清晰度不够，需要使用其他软件制作矢量化文字。

1．输入文字

输入文字的操作如下：

① 单击 T 横排文字工具。

② 单击图像编辑区中需输入文字的地方，输入文字，并自动生成文字图层。

③ 单击 移动工具，拖动文字移动并调整其位置。

④ 用编辑区上方的属性栏修改文字属性，如图 4-57 所示，其中包括文字的字体、字型、字号、颜色等。

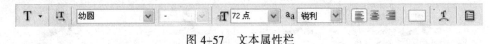

图 4-57　文本属性栏

2．变形文字

变形可以让文字呈弧形、扇形、波浪形等形状。文字的变形具有装饰性，能够营造活跃、富于变化的气氛。操作如下：

① 单击"图层"面板中的文字图层。

② 单击 T 横排文字工具。

③ 在文本属性栏中单击 创建变形文字按钮，弹出图 4-58 所示的对话框。

④ 在"样式"列表框中选择一种变形，例如"旗帜"。

⑤ 调整"弯曲"、"水平扭曲"等参数，效果如图 4-59 所示。

图 4-58　"变形文字"对话框

（a）正常文字　　　　　　　　（b）调整变形参数　　　　　　　　（c）变形效果

图 4-59　变形文字

3．旋转文字

旋转文字的操作如下：

① 单击"图层"而板中的文字图层。

② 选择"编辑"|"变换"|"旋转"命令，拖动文字进行旋转。双击旋转框内部即结束旋转。鼠标置于框内部，可拖动文字移动。

4．应用图层样式

可对文字图层应用图层样式来给文字制作阴影、厚度等效果。对文字添加阴影和厚度的操作如下：

① 单击"图层"面板中的文字图层。

② 选择"图层"|"图层样式"|"投影"命令，在弹出的对话框中适当调整不透明度、角度、距离、大小等的参数，直至效果满意。投影效果如图 4-60（b）所示。

③ 选择"图层"|"图层样式"|"斜面和浮雕"命令，弹出"图层样式"对话框。

④ 在"样式"列表框中选择"浮雕效果"，调整"方向"、"深度"和"软化"值。深度值决定文字凸起的高度，软化值决定文字外表面的圆滑程度。效果如图 4-60（c）所示。

文字的阴影、厚度，以及其他效果可同时作用于同一组文字，如图 4-60（d）所示。

（a）普通文字 　　　（b）阴影效果 　　　（c）厚度效果 　　　（d）厚度与阴影同时作用的效果

图 4-60 文字效果

小　结

数字图像是以数字形式表示的图像，像素、图像分辨率、颜色深度是数字图像的基本术语。表示数字图像的手段有两种：矢量图形和位图图像。通常图形指矢量图，图像指位图。

采样、量化和编码构成了图像的数字化过程。根据颜色的单一与否，图像分为单色图像和彩色图像两大类。单色图像的简单形式是二值图像，复杂形式是灰度图像。图像文件的体积与图像分辨率和颜色深度直接相关。获取数字化图像的途径主要有 3 个：利用设备进行模数转换，从光盘图像库或网络上获取图像，利用软件的抓图功能从计算机上获取图像。

色相、饱和度和亮度是色彩的三要素，用来准确描述颜色。三原色则是从原色配色角度来描述颜色。颜色空间是描述颜色的量化方法，不同颜色空间是从不同的角度去颜色。

根据不同的开发者和不同的使用场合，图像文件有多种不同类型的格式。JPEG 标准是目前国际通用的压缩标准，它能在保证图像视觉质量的前提下获得很高的压缩比。

Photoshop 图像处理软件的色彩控制、区域编辑、文字编辑、滤镜、图层等功能是进行图像处理的利器。在美学知识的指导下，运用该利器，能获得上佳的图像效果。

思考与练习

一、选择题

1. 真彩色图像的颜色数量有_____。

A. 2^{16} 　　　　　　B. 2^{24} 　　　　C. 2^8 　　　　D. 2^4

2. 色彩的三要素是_____、_____和_____。

    A. 色相   B. 色差   C. 饱和度   D. 亮度

3. 图像的数字化过程依次是_____、_____和_____。

    A. 采样   B. 量化   C. 编码   D. 压缩

4. 美学是通过_____、_____和_____展现自然美感的学科。

    A. 绘画   B. 色彩   C. 创意   D. 版面

5. 希望保留图层，应采用_____文件格式保存图像。

    A. PSD   B. JPEG   C. GIF   D. BMP

二、问答题

1. 什么是图像和图形。

2. 什么是颜色深度。

3. 用于显示和打印的图像采用哪几种原色。

4. 获取数字图像的途径有哪些。

5. 图像文件的体积指的是什么，如何计算。

6. 常见的图像文件格式有哪些。

7. 采用 JPEG 压缩格式的静态图像具有哪些主要特点。

8. 设计一个点构图方式的作品。

9. 解释 Photoshop 中的"层"和"通道"的概念。

第 5 章　数字视频处理技术

数字视频处理（Digital Video Processing）又称计算机视频处理，它是指将视频模拟信号转换成数字信号并利用计算机对其进行处理的过程。本章从数字化、文件格式、压缩标准、效果处理技巧、视频非线性编辑软件 Premiere 几个方面介绍当前的数字视频处理技术。

通过对本章内容的学习，应该能够做到：

- 了解：各种电视制式，各种视频文件格式，MPEG 标准，视频非线性编辑软件 Premiere 的功能和特点，镜头组接技巧。
- 理解：视频的基本概念和相关知识，视频数字化的概念。
- 掌握：常用视频格式的使用场合和特点，视频编辑流程。
- 应用：在实践中结合视频编辑流程知识和镜头组接技巧使用 Premiere 组装电影，运用过渡效果、动态滤镜、运动效果制作字幕，编辑音效等。

5.1　视频处理概述

视频信息是连续变化的影像，通常是指三维场景的动态演示，例如电视、电影、摄像资料等。视频信息带有同期音频，画面信息量大，表现的场景复杂，常采用专门的软件对其进行加工和处理。

5.1.1　什么是视频

人类的眼睛具有视觉滞留效应，即物体的视觉成像在人类大脑视觉神经中的停留时间约为 1/10 秒左右。如果每秒更替 24 个相关画面或更多的画面，那么在视觉滞留效应作用下，这些画面就形成连续的影像，即动态图像，其中每一个画面称为一帧（Frame）。

按照每一帧图像的产生方式，动态图像可分为不同的种类：当每一帧画面为实时获取的自然场景的图像时，称为动态影像视频，简称视频（Video）；当每一帧画面是人工或计算机生成的图形时，称为动画（Animation）；如果每一帧画面是计算机生成的具有真实感（由计算机计算生成逐帧位图化后）的图像时，称为三维动画。

所以，就可视部分而言，视频是一组连续图像信息的集合。另外，这些图像序列通常会被加载同步的声音，最终呈现动态的视觉和听觉效果。

综上所述，视频可以定义为多幅静态图像与连续的音频信息在时间轴上同步运动的混合媒体。常见的视频信号有电视、电影等，视频具有以下特点：

① 人类接受信息的 70% 来自视觉（重要获取），因而视频信息对于环境认知非常重要。

② 视频信息确切、直观、生动。

③ 视频信息容量大。

5.1.2　视频的分类

视频信号可分为模拟视频信号和数字视频信号两大类，所以视频也相应的分为模拟视频和数字视频两大类。

1．模拟视频（Analog Video）

模拟视频是一种用于传输图像和声音的随时间连续变化的电信号。早期视频的获取、存储和传输都是采用模拟方式。模拟视频信号具有成本低和还原性好等优点，视频画面往往会给人非常直观的感觉。但它的最大缺点是不论被记录的图像信号有多好，经过长时间的存放之后，信号和画面的质量将大幅度降低；或者经过多次复制之后，画面有非常明显的失真。

2．数字视频（Digital Video，DV）

要使计算机能够对视频进行处理，必须对模拟视频信号进行数字化处理，形成数字视频信号。与模拟视频相比，数字视频因数据量大而有处理速度慢的缺点，但随着数据压缩技术的发展和计算机处理速度的飞速提高，这一缺点可以被忽略。但数字视频的以下优点则是模拟视频无法比拟的：

① 数字视频便于创造性的编辑与合成。

② 视频数字信号可长距离传输而不损耗。

③ 数字视频可不失真地进行多次复制。

④ 在网络环境下容易实现资源共享。

⑤ 数字视频可与其他媒体组合使用。

5.1.3　电视信号及其制式

数字视频技术目前还离不开传统的设备、技术和标准，特别是要考虑到设备、标准的兼容性。因此，本节先介绍电视相关的基本知识。

1．电视视频信号的扫描方式

电视视频信号是由视频图像转换成的电信号。任何时刻，电信号只有 1 个值，是一维的，而视频图像是二维的，将二维视频图像转换为一维电信号可以通过光栅扫描来实现。视频的显示则通过在监视器上水平和垂直方向的扫描来实现，扫描方式主要有逐行扫描和隔行扫描两种。逐行扫描方式的每一帧画面一次扫描完成；隔行扫描行方式的每一帧画面由两次扫描完成，每次扫描组成一个场，即一帧由两个场组成。

2．彩色电视制式

彩色电视制式就是彩色电视的视频信号标准。世界上现行的彩色模拟电视制式有 3 种：NTSC 制、PAL 制和 SECAM 制，它们分别定义彩色电视机对于所接收的电视信号的解码方式、色彩处理方式和屏幕的扫描频率。

（1）NTSC 制

NTSC（National Television System Committee）是 1952 年由美国国家电视标准委员会指定的彩色电视广播标准，它采用正交平衡调幅的技术方式，因此又称正交平衡调幅制。美国、加拿大等大部分西半球国家以及中国台湾、日本、韩国、菲律宾等国家和地区均采用这种制式。

（2）PAL 制

PAL（Phase Alternating Line）是德国，在 1962 年指定的彩色电视广播标准，它采用逐行倒相正交平衡调幅的技术方法，克服了 NTSC 制相位敏感造成色彩失真的缺点。德国、英国等一些西欧国家以及新加坡、中国内地及中国香港、澳大利亚、新西兰等国家和地区采用这种制式。

（3）SECAM 制

SECAM 制式是法文的缩写，意为顺序传送彩色信号与存储恢复彩色信号制，是由法国在 1966 年制定的一种新的彩色电视制式。它也克服了 NTSC 制式相位失真的缺点，采用时间分隔法来传送两个色差信号。使用 SECAM 制的国家主要有法国以及东欧和中东一带的国家。

3 种制式的主要参数如表 5-1 所示。

表 5-1 不同电视制式的技术指标

TV 制式	NTSC	PAL	SECAM
帧频（Hz）	30	25	25
行/帧	525	625	625
颜色空间	YIQ	YUV	YUV
亮度带宽（MHz）	4.2	6.0	6.0
彩色幅载波（MHz）	3.58	4.43	4.25
色度带宽（MHz）	1.3(I)，0.6(Q)	1.3(U)，1.3(V)	>1.0(U)，>1.0(V)
声音载波（MHz）	4.5	6.5	6.5

（4）数字电视（Digital TV）

1990 年美国通用仪器公司提出信源的视频信号及伴音信号用数字压缩编码，传输信道采用数字通信的调制和纠错技术，从此出现了信源和传输轨道全数字化的真正数字电视。数字电视包括高清晰度电视 HDTV、标准清晰度电视 SDTV 和 VCD 质量的低清晰度电视 LDTV。随着数字技术的发展，全数字化的电视 HDTV 标准将逐渐代替现有的彩色模拟电视。

3. 彩色电视机的色彩模型

在 PAL 彩色电视制式中采用 YUV 模型来表示彩色图像。其中 Y 表示亮度，U 和 V 表示色差，是构成彩色的两个分量。与此类似，在 NTSC 彩色电视制式中使用 YIQ 模型。

YUV 表示的亮度信号（Y）和色度信号（U、V）是相互独立的，可以对这些单色图分别进行编码。采用 YUV 模型的优点之一是亮度信号和色差信号是分离的，使彩色信号能与黑白信号相互兼容。由于所有的显示器都采用 RGB 值来驱动，所以在显示每个像素之前，需要把 YUV 彩色分量值转换成 RGB 值。

5.2 视频的数字化

NTSC 和 PAL 视频信号通常是模拟信号，但计算机是以数字方式显示信息的，因此 NTSC 和 PAL 信号在能被计算机使用之前，必须被数字化，加工处理后再经过数模转换进行播放。

5.2.1 视频的数字化过程

计算机处理视频信息首先要解决视频数字化的问题。对彩色电视视频信号的数字化方法有两种：一种是将模拟视频信号输入到计算机系统中，对彩色视频信号的各个分量进行数字化，经过压缩编码后生成数字化视频信号，也就是说，将模拟电视信号经过采样、量化和编码，转换成用二进制数表示的数字信号；另一种是由数字摄像机从视频源采集视频信号，将得到的数字视频信号输入到计算机中直接通过软件进行编辑处理，这是真正意义上的数字视频技术。下面介绍第一种方法的数字化过程，该过程包括采样、量化和编码 3 个阶段。

1. 视频的采样

与静态图像的数字化不同，视频的数字化不仅要在空间上进行采样，还要在时间上进行采样，即每隔一定的时间进行一次空间上的采样，得到帧序列，如图 5-1 所示。

对彩色电视图像进行采样时，可以采用两种采样方法：一种是使用相同的采样频率对图像的亮度信号和色差信号进行采样，另一种是对亮度信号和色差信号分别采用不同的采样频率进行采样。如果对色差信号使用的采样频率比对亮度信号使用的采样频率低，这种采样就称为图像子采样（Sub-sampling）。

图像子采样在数字图像压缩技术中得到广泛应用。可以说，在彩色图像压缩技术中，最简单的图像压缩技术就是图像子采样。这种压缩方法的基本依据是人的视觉系统所具有的两个特征：一是人眼对色度信号的敏感程度比对亮度信号的敏感程度低，利用这个特征可以去掉一些图像中表达颜色的信号而不易使人察觉；二是人眼对图像细节的分辨能力有一定的限度，利用这个特征可以去掉图像中的高频信号而不易使人察觉。

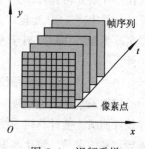

图 5-1　视频采样

采样格式主要有以下 3 种：

① Y：U：V=4：1：1，这种方式是在每 4 个连续的采样点上，取 4 个亮度 Y 的样本值，而色差 U、V 分别取其第一点的样本值，共 6 个样本。

② Y：U：V=4：2：2，这种方式是在每 4 个连续的采样点上，取 4 个亮度 Y 的样本值，而色差 U、V 分别取其第一点和第三点的样本值，共 8 个样本。这种方式能给信号的转换留一定的余量，效果更好。这是通常采用的方式。

③ Y：U：V=4：4：4，在这种方式中，亮度 Y 和色差 U、V 各取一个样本。这种采样格式不是子采样格式。对于原本就具有较高质量的信号源，这种方式可以保证其色彩质量，但信息量大。

2. 视频的量化

采样是把模拟信号变成时间和空间上离散的脉冲信号，而量化则是进行幅度上的离散化处理。在时间轴的任意一点上量化后的信号电平与原模拟信号电平之间在大多数情况下存在一定的误差，我们通常把量化误差称为量化噪波。量化位数愈多，层次分得愈细，量化误差越小，视频效果也越好，但是视频的数据量也越大。因此，在选择量化位数时要综合考虑各方面的因素。

3. 视频编码

经采样和量化后得到的数字视频数据量非常大，需要进行编码压缩。其方法是从时间域、空间域两方面去除冗余信息，减少数据量。编码技术主要分成帧内编码和帧间编码，前者用于去掉图像的空间冗余信息，后者用于去除序列图像之间的时间冗余信息。视频编码技术主要有 MPEG 与 H.261/263 标准。

5.2.2 数字视频的获取

数字视频的获取途径主要有 3 个。

（1）从数字摄像机获取

用数字摄像机拍摄的 DV 进行采集时，需要一块 IEEE 1394 DV 采集卡（简称 DV 采集卡或 1394卡），用一条数据线，一头接在计算机的 1394 接口（见图 5-2），一头接在摄像机的 1394 输出口，打开摄像机，即可用 Premiere 等视频编辑软件进行采集。

（2）从 VCD、DVD 等光盘获取

VCD、DVD 是重要的视频素材来源，利用视频转换工具软件可获取这些视频并将其转换为所需的文件格式进行存储和编辑，有些视频播放器也具有视频获取存储功能。例如超级解霸可以从 VCD 或 DVD 视频文件中截

图 5-2　1394 接口

取视频片断并将其转换为 AVI 或 MPG 格式。如果要使用光盘中的一个完整视频文件，可以从资源管理器中将 VCD 光盘中 Mpegav 文件夹下的扩展名为.DAT 的文件直接复制到硬盘中，再将其扩展名改为.MPG 即可。对于.MPG 文件，可以利用 Windows 自带的媒体播放器打开，然后另存为.AVI文件。

（3）通过视频采集系统获取

视频采集系统包括视频信号源设备、视频采集设备、大容量存储设备以及配置有相应视频处理软件的高性能计算机系统。提供模拟视频的信号源设备有录像机、电视机、影碟机等；对模拟视频信号的采集、量化和编码由视频采集卡来完成；最后由计算机接收和存储编码后的数字视频数据。在这一过程中起主要作用的是视频采集卡，是它把模拟信号转换成数字数据。

视频采集卡有单工卡和双工卡两种。单工卡只提供视频输入接口，如果只需在 PC 上编辑数字化视频，单工卡即可满足。双工卡还提供输出接口，可以把数字化编辑过后的影像复制到录像带上。大多数视频采集卡都具有压缩功能，在采集视频信号时，先将视频信号压缩后再通过接口把压缩的视频数据传送到主机上。视频采集卡可采用帧内压缩的算法把数字化的视频存储成 AVI 文件，高性能的视频采集卡还能直接把采集到的数字视频数据实时压缩成 MPEG 格式的文件。

5.3　视频文件格式及标准

视频文件格式是视频数据存储的方式，根据不同的开发者和不同的使用场合，视频文件也有多种不同类型的格式。

所谓的 "MPG/MPEG 文件格式" 实质是指该视频文件采用了 MPEG 标准。MPEG 标准是一种动态图像、音频及其混合信息的压缩、解压缩、处理和编码表示方面的国际标准。

5.3.1 视频文件格式

视频文件主要指包含了实时的音频和视频信息的多媒体文件，其多媒体信息通常来源于视频输入设备。视频文件可以分为两大类：一是影音文件，采用传统的视频编码格式，例如常见的 VCD；二是流媒体视频文件，又称网络视频文件。

1. 影音文件

（1）AVI 格式

AVI（Audio Video Interleave）即音频/视频交错格式。它于 1992 年被 Microsoft 公司推出，随 Windows 3.1 一起被人们所认识和熟知。所谓"音频/视频交错"，是指可以将视频和音频交织在一起进行同步播放。这种视频格式的优点是图像质量好，可以跨多个平台使用，其缺点是体积过于庞大，而且压缩标准不统一。最普遍的现象就是高版本的 Windows 媒体播放器播放不了采用早期编码编辑的 AVI 格式视频，而低版本的 Windows 媒体播放器又播放不了采用最新编码编辑的 AVI 格式视频，所以在进行一些 AVI 格式的视频播放时往往会出现由于视频编码问题而造成的视频不能播放，或即使能够播放，但存在不能调节播放进度和播放时只有声音没有图像等问题。用户在进行 AVI 格式的视频播放时若遇到类似的问题，可以通过下载相应的解码器来解决。

（2）MOV 格式（QuickTime）

MOV 格式是美国 Apple 公司开发的一种视频文件格式，默认的播放器是 Apple 的 QuickTime Player，又称为 QuickTime 电影文件格式。该格式已被包括 Apple Mac OS、Microsoft Windows 在内的所有主流操作系统支持；支持领先的集成压缩技术，提供 150 多种视频效果，并配有 200 多种 MIDI 兼容音响和设备的声音装置；新版的 QuickTime 进一步扩展了原有功能，包含基于 Internet 应用的关键特性。由此可见，QuickTime 因其具有跨平台、存储空间要求小等技术特点，得到业界的广泛认可，目前已成为数字媒体软件技术领域内事实上的工业标准。

（3）MPG/MPEG 格式

MPG/MPEG 格式是采用 MPEG 算法进行压缩的全运动视频文件格式。它在 1 024×768 的分辨率下可用每秒 25 或 30 帧的速率同步播放全运动视频图像和 CD 音乐伴音，其文件大小为 AVI 格式文件的 1/6。

（4）DAT 格式

DAT 格式也是基于 MPEG 压缩算法的一种文件格式，Video CD 和卡拉 OK CD 数据文件一般都是采用该格式，扩展名为.DAT。

2. 流媒体视频文件

流媒体视频（Streaming Video）文件格式是随着互联网的发展而诞生的，也是视频格式发展的方向。由于视频文件的体积往往比较大，网络带宽限制了视频数据的实时传输和实时播放，因此产生了这种新型的流媒体视频文件格式。这种格式的文件支持"边传边播"，即从服务器上下载一部分，形成视频流缓冲区后即可播放，同时继续下载，为接下来的播放做好缓冲准备。这种方式避免了用户必须等待整个文件从 Internet 上全部下载完毕才能观看的缺点。

（1）RealMedia 格式

RealNetworks 公司的 RealMedia 包括 RealAudio、RealVideo 和 RealFlash3 类文件，其中 RealAudio 用来传输接近 CD 音质的音频数据，实现音频的流式播放；RealVideo 用来传输不间断的视频数据；RealFlash 是 RealNetworks 公司和 Macromedia 公司联合推出的一种高压缩比的动画视频格式。

RealVideo 除了能够以普通的视频文件形式播放之外，还可以与 RealServer（一种流媒体文件播放服务器）相配合。首先由 RealEncoder（一种流媒体文件编码器）负责将已有的视频文件实时转换成 RM 格式，再由 RealServer 负责广播 RM 视频文件，在数据传输过程中可以边下载边播放，而不必完全下载后再播放，适合于对重大事件进行实时转播。RealVideo 的文件扩展名是.RM 或.RMVB。

（2）Windows Media 格式

常见的 Windows Media 格式有两种不同的扩展名：.ASF 和.WMV，它们具有相同的存储格式，可以将扩展名.ASF 直接改成.WMV 而不影响视频的播放。

ASF（Advanced Streaming format）格式是微软为了和现在的 Real Player 竞争而推出的一种视频格式，它以网络数据包的形式传输视频数据，实现流式多媒体内容发布。用户可以直接使用 Windows 自带的 Windows Media Player 对其进行播放。由于它使用了 MPEG-4 的压缩算法，所以压缩比和图像质量都比较好。

WMV（Windows Media Video）格式也是微软推出的一种采用独立编码方式并且可以直接在网上实时观看视频节目的文件压缩格式。WMV 格式的主要优点包括本地或网络回放、可扩充的媒体类型、部件下载、可伸缩的媒体类型、流的优先级、多语言支持、环境独立性、丰富的流间关系以及扩展性等。

（3）FLV 格式

FLV 是 Flash Video 的简称，它是随着 Flash MX 的推出而发展起来的流媒体视频格式。FLV 格式是在 Sorenson 公司的压缩算法的基础上开发的，形成的文件小、加载速度快，有效地解决了视频文件导入 Flash 后，所导出的 SWF 文件体积庞大、不能在网络上很好的使用等缺点。另外，该文件格式可以不通过本地的微软或者 Real 播放器进行视频播放。

FLV 格式目前被众多新一代视频分享网站所采用，如新浪播客、优酷、土豆和酷 6 等，是目前网络上增长较快、使用较为广泛的视频传播格式。

5.3.2 MPEG 标准

MPEG 是动态图像专家组（Moving Picture Experts Group）的缩写，负责制定适用于数字媒介、电视广播和通信应用场合的视频、音频数据的压缩标准。自 1988 年创建以来，已经制定了一系列国际标准，其中 MPEG-1、MPEG-2 和 MPEG-4 已为人们所熟知，它们重在视频和音频数据的压缩上；MPEG-7 和 MPEG-21 将为基于内容检索的数据库应用提供一个更为通用的平台，对下一代视/音频系统和网络应用产生深远的影响。

1. MPEG-1

MPEG-1 制定于 1992 年，是为工业标准而设计的，可适用于不同传输频率的设备，如 CD-ROM、Video-CD 和 CD-I 等。它的目的是把 221 Mbit/s 的 NTSC 影像压缩至 1.2 Mbit/s，压缩比约为 200：1。编码速率最高可达 4～5 Mbit/s，但是随着速率的提高，其解码后的影像质量会有所降低。

2. MPEG-2

MPEG-2 制定于 1994 年，是一个直接与数字电视广播有关的高质量图像和声音编码标准，被认定为 SDTV 和 HDTV 的编码标准。MPEG-2 适合于具有 4～15 Mbit/s 带宽的传输信道，支持 NTSC 制式的 720×480 和 1 920×1 080 帧分辨率以及 PAL 制式的 720×576 和 1 920×1 152 帧分辨率，画面质量达到广播级，适用于高清晰度电视信号的传送与播放，并且可以根据需要调节压缩比，在图像质量、数据量和带宽之间权衡。

MPEG-2 在数字广播电视、DVD、VOD（Video-on-Demand）和交互电视等方面有广泛的应用。

3．MPEG-4

MPEG-4 制定于 1999 年 2 月，它不仅对一定比特率下的视频/音频进行编码，更加注重多媒体系统的交互性和灵活性。MPEG-4 主要达到两个标准：一是低比特率下的多媒体通信；二是多工业之间多媒体通信的综合。它可以应用于视频电话和视频电子邮件等，对传输速率要求较低，大约在 4 800～64 000 bit/s 之间。MPEG-4 利用很窄的频宽，通过帧的重建技术和数据压缩，以求用最少的数据获得最佳的影像质量。

MPEG-4 主要应用在因特网视音频广播、无线通信、静止图像压缩、电视电话、计算机图形、动画与仿真和电子游戏等领域。

4．MPEG-7

MPEG-7 制定于 2001 年 9 月，正式名称为多媒体内容描述接口（Multimedia Content Description Interface），旨在解决对视频/音频描述的标准问题，以有弹性、延伸性、多层次以及明确的数据结构和语法（例如 XML 语言）来定义视频和音频的内容，但不包括对描述特征的自动提取。经由 MPEG-7 的定义格式，使用者可以有效率地搜寻、过滤和定义想要的视频和音频。

如前所述，MPEG-1、MPEG-2 和 MPEG-4 等标准着重在视频和音频的压缩上，重点是如何达到高压缩比，并同时兼顾一定的画质和音质。当数据以惊人的速度成长，以致数据多得无法检索时，数据已没有实用价值。而 MPEG-7 标准要解决的就是多媒体时代所产生的繁杂数据量的问题，也就是如何在繁杂的数据中检索到最符合自己需求的数据。

MPEG-7 标准在数字图书馆、多媒体目录服务、广播媒体选择、多媒体编辑、教育、娱乐、医疗应用和地理信息系统等领域都有潜在的应用价值。

5．MPEG-21

MPEG-21 的正式名称是多媒体框架（Multimedia Framework），其目的是建立一个规范且开放的多媒体传输平台，让所有的多媒体播放装置都能通过此平台接收多媒体资料，使用者可以利用各种装置、通过各种网络环境去取得多媒体内容，而不需要知道多媒体资料的压缩方式及使用的网络环境。该标准正是致力于在大范围的网络上实现透明的传输和对多媒体资源的充分利用。

5.3.3　H.261/263 标准

另一个研究视频压缩方法的组织是国际电信联盟 ITU（International Telecommunication Union），其下的视频编码专家组 VCEG（Video Coding Experts Group）制定了一系列应用于通信和电视系统中的视频编码标准，如 H.261 和 H.263。

H.261 制定于 1980 年，正式名称为"视听业务速率为 P×64 kbit/s 的视频编译码"，因此 H.261 又称 P×64 标准，其中 P 为可变参数，取值范围是 1～30。它最初是针对 ISDN 上实现电信会议应用，特别是面对面的可视电话和视频会议而设计的，而后成为可视电话和电话会议的国际标准。

H.263 是关于低于 64 kbit/s 的窄带轨道视频编码标准，其目的是能在现有的电话网上传输活动图像。H.263 建议草案于 1995 年 11 月完成。虽然在低比特率、低分辨率的应用中有其优点，但也有一定的局限性。因此 1998 年 1 月提出了 H.263+建议，增加了 12 种新的协商模式和附加特性，以扩大协议的应用范围，提高重建图像的主观质量以及加强对编码比特率的控制。

5.4 视频效果处理技巧

数字视频是配有声音的动态图像。除了可以像数字图像一样对数字视频进行色彩校正、几何变形、模糊、锐化等特效处理外，更主要的是进行视频编辑。视频编辑指将从多个视频剪辑中选择的视频片段按新的时间顺序排列到时间线上。从技术方面考虑，需要确定入点、出点，改变剪辑的时间长度，调整剪辑的时间顺序等。然而，如何使电影编辑的画面流畅而富有艺术性地、巧妙地展现故事情节，却不是一件容易的事。电视/电影与真实生活的不同之处在于它在时间和空间上的巨大跳跃性，以及听觉和视觉效果所营造的环境氛围。视频编辑是一项融合技术和艺术的具有创造性的工作。

本节主要介绍数字视频编辑的相关知识和技巧。

5.4.1 非线性编辑

视频线性编辑是指利用传统设备进行模拟化视频编辑，特点是按部就班，在时间轴上前后紧密联系。电视制作中，传统的编辑方法就是线性编辑，通过一对一或二对一的台式编辑机将母带上的素材剪接成第二版的剪辑带，这个过程完成的诸如出入点设置和转场等都是模拟信号转模拟信号，一旦转换完成就记录成为磁迹，无法随意修改。如果需要插入新的素材或改变某个镜头的长度，后面的所有内容就必须重新录制。显然，线性编辑存在极大的弊端。

视频非线性编辑是指用计算机取代传统设备进行数字化编辑、特技与合成，可在时间轴上随意修改视频信号。

数字化非线性编辑的优势和特点主要表现在以下几个方面：

① 可以方便、快捷地对素材进行随意修改，自由度大。

② 即使多次重复编辑也不会带来信号失真。

20 世纪 90 年代初，发达国家开始将计算机技术、多媒体技术与影视制作相结合，制作影视节目，推出了所谓的"桌面演播室"，就是今天的视音频非线性编辑工作站。非线性编辑工作站利用视音频采集卡将磁带上的视音频模拟信号转换成数字信号，并存储在 SCSI 接口形式的硬盘阵列中。其次，使用视频编辑软件对数字视频信号进行编辑和加工，或进行特技合成。最后，通过视频卡输出到录像带上，记录成模拟信号供播放。

目前，非线性编辑广泛应用于影视后期制作中，例如为广告片头添加特效、编辑合成，为影视剧、MTV 后期剪接等。

5.4.2 数字视频编辑流程

目前，数字非线性编辑在影视制作中已取代了传统的线性编辑方式，成为影视后期制作中视频编辑的标准。数字视频编辑的主要流程如下：

1．素材的采集

使用非线性编辑软件编辑视频之前，需要向系统输入素材。大多数非线性编辑软件需要通过视频采集卡将录像带上的模拟信号转换成数字信号，或将数字视频传输到硬盘中作为 AVI 格式的素材文件保存。

除了视频素材，还应将其他需要用到的素材，例如图像、动画、声音等也通过适当的方法导入计算机中。

2．素材的编辑

素材的编辑通常包含有以下内容：

① 素材浏览。通过编辑软件的播放器可以播放、浏览素材，可以使用正常速度播放，也可以快速重放、慢放和单帧播放，也可以反向播放。

② 编辑点定位。在确定编辑点时，可以手动操作进行粗略定位，也可以使用时码精确定位编辑点。

③ 素材剪辑。可以直接对参考编辑点前后的画面进行剪接。

④ 素材组接。非线性编辑软件中各段素材的相互位置可以随意调整，即可随意组接两段素材或是删除某一素材。

⑤ 特效。在非线性编辑软件中，除了能够对素材的长度、位置等进行编辑加工外，还能够对每一素材单独进行特效处理。例如画中画（Picture In Picture, PIP）、色键抠像（Transparency）、数字视频效果（Digital Video Effect, DVE）、划像转场以及改变色调等。

⑥ 视频合成。在非线性编辑软件中，一般都有简单的视频合成功能。使用视频合成，可以将上一轨道的视频缩小到一定程度使一轨道的视频内容在不同区间显示出来，还设置上一轨道的透明度，使两个轨道甚至多个轨道中的图像同时显示等。

⑦ 字幕。字幕与视频画面的合成可以起到画龙点睛的作用，其合成方式有软件和硬件两种。软件字幕实际上是使用了特技抠像的方法，生成的时间较长，一般不适合制作字幕较多的节目，但它与视频编辑环境的集成性好，便于升级和扩充字库；硬件字幕实现的速度快，能够实时查看字幕与画面的叠加效果，但一般需要支持双通道的视频硬件来实现。

⑧ 声音编辑。声音的运用可以渲染作品的气氛，虽然一般的非线性编辑软件的音频编辑普遍较弱，但可以使用其他声音编辑软件来弥补，例如 Adobe Audition 和 GoldWave 等。在非线性编辑软件中声音素材一般都保存为波形声音文件，因为波形声音文件可以直接在屏幕上显示音量的变化。

⑨ 输出。在制作完成视频、音频以及字幕后，就可以将编辑好的视频输出到硬盘上，保存为指定格式的文件，也可以输出到录像带或 DV 磁带上，还可以制作成为 VCD 或者 DVD。

5.4.3　镜头组接技巧

利用镜头取舍和组接技巧可以让影片扣人心弦、高潮迭起，避免拖沓冗长、平淡无奇。

1．景别

不同的景别代表不同的画面结构方式，其大小、远近、长短的变化造成了不同的造型效果和视觉节奏。不同的景别是对被摄对象不同目的的解析，能传达不同性质的信息。

远景属于情绪性景别，是涵盖广阔空间的画面，以表现环境气势为主，画面中没有明确的主体，人物所占的比例很小。远景常用来展示事件发生的环境和规律，也可表现自然景象的空灵开阔，一般用来抒发情感、渲染气氛。

全景表现人物全身或场景全貌的画面，主要用来介绍环境和事物发展的整体面貌。

中景表现人物膝盖以上或场景局部的画面，主要用来介绍主体状态、人物之间的关系或情绪交流。中景是最适宜观看的景别，因此是电视中最常见的景别方式，尤其适宜于表现人物动作或对话交流的场景。

近景表现的是人物胸部以上或物体局部的画面，主要用来展示人物的面部表情和细微动作。较之中景，观众能更贴近地观察画面内容，交流感强。介绍重要人物、突出主持人权威性或亲近感等，一般用近景方式表现。

特写表现的是人物肩部以上的头像或者被摄体的细部画面。特写镜头具有很强的强调性和暗示性，常被用来强调某种细部特征，以揭示特定含义或情绪，制造悬念。

同一主体（或相似主体）在角度不变或者变化不大的情况下，前后镜头的景别变化过小或过大，都会致使视觉跳动感强烈。要弱化这种跳动感，一般的做法是插入其他镜头，或者改变景别、改变拍摄角度。

2. 剪接点

剪接点就是两个镜头之间的转换点。准确掌握镜头的剪接点是保证镜头转换流畅的首要因素，剪接点的选择是否恰当，关系到镜头转换与连接是否符合观众的视觉感受，是否满足节目的叙事需要，是否能体现艺术的节奏。

一个镜头必须具有能够保证让观众看清内容的最低限度的时间长度。这个低限长度是以展示画面内容为基础的，同时要视景别、内容、上下情景而定。一般来说，在全景镜头中，内容比较集中单一，没有分散人们注意力的更多信息，4秒左右的长度即可，中近景只需2～3秒的长度。如果剪接点位置在低限长度点之前，只有1秒时间，那么这两个镜头连接在一起，就会产生因后续镜头时间不足，信息接收被突然中断而导致视觉感受不适；相反，如果镜头信息量少而剪接点滞后，则镜头连接会显得拖泥带水，缺乏吸引力。

3. 镜头的组接方法

镜头画面的组接除了采用光学原理的手段以外，还可以通过衔接规律，设计镜头之间的组接方式，使情节更加自然顺畅。

（1）叙事组接

选取剪接点的依据是观众看清画面内容、或解说词叙事、或情节发展所需的时间长度，这也是电视节目中最基础的剪接依据。

（2）两级镜头组接

两级镜头组接是从特写镜头直接跳切到全景镜头或者从全景镜头直接切换到特写镜头的组接方式。这种方法能使情节的发展在动中转静或者在静中变动，给观众的直感极强，节奏上形成突如其来的变化，产生特殊的视觉和心理效果。

（3）闪回镜头组接

用闪回镜头组接，例如插入人物回想往事的镜头，可以用来揭示人物的内心变化。

（4）同镜头组接

同镜头组接是将同一个镜头分别在几个地方使用。运用该种组接技巧时，往往是处于这样的考虑：或者是因为所需要的画面素材不够；或者是有意重复某一镜头，用来表现某一人物的追忆；

或者是为了强调某一画面所特有的象征性的含义以引发观众的思考；或者是为了造成首尾相互呼应的效果，从而在艺术结构上给人以完整而严谨的感觉。

（5）插入镜头组接

插入镜头组接是在一个镜头中间切换，插入另一个表现不同主体的镜头。例如一个人正在马路上走着或者坐在汽车里向外看，突然插入一个代表人物主观视线的镜头，以表现该人物意外地看到了什么的直观感想和引起联想的镜头。

（6）动作组接

动作组接是以画面的运动过程（包括人物动作、摄像机运动、景物活动等）为依据，结合实际生活规律的发展来组接镜头，目的是使内容和主体动作的衔接转换自然流畅。

例如人物起坐的剪辑依据就是动作连贯性。一个人听课走进教室，到了座位上坐下，这个动作可以由这么两个镜头来表现：镜头一是室内拍摄此人走进教室全景，从门口走向桌前坐下；镜头二是中近景，他在座位前坐下。简单地说，虽然镜头不是连续拍摄下来的，但给人的感觉是连续的。

（7）特写镜头组接

上个镜头以某一人物的某一局部（头或眼睛）或某个物件的特写画面结束，然后从这一特写画面开始，逐渐扩大视野，以展示另一情节的环境。目的是为了在观众注意力集中在某一个人的表情或者某一事物时，在不知不觉中就转换了场景和叙述内容，而不会使人产生陡然跳动的不适感。

（8）景物镜头组接

在两个镜头之间借助景物镜头作为过度，一种情况是以景为主，物为陪衬的镜头，可以用来展示不同的地理环境和景物风貌，也可以表示时间和季节的变换，又是以景抒情的表现手法。另一种情况是以物为主，景为陪衬的镜头，这种镜头往往作为镜头转换的手段。

（9）声音转场

以声音因素（解说词、对白、音乐、音响等）为基础，根据内容要求和声画的有机关系，也就是上下镜头中声音的连接点来处理镜头的组接。声音的剪接点大多选择在完全无声处，需要考虑画面所表现的情绪、声音转换节奏、声音连贯性和完整感。音乐的剪接点大多选择在乐句或乐段的转换处，随意截断音乐或其他声音，会明显破坏声音的完整感。如果画面中一个人正在说话，就要让人把一句话说完，或把要表达的意思表达完整。

（10）多屏画面转场

多屏画转场技巧有多画屏、多画面、多画格和多银幕转场等多种叫法，是近代影视艺术的新手法。把屏幕一分为多，可以使双重或多重的情节齐头并进，大大压缩了时间。例如在电话场景中，打电话时，两边的人都有了，打完电话，打电话的人戏没有了，但接电话人的戏开始了。

镜头的组接方法种多样，可按照创作者的意图，情节的内容和需要进行创造，没有具体的规定和限制。

5.5 Premiere 使用方法

Premiere 是 Adobe 公司推出的一种专业非线性数字视频编辑软件。Premiere 首创的时间线编辑、素材项目管理等概念已成为事实上的工业标准。Premiere 融视/音频处理于一身，功能强大。

其核心技术是将视频文件逐帧展开，以帧为精度进行编辑，并与音频文件精确同步。它可以配合多种硬件进行视频捕捉和输出，能产生广播级质量的视频文件。

Premiere 系列软件的每个版本都是以版本号的递增作为名称，例如 Premiere 6.0、6.5 等。但从 7.0 版本开始，Adobe 不再延续原来的命名方法，先后分别为 Premiere Pro 1.0、1.5、2.0 和 Premiere Pro CS3，目前最新的版本是 Premiere Pro CS4。本教材是选用 Premiere 6.5 版本作为讲授工具，因该版本用户界面易懂，功能完善，且性能稳定。

5.5.1 Premiere 窗口布局

第一次打开 Premiere 会弹出工作区选择窗口，有两种工作区模式供选择：A/B Editing（A/B 编辑模式）和 Single-Track Editing（单轨编辑模式），初学者最好选择 A/B Editing 模式在这种模式下，可以直观地添加和编辑转场特效。然后会弹出 Load Project Settings（项目预设）对话框，如图 5-3 所示。

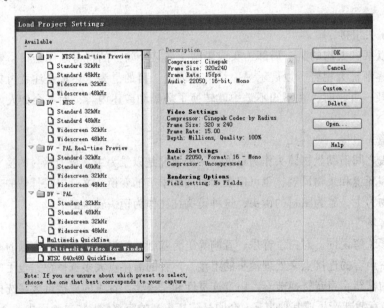

图 5-3　Load Project Settings 对话框

每种预设方案中都包括文件的压缩类型、视频尺寸、播放速度、音频模式等，若要改变已有的设置选项，可单击 Custom 按钮，在弹出的对话框中设置即可。

注意：在预设方案中，Frame Rate 的数值越大，合成电影所花费的时间就越多，最终生成电影的尺寸也就越大。因此，如没有特殊要求，一般选择 Frame Rate 数值较小的方案。

从预设列表框中选择 Multimedia Video for Windows 选项，单击 OK 按钮，进入 Premiere 的主窗口，如图 5-4 所示。主窗口主要由菜单栏和具有不同功能的子窗口和命令面板组成，子窗口主要包括 Project（项目）窗口、Timeline（时间轴）窗口、Monitor（监控）窗口等，而命令面板主要有 Transitions（过渡）等。这些子窗口和命令面板可以根据需要调整位置或关闭，也可通过 Window 命令打开更多的窗口。

项目窗口

监视窗口

过渡面板

时间轴窗口

图 5-4　Premiere 6.5 的主窗口布局

1. Project（项目）窗口

Project 窗口是用户输入、组织和存储主要引用素材片断的地方，它列出了用户输入的所有源片断（剪辑）。Premiere 将视频文件的编辑处理定义为一个项目（Project），它是按时间轴组织的一组剪辑，其所有数据和编辑控制可以存储为一个项目文件。

2. Timeline（时间轴）窗口

Timeline 窗口是对数字视频进行编辑处理的主要工作区，显示当前编辑的视频节目中每一个素材的放置时刻、持续时间和与其他素材的关系等特性。用 Timeline 窗口可将各种剪辑片断和特技处理功能按播放时间顺序放置在各自的轨道上，排列成一段连续播放的视频序列。

3. Monitor（监视）窗口

Monitor 窗口主要用于预演原始的视频、音频素材片断或编辑的影片；设置素材片断的入点、出点，定制静帧图片的持续时间；在原始素材上设置标记等编辑任务。根据不同的编辑需要，Monitor 窗口共分为 Dual View、Single View 和 Trim Mode 这 3 种模式。

4. Transitions（过渡）面板

Transitions 是视频编辑中镜头与镜头之间的不同组接方式。Premiere 带有多种不同效果的过渡，这些过渡按类型放置在 Transitions 面板的不同文件夹中，每种过渡在其名称的左边都有自己独特的图标，用以形象地说明各种过渡方法是如何工作的。

5.5.2　制作电影素材

Premiere 是功能强大的电影编辑软件，能将视频、图片、声音等素材整合在一起，而素材加工及获取一般要使用别的软件或器材，例如用 3ds MAX 制作三维动画片断，用 Photoshop 处理图像，用录像机及视频捕捉卡得到实景的视频文件等。

假设外部素材已经保存在计算机中的某个文件夹中，那么在 Premiere 中所要做的就是导入这些素材。选择 File | Import | File 命令，或双击项目窗口的空白处，就会弹出 Import（导入）对话框，如图 5-5 所示。

为了方便演示，选择 Sample Folder 文件夹中 Premiere 6.5 自带的电影素材，单击"打开"按钮将它们导入到项目窗口中，如图 5-6 所示。

图 5-5 Import 对话框

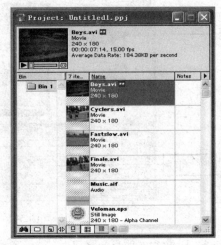

图 5-6 项目窗口

制作电影素材可以运用以下技巧：

① 当项目窗口中文件较多、层次复杂时，可单击左下角的 ![icon] "搜索" 图标；也可以右击项目窗口中的空白处，在弹出的快捷菜单中选择 Find 命令，通过 Find 对话框来查找文件。

② 单击 ![icon] 图标，会弹出 Create Bin 对话框，命名后可在项目窗中新增文件夹。

③ 如果需要在 Premiere 中制作字幕文件，可单击 ![icon] 图标，在打开的 Create 对话框中将 Object Type 选为 Title，就会出现字幕编辑器，可通过它方便地创建字幕文件。

④ 在项目窗中单击 ![icon] 图标，可将选中的素材文件删除；也可以选中不需要的素材文件，直接按 Delete 键删除；或选择 Edit | Cut（或 Clear）命令进行删除。

⑤ 可通过单击项目窗口下方的不同的显示方式快速选择素材文件：![icon] 为图标方式，![icon] 是小图标方式，![icon] 为列表方式。

5.5.3 使用监视窗口

可以把项目窗口中的某一段视频素材直接拖至时间轴上，如果希望预览或精确地剪切素材，就要用到监视窗口，方法是将视频素材拖入监视窗口中的黑色播放区。监视窗口分为 Source 播放区和 Program 播放区两部分：Source 播放区只能预览某一个素材的内容，如果在项目窗口中双击视频或音频素材，会弹出 Clip 窗口，其功能大体等同于将素材拖入 Source 播放区；Program 播放区则是预览所有放到时间轴上的视频素材的整体效果，如图 5-7 所示。

使用监视窗口可以运用以下技巧：

① 每个独立的视频素材及声音素材都可放在 Source 监视窗口中进行播放，通过播放控制按钮 ![icon]，可以随意倒带、前进、停止、播放、循环或播放选定区域，就像使用 VCD 的遥控器一样。

② 被装入 Source 播放区的素材文件名都会被系统记录下来，在放映区下方 Clip 栏显示当前素材，在下拉列表可以根据需要随时调取要预演的素材文件。

③ 胶片标记 ![icon] 和声音标记 ![icon] 用于表示该素材是否包括视频部分和音频部分。当用户不需要

素材中的某一部分时，可在相应的标记上单击，标记就会显示成红斜线表示禁用。

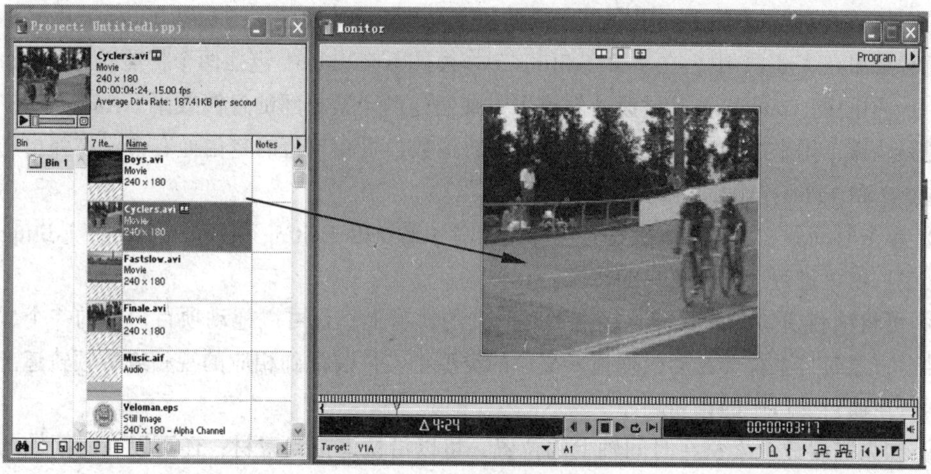

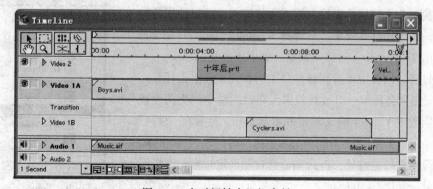

图 5-7　监视窗中预览素材

④ 为了在后面的编辑中便于控制素材，可对某关键帧做标记，方法是单击 🔖 图标，从下拉菜单中选中 Mark 选项，再从 Mark 的级联菜单中选择一个标记即可。以后需要定位到该关键帧时，再次单击 🔖 图标，从其下拉菜单中选择 Go To 选项，再从 Go To 级联菜单中选择这个标记，就能准确定位。

⑤ 通过播放控制按钮可看清每帧的画面，在起点处单击 ⬛ 标记，终点处单击 ⬛ 标记，选定了标记区后单击 ⬛ 图标，就可将所选部分添加到时间轴。用这种方法可在一个素材中精确截取一个或多个片断，并分别加入到时间轴中。

⑥ 对于已经进入时间轴中的素材，可以直接在时间轴中双击素材画面，该素材就会在监视窗中中被打开。

⑦ 通过单击监视窗口顶部的 ⬛⬛⬛ 按钮可以切换监视窗口的显示方式。单击 ⬛ 按钮可以让监视窗变为修剪模式，单击 ⬛ 图标则只显示 Program 播放区。

5.5.4　在时间轴组装电影

在 Premiere 的时间轴窗口中，可以把视频片断、静止图像、声音等组合起来，并能创作各种特技效果，如图 5-8 所示。

图 5-8　在时间轴中组织素材

使用时间轴组织电影可以使用以下技巧：

① 时间轴包括多个轨道，用来组合视频和音频，默认的视频轨道包括 Video 1 和 Video 2，主素材通常添加在 Video1 中，在 A/B Editing 工作模式下，Video1 包括两个扩展轨道：Video1A 和 Video1B，中间的 Transitions（过渡）轨道可方便制作两个素材间的过渡效果。Audio 1 和 Audio 2 等是音频轨道，用来添加音频素材。如需增加轨道数，可在轨道的空白处右击，在弹出的下拉菜单中选择 Add Video / Audio Track 命令。

② 单击时间轴右上角的 ▶ 按钮，在弹出菜单中有 A/B Editing 和 Single-Track Editing 选项，单击其中一项可进行工作区模式的转换。

③ 可将项目窗口中的素材直接拖到时间轴的轨道上；也可以拖动项目窗中的一个文件夹到时间轴上，这时，系统会自动根据拖入文件的类型把文件装配到相应的视频或音频轨道上，其顺序为素材在项目窗口中的排列顺序。

④ 如果需要改变素材在时间轴上的位置，可以沿轨道拖动素材；还可以在时间轴的不同轨道之间通过鼠标拖动转移素材。

注意： 出现在上层的视频或图像可能会遮盖下层的视频或图像。

⑤ 将两段素材首尾相连，就能实现画面的无缝拼接；若两段素材之间有空隙，则空隙会显示为黑屏。

⑥ 如需删除时间轴上的某段素材，可单击该素材，出现虚线框后按 Delete 键。

⑦ 在时间轴中可剪断一段素材，方法是在工具栏中单击 ✂ 刀片形按钮，然后在素材需剪断位置单击，素材即被切为两段。被分开的两段素材彼此不再相关，可以分别对它们进行删除、位移或特技处理等操作。时间轴的素材剪断后，不会影响到项目窗口中原有的素材文件。

⑧ 在时间轴标尺上还有一个可以移动的播放头 ▽ 图标，播放头下方一条竖线直贯整个时间轴。播放头位置上的素材会在监视窗中显示。可以通过拖移播放头来查寻或预览素材。

⑨ 时间轴标尺的上方有一栏黄色的滑动条，这是电影工作区（Work Area），可以拖动两端的滑块来改变它的长度和位置。当对电影进行合成时，只有工作区内的素材才会被合成。

5.5.5　使用过渡效果

一段视频结束，另一端视频紧接着开始，这就是所谓电影的镜头切换，为了使切换衔接自然或更加有趣，可以使用各种过渡效果。要运用过渡效果，可选择 Window | Show Transitions 命令，弹出 Transitions（过渡）面板，如图 5-9 所示。

在"过渡"面板中可看到详细分类的文件夹，单击任意一个扩展标记 ▶ 则会显示一组过渡效果。在时间轴中先把两段视频素材分别置于 Video 1 的 A 轨道和 B 轨道中，然后在"过渡"面板将某个过渡效果（如 Iris Shapes）拖到时间轴 Transitions 轨道的两段视频的重叠处，Premiere 会自动确定过渡长度以匹配过渡部分，如图 5-10 所示。

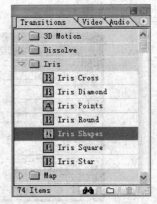

图 5-9　Transitions 面板

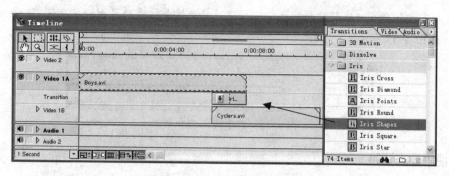

图 5-10　加入过渡效果

在时间轴中双击 Transitions 轨道的过渡显示区，会弹出 Iris Shapes Settings（过渡属性设置）对话框，如图 5-11 所示。可进行以下设置：

① 选择 Show Actual Sources 复选框观察画面过渡的效果。

② 分别拖动 Start 显示区和 End 显示区下方的滑块，调节过渡的开始状态与结束状态。

③ 拖动 Border 栏的三角形滑块来改变条边框的厚度，通过单击 Color 色块可选定条边框的颜色。

图 5-11　设置过渡

④ 通过对话框右下角的蓝色区域，可以指定过渡视频段的先后顺序（□按钮）、过渡的方向（□按钮）、设置变换的光滑度（□按钮）。

完成设置后，按 Enter 键，将会生成预览电影。如果希望快速显示效果，可按住 Alt 键拖动播放头，这时监视窗口的 Program 播放区将出现包含过渡效果的画面，如图 5-12 所示。

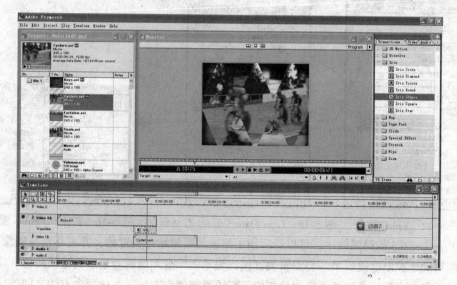

图 5-12　通过拖动播放头快速预览电影

拓展知识：在时间轴中最多可以加入 99 条视频轨道，其中只有 Video 1 轨道有 Transitions 轨道，那么其他那些轨道就不能运用过渡效果了吗？当然不是，单击 Video 1 以外的其他轨道名之前的白色三角形，可发现被展开的轨道中多出了一条附加轨道，其中包含两个按钮，单击的红色按钮，素材下方就会有一条醒目的红线，可以通过改变这条红线的折曲状况来设定视频画面的淡入/淡出，如图 5-13 所示。

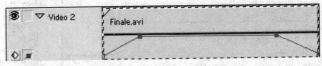

图 5-13 产生淡入/淡出效果

5.5.6 使用动态滤镜

使用过 Photoshop 的人不会对滤镜感到陌生，通过各种特技滤镜可以对图片素材进行加工，为原始图片添加各种各样的特效。Premiere 中也能使用各种视频及声音滤镜，其中的视频滤镜能产生动态的扭变、模糊、风吹、幻影等特效，这些变化增强了影片的吸引力。要运用滤镜效果，选择 Window | Show Video Effect 命令，弹出 Video 面板，如图 5-14 所示。

在滤镜分类文件夹中找到特技滤镜 Lens Flare，将之拖到时间轴的视频素材上，这时将弹出 Lens Flare Settings 对话框，如图 5-15 所示，可以对特技滤镜进行设置。

在使用动态滤镜时可以运用以下技巧：

① Brightness（亮度）的文本框和三角形滑块用来设定点光源的光线强度。

② Flare Center 是画面显示区，可通过移动十字形标记来改变点光源的位置。

③ Lens Type（透镜类型）有 3 种选项，每一种产生的光斑和光晕都不一样。

设定好后，单击 OK 按钮，Lens Flare 就加入到相应的视频素材中，同时弹出 Effect Controls 面板，如图 5-16 所示。

图 5-14 Video 面板 　图 5-15 Lens Flare Settings 对话框　图 5-16 Effect Controls 面板

在 Premiere 6.5 的时间轴中，可以给运用了滤镜的素材增加关键帧，并可移动或删除关键帧，这样就能精确地控制滤镜效果。要编辑关键帧，先单击轨道左端的◇显示关键帧按钮，应用了滤镜的素材下方会出现一条细线，拖动最初位于细线两端的小方块，在这两个方块之间的区域就会产生滤镜效果。如果需要增加关键帧，可先将播放头移到该处，然后在◀▢▢▶中间单击，就可在两个关键帧之间增加一个控制点，如图 5-17 所示。

要控制画面的分段滤镜效果，可选中新增关键帧，然后在 Effect Controls 面板中调整参数。

5.5.7　使用运动效果

Premiere 虽然不是动画制作软件，但却有强大的运动生成功能，通过"运动设定"对话框，可轻易地将图像（或视频）进行移动、旋转、缩放或变形等，让静态的图像产生运动效果。下面演示一个实例。先将一段视频拖放到时间轴的 Video 1 轨道，再将一个图标（即 Sample Folder 文件夹下的 Veloman.EPS 文件）拖放到 Video 2 轨道，用鼠标拖动图标边缘，将其调整到合适的长度，如图 5-18 所示。

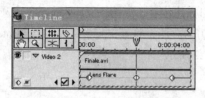

图 5-17　给滤镜设置关键帧

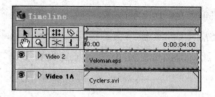

图 5-18　设置视频的动画效果

拓展知识： EPS 是 Encapsulated PostScript 的缩写，是跨平台的标准格式，扩展名在 PC 平台上是 EPS，在 Macintosh 平台上是 .EPSF，主要用于矢量图形的存储。EPS 格式采用 PostScript 语言进行描述，并且可以保存其他类型信息，例如多色调曲线、Alpha 轨道、分色、剪辑路径、挂网信息和色调曲线等，因此 EPS 格式常用于印刷或打印输出。Photoshop 中的多个 EPS 格式选项可以实现印刷打印的综合控制，在某些情况下甚至优于 TIFF 格式。

这时，通过监视窗口只能看到图标，而 Video 1 上的视频不可见，这是因为还没有对 Video 2 上的图标做透明设置。为了让 Video 1 上的视频可见，在时间轴中的图标上右击，在弹出的快捷菜单中选择 Video Options | Transparency 命令，弹出 Transparency Settings 对话框，在 Key type 下拉列表中选 White Alpha Matte 选项，这样图标周围的白色背景就会变得透明，如图 5-19 所示。

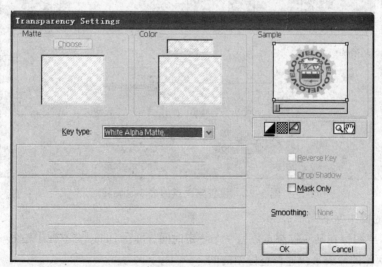

图 5-19　设置透明效果

接下来让图标动起来。右击时间轴中的图标，在弹出的快捷菜单中选择 Video Options | Motion 命令，弹出 Motion Settings 对话框，在对话框左上部有一个运动预览窗口，单击播放键 ▶，

可看到视频在播放的同时，图标从左向右运动，这是系统预设的运动方式。如果要让图标从左侧由小到大移向屏幕中心偏右的位置，再旋转着向右侧移动，逐渐缩小并消失，可按照下面的步骤来操作：

① 在右上方的运动轨迹窗口将图标的起点（Start）移动到屏幕可见区（Visible Area）的左侧中心，如图 5-20 所示。将对话框下方运动控制栏 Zoom 的数值改为 0，这时轨迹窗口中的图标变成一个点，即此时图标不会显示。

② 在轨迹窗口轨迹线的中间点一下，或在时间轴上单击，就能增加一个控制点，现在将 Zoom 的数值改为 100，图标就会放大，在轨迹窗口移动图标的位置，如图 5-21 所示。在轨迹区将图标的终点（End）移到轨迹窗口可见区（Visible Area）的右侧，将其 Zoom 值改为 0，Rotation 值设为 720，即图标在缩小的同时会旋转 2 圈，如图 5-22 所示。

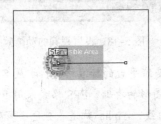

图 5-20　定位起点

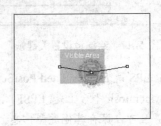

图 5-21　给新增的控制点定位

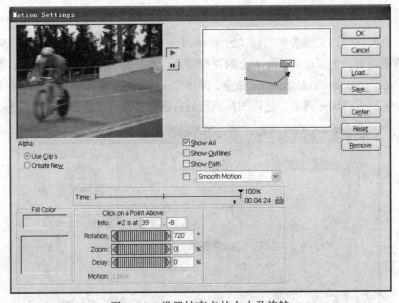

图 5-22　设置结束点的大小及旋转

运动效果的操作如下：

① 如果需要图标在某一控制点停留一个特定时间，可在 Delay 文本框中输入一个数值，或单击 Delay 滑轨两侧的箭头来快速调整停留时间。

② 有角度及大小变化的控制点会显示为红色，没有角度及大小变化的控制点显示为白色。

③ 要去掉一个控制点，可在轨迹口单击此点，再按 Delete 键。

④ 在右下方的 Distortion 区，改变图标任一顶点的相对位置，可使动画产生变形效果。

⑤ 单击右方的 Center 按钮可将当前选定控制点处的画面中心与屏幕中心对齐；Reset 按钮用于清除素材画面中的旋转、缩放、变形等效果；Remove 按钮用于取消运动。

5.5.8 制作字幕

Premiere 将滚动字幕分为 Rolling（滚动）和 Crawl（爬行）两种。Rolling 字幕从下向上滚动，Crawl 则是水平方向从右向左滚动。在电影的结尾（或开头）处，一般要出现滚动的字幕以显示相关信息。在 Premiere 6.5 中，实现字幕的操作如下：

① 选择 File | New | Title 命令，弹出字幕编辑器窗口。

② 在字幕编辑器的左上角选择字幕类型为 Roll，此时字幕工作区出现了垂直滚动条。

③ 用"文字工具"在编辑区中写入需要显示的所有文字内容，用"选择工具"将文本框向下拖动到画面区域之外，即是字幕开始滚动的位置，如图 5-23 所示。

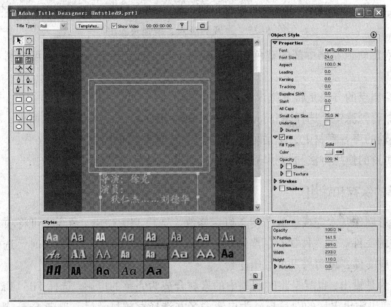

图 5-23　输入滚动字幕

④ 可以通过右侧的属性设置给滚动字幕设置字体、颜色、渐变、阴影等效果。

⑤ 拖动滚动条到最底部，文本框此刻的位置将是字幕滚动后停止的位置，可通过调整文本框的纵向长度来定位最终的位置。

⑥ 选择 Title | Rolling/Crawl 命令可对其进行更加准确的设置，如图 5-24 所示。Start off Screen 表示从屏幕外滚入；End off Screen 表示滚出屏幕；Pre-Roll 表示开始滚动前，在屏幕上静止的时间，单位是帧；Post-Roll 表示滚动结束时，最后一屏文字在屏幕上静止的时间，单位是帧；Ease-In 表示加速到正常滚动速度使用的时间，单位是帧；Ease-Out 表示停止滚动使用的时间，单位是帧。

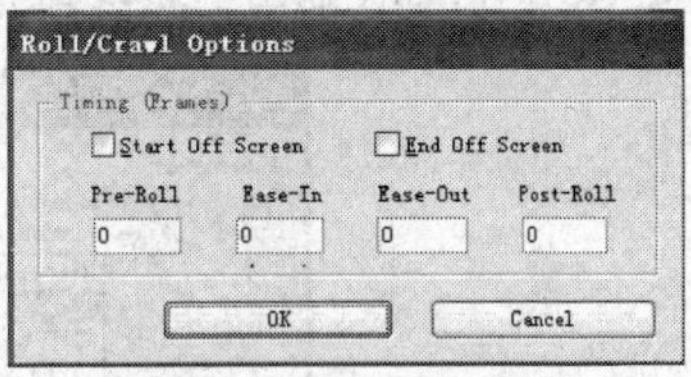

图 5-24　设置滚动方向

⑦ 选择 File | Save 命令，将字幕文件命名后保存，然后可关闭文字编辑器。

⑧ 在项目窗口中可找到新建字幕文件，将其拖到时间轴的 Video 2 轨道，就会自动产生向上滚动的字幕。

5.5.9　编辑音效

声音是数字电影不可缺少的部分，尽管 Premiere 并不是专门用来进行音频素材处理的工具，但通过时间轴的音频轨道可以编辑淡入/淡出效果。另外，Premiere 6.5 提供了大量的音频特技滤镜，通过这些滤镜，可以非常方便地制作音频的特技效果。

编辑音效的操作如下：

① 先将一段音频拖放到时间轴的 Audio 1 轨道，单击轨道左侧的白色三角形，可以打开音频轨道的附加轨道，该轨道用于调整音频素材的强弱。

② 单击附加轨道左侧中部的红色按钮，素材上即出现红色音频线，在线上单击可增加控制点，通过对控制点的拖动可以改变音频输出的强弱。中线以上为增强，以下为减弱，如图 5-25 所示。

图 5-25　声音的淡入、增强及淡出

③ 单击附加轨道左侧中部的蓝色按钮，素材上出现蓝色音频线，用它可控制立体声音左右声道的变化。

④ 消除控制点的方法是将其拖出轨道。

⑤ 要添加音频滤镜，选择 Window|Show Audio Effect 命令，弹出 Audio 面板，将选定的音频滤镜拖到时间轴的声音素材上，然后可在 Effect Controls 对话框中设置滤镜效果。

⑥ 音频轨道的使用方法与视频轨道类似。

5.5.10　电影的保存和输出

至此，电影制作基本完成，为了便于以后修改，选择 File|Save 命令，可将项目保存为一个扩展名为.PPJ 的文件。该文件保存了当前电影编辑状态的全部信息，再调用时，选择 File|Open 命令，找到相应文件，就可打开并编辑电影。

最后要做的是输出，也就是将时间轴中的素材合成为完整的电影。选择 File|Export Timeline|Movie 命令，弹出输出电影的对话框，为电影命名并选择存放目录后，单击 Save 按钮，Premiere 就开始合成 AVI 电影。

如果需要重新设置输出电影的属性，可单击输出电影对话框中的 Settings 按钮，弹出 Export Movie Settings（输出电影设置）对话框，如图 5-26 所示。

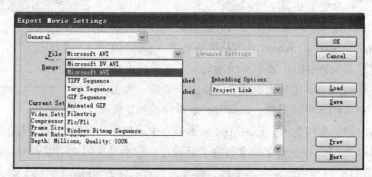

图 5-26　选择输出格式

从文件类型下拉列表中选择一种电影格式，Premiere 可输出的电影格式有 AVI 电影、MOV 电影、GIF 动画、Flc/Fli 动画、TIF 图形文件序列、TGA 图形文件序列、gif 图形文件序列和 BMP 图形文件序列等。

注意：如果在计算机上安装了支持 MPEG-4 的插件，可在对话框顶部的下拉列表中选 Video，然后在 Compressor 的下拉列表中选 DivX MPEG-4，就可输出 MPEG-4 电影。

设定好其他参数后单击 OK 按钮，返回输出电影对话框，命名后单击 Save 按钮，弹出电影输出的进度显示框。当电影输出完成后，将自动在监视窗中打开并播放已输出的电影。

Premiere 是一个功能强大的视频编辑软件，本节只按照制作电影的标准流程讲述了 Premiere 的相关知识及一些重要技巧，若能举一反三，再加上丰富的想象力，就能创造出精彩的影片。

小　结

视频是多幅静态图像与连续的音频信息在时间轴上同步运动的混合媒体。根据视频信号，可将视频分为模拟视频和数字视频两大类。彩色电视制式是彩色电视的视频信号标准。世界上现行的彩色模拟电视制式有 3 种：NTSC 制、PAL 制和 SECAM 制；彩色数字电视制式主要是 HDTV。

彩色电视视频信号数字化的传统方法是将模拟电视信号经过采样、量化和编码，转换成用二进制数表示的数字信号。其中采样阶段广泛采用图像子采样方法。

数字视频的获取途径主要有 3 个：从数字摄像机获取，从 VCD、DVD 等光盘获取，通过视频采集系统获取。

视频文件格式是视频数据存储的方式，根据不同的开发者和不同的使用场合，视频文件有多种不同类型的格式。MPEG 标准是动态图像、音频及其混合信息的压缩、解压缩、处理和编码表示方面的国际标准，其主要家族成员有 MPEG-1、MPEG-2、MPEG-4、MPEG-7 和 MPEG-21。

数字化视频编辑可在时间轴上随意修改视频信号，具有非线性，可以在计算机上进行数字化编辑、特技与合成。Premiere 是 Adobe 公司推出的一种专业非线性编辑软件。

思考与练习

一、选择题

1. 世界上现行的彩色模拟电视制式有＿＿＿＿、＿＿＿＿和＿＿＿＿3 种。

  A. NTSC 制　　　　　B. PAL 制　　　　　C. HDTV 制　　　　　D. SECAM 制

2. PAL 和 NTSC 制式的帧速率分别是＿＿＿＿和＿＿＿＿。

  A. 24 帧/秒　　　　　B. 25 帧/秒　　　　　C. 30 帧/秒　　　　　D. 31 帧/秒

3. 传统的影音文件格式有＿＿＿＿、＿＿＿＿和＿＿＿＿等。

  A. FLV　　　　　　　B. AVI　　　　　　　C. MOV　　　　　　　D. DAT

4. 流媒体文件格式有＿＿＿＿、＿＿＿＿和＿＿＿＿等。

  A. FLV　　　　　　　B. MPG　　　　　　　C. ASF　　　　　　　D. RMVB

二、问答题

1. 什么是视频。

2. 视频有哪些类型。

3. 视频数字化有哪两种含义。

4. 什么是图像子采样，采样格式 4∶2∶2 表示什么。

5. 试讨论不同的 MPEG 标准，具体应用在何种场合。

6. 什么是线性编辑和非线性编辑。

7. 简述数字非线性编辑的过程。

8. 镜头的景别有哪些，分别适合表现什么内容。

9. 简述在时间轴上组装电影的技巧。

10. 利用 Adobe 的范例素材，制作"赛车手的成长"影片。Boys.AVI 是一段小孩摇摇晃晃骑自行车的黑白影片；Cyclers.AVI 是赛车手在赛道飞驰的影片；Music.AIF 是一段开始舒缓轻松，突然变得极富动感的音乐。该作品要求将这三者经过剪辑组合拼接在一起，中间配以字幕"十年后"，展现一个赛车手的成长历程。

第6章 计算机动画

计算机动画是指借助于计算机生成一系列连续图像画面并可动态实时播放这些画面的计算机技术，借助于编程或动画制作软件生成一系列的画面。计算机动画的关键技术体现在计算机动画制作软件及硬件上，计算机动画制作软件很多，虽然制作的复杂程度不同，但制作动画的基本原理是一致的。本章主要讲述计算机动画的基本知识、二维动画制作软件工具、三维动画制作软件工具、动画文件格式及标准和 Flash 的使用方法。使学习者能够了解动画的基本知识和制作工具，并初步具有使用 Flash 创作动画的能力。

通过对本章内容的学习，应该能够做到：

- 了解：计算机动画的概念、分类、研究内容、常见动画制作软件工具以及常见动画文件格式及标准。
- 理解：计算机动画动作设计的基本原理和 Flash CS3 创作动画的方法。
- 应用：掌握本章所介绍的常见动画制作软件的使用，特别是二维动画 Flash CS3 的基本操作方法，并能够在实践中灵活运用。
- 分析：通过学习本章提供的案例，掌握基本动画创作的思路、设计与制作。

6.1 动画制作概述

计算机动画是近些年来随着计算机技术发展而形成的同时具有艺术属性及技术属性的新兴学科，与传统动画（美术片）相比，计算机动画在制作过程及表现手法方面都有了质的改变，其应用领域也有了很大扩展。它已经由单纯的娱乐消遣性的美术片拓展到交互式的计算机游戏、电视广告、影视精品制作以及 Internet 网页动画设计，甚至拓展到产品造型设计、结构设计、产品展示以及体育运动状态分析、房地产推销等诸多非娱乐性应用领域。

6.1.1 什么是计算机动画

计算机动画是综合利用计算机科学、艺术、数学和物理学等其他相关学科的知识高速发展起来的一门新技术，并借助影视媒体成为一个巨大的新兴产业。

1. 动画的概念

世界动画历史学家把"动画"的诞生时间定为 1892 年，原因是 1892 年 10 月 28 日，"动画"之母埃米尔·雷诺（Emile Reynaud，法国）首次在 Grevin 博物馆向观众放映他四年前的实验成果 Optical Theatre（光学影戏）。在此之前的各种活动幻影只不过是具有动画的性质，但真正符合"动画"这一称谓的合理定义恐怕要追溯到"动画"这一概念的本意与所指。

世界著名动画艺术家 John Halas 曾指出："运动是动画的本质"。动画是一种源于生活而又以抽象于生活的形象来表达运动的艺术形式。计算机及其相关理论和技术的飞速发展为动画制作提供了强大的数字施展空间。

所谓动画是一种通过连续画面来显示运动和变化的技术，通过一定速度播放静态画面以达到连续的动态效果。也可以说，动画是一系列由物体组成的图像帧的动态变化过程，其中每帧图像只是在前一帧图像上略加变化。这里所说的动画不仅仅限于表现运动过程，还可以表现非运动过程，例如柔性体的变形、色彩和光强的变化等。

动画在实际的播放过程中有几种不同的方式：在电影中以 24 帧/秒的速度播放，在电视中，PAL 制式以 25 帧/秒的速度播放，NSTC 制式以 30 帧/秒的速度播放。当人们在电影院里看电影或在家中看电视时，画面中人物的动作是连续和流畅的。但是仔细看一段电影胶片时，会发现画面并不是连续的，如图 6-1 所示。

只有以一定的速度播放才有运动的视觉效果，这种现象可以用视觉滞留原理来解释。即人的眼睛所看到的影像会在视网膜上滞留 0.1～0.4 秒，这是电影发明的重要理论基础。

图 6-1　电影胶片中的不连续画面

2．传统动画制作过程

传统动画的制作过程大致分为总体规划、设计制作、具体创作和拍摄制作 4 个阶段。对于不同的人，动画的创作过程和方法会有所不同，但基本规律是一致的。

（1）总体设计阶段

① 剧本。任何影片生产的第一步都是创作剧本，在动画影片中则应尽可能避免复杂的对话。重要的是用画面表现视觉动作，最好的动画是通过滑稽的动作取得的，其中没有对话，而是由视觉创作激发人们的想象。

② 故事板。根据剧本，导演要绘制出类似连环画的故事草图（分镜头绘图剧本），将剧本描述的动作表现出来。故事板由若干片段组成，每一片段由系列场景组成，一个场景一般被限定在某一地点和一组人物内，而场景又可以分为一系列被视为图片单位的镜头，由此构造出一部动画片的整体结构。

③ 摄制表。摄制表是导演编制的整个影片制作的进度规划表，以指导动画创作集体各方人员统一协调地工作。

（2）设计制作阶段

① 设计。设计工作是在故事板的基础上，确定背景、前景及道具的形式和形状，完成场景环境和背景图的设计、制作。对人物或其他角色进行造型设计，并绘制出每个造型的几个不同角度的标准页，以供其他动画人员参考。

② 音响。在制作动画时，因为动作必须与音乐匹配，所以音响录音不得不在动画制作之前进行。录音完成后，编辑人员还要把记录的声音精确地分解到每一幅画面位置上，即第几秒（或第几幅画面）开始说话，说话持续多久等。最后要把全部音响历程（或称音轨）分解到每一幅画面位置与声音对应的条表，供动画人员参考。

（3）具体创作阶段

① 原画创作。原画创作是由动画设计师绘制出动画的一些关键画面，通常是一个设计师只

负责一个固定的人物或其他角色。

② 中间插画制作。中间插画是指两个重要位置或框架图之间的图画，一般就是两张原画之间的一幅画。助理动画师制作一幅中间画，其余美术人员再内插绘制角色动作的连接画。在各原画之间追加的内插的连续动作的画面，要符合指定的动作时间，使之能表现得接近自然动作。

（4）拍摄制作阶段

拍摄制作是指由专业的动画摄影师、设计师对前期创作的动画进行具体的拍摄，同时对动画中细节、过滤、连贯性等进行推敲，从而拍摄出好的动画作品。

3．计算机动画

计算机动画（Computer Animation）是利用人眼视觉暂留的生理特性，采用计算机的图形和图像数字处理技术，借助动画编程软件直接生成或对一系列人工图形进行一种动态处理后生成的可以实时播放的画面序列。

与传统动画纯手工制作手段相比，计算机动画制作手段不仅节省了大量的制作投入，更创造出了以前无法实现的视觉效果，丰富了创作手段，简化了工作程序，提高了效率。

6.1.2　计算机动画的发展

在产生计算机动画之前，传统的动画是由美工描绘真人的动作于画纸上，然后复制于卡通人物上，通过电影制作而产生的。随着计算机技术的飞速发展，产生了"计算机动画"，就是指用计算机技术辅助制作影视动画片的技术，它的发展过程大体上可分为 3 个阶段。

第一个阶段是 20 世纪 60 年代，这个阶段的主要工作是用计算机辅助制作二维动画。美国的贝尔（Bell）实验室和一些研究机构对用计算机实现动画片中画面的制作以及自动上色等操作进行了研究。

第二个阶段是从 20 世纪 70 年代初到 80 年代中期，这个阶段的主要工作是用计算机辅助制作三维动画。随着计算机图形、图像技术的快速发展，计算机动画技术日臻成熟，三维辅助动画系统也开始研制并投入使用。三维动画也称为计算机生成动画（Computer Generation Animation），其动画的对象不是简单地由外部输入，而是根据三维数据在计算机内部生成的。1974 年，福尔兹（H. R. Foldes）制作出了一些简单的三维动画片，并开始显示出实用意义。这是计算机动画在电影领域内取得的一个重大突破，从此，计算机辅助动画制作才真正受到了人们的普遍重视。

第三个阶段是从 1985 年到目前为止的飞速发展时期，它是计算机辅助制作三维动画向实用化和更高层次发展的阶段。计算机动画技术有了质的飞跃，它综合集成了现代数学、控制论、图形图像学、人工智能、计算机软件和艺术的最新成就，使得计算机动画技术发展到了前所未有的新境界。

计算机动画的发展趋势作为图形学的一个研究热点，结合了众多相关学科诸如物理学、机器人学、生物学、心理学、人工智能、多媒体技术和虚拟现实的特点，将继续开发具有人的意识的虚拟角色的动画系统，将使系统具备以下的能力：虚拟角色自动产生自然的行为；提高运动的复杂性和真实性；关节运动的真实性，虚拟角色、面部等身体各部分行为的真实性；减少运动描述的复杂性。

6.1.3 计算机动画分类及研究内容

随着计算机软硬件技术以及图形学等相关学科的迅速发展，计算机动画的实现更加快捷和便利，动画内容中的场景以及人物/动物的行为动作等具有更加令人满意的细节和真实感。

1．计算机动画的分类

根据动画的制作原理可以将计算机动画分成两类：计算机辅助动画和计算机生成动画。计算机辅助动画属于二维动画，计算机生成动画属于三维动画。

（1）二维动画

二维动画一般是指计算机辅助动画，又称关键帧动画。其主要作用是辅助动画制作者完成动画的制作。早期的二维动画主要用来实现中间帧画面的生成，即根据两个关键帧画面来生成所需要的中间帧画面。由于一系列画面的变化是很微小的，需要生成的中间帧画面数量很多，所以插补技术便是生成中间帧画面的重要技术。随着计算机技术的发展，二维动画的功能也在不断提高，尽管目前的二维动画系统还只是辅助动画的制作手段，但其功能已渗透到动画制作的许多方面，包括画面生成、中间帧画面生成、着色、预演和后期制作等。

（2）三维动画

三维动画是采用计算机技术模拟真实的三维空间，由计算机生成动画。首先在计算机中构造三维的几何造型，然后设计三维形体的运动或变形，设计灯光的强度、位置及移动，并赋予三维形体表面颜色和纹理，最后生成一系列可供动态实时播放的连续图像画面。

由于三维动画是通过计算机产生的一系列特殊效果的画面，因此三维动画可以生成一些现实世界中根本不存在的东西，这也是计算机动画的一大特色。

与二维动画相比，三维动画有一定的真实性，同时与真实物体相比又具有虚拟性，二者构成了三维动画所特有的性质，即虚拟真实性。

随着计算机动画技术的迅速发展，其应用领域日益扩大，像影视广告、工程设计、飞行模拟、教育娱乐、科学计算可视化和虚拟现实等，并为这些领域带来了巨大的经济效益和社会效益。

2．计算机动画的研究内容

计算机动画主要研究由计算机生成的二维动画（2D动画）及三维动画（3D动画）。其中二维动画又称平面动画，因为它的主要创作界面是平面，采用的是二维坐标，动画中的所有物体及场景都是二维的，不具有真正的深度信息，但是，创作人员可以根据先验知识，基于透视原理绘制出具有深度感的场景。因此，从某种意义上来说，二维动画相当于把传统动画制作过程的每一环节都交由计算机来处理，但它不能自动生成三维透视图，只能由创作人员根据画面内容来描绘三维效果。这种动画也称为计算机辅助动画（Computer-Assisted Animation）。三维动画采用的是三维坐标，它可以多视窗（三视图）的形式在三维场景中创建三维模型，可以自动生成三维透视图通过三维透视变换映射到二维平面中），场景具有深度透视效果，模型具有真实感的纹理、质感，在不同的光源照射下还可以有阴影，这种动画被称为计算机生成动画（Computer Generated Animation）。

计算机动画应用软件的种类较多，大多数基本算法已经非常成熟，例如线条的产生、模型的搭建、着色方法、编辑手段以及动画表现过程等，但如何高效地生成复杂的模型、材质、纹理以及光照明效果等仍是计算机动画的主要研究课题，如何由计算机生成具有诸如风、雨、云、雾、水、火等自然景象仍然处于广泛的探讨研究中。

6.1.4　计算机动画的制作环境

计算机动画系统是一种用于动画制作的由计算机硬件、软件组成的系统，它是在交互式计算机图形系统上配置相应的动画设备和动画软件形成的。

1．硬件配置

计算机动画系统需要一台具有足够大的内存、高速 CPU、大容量硬盘空间和各种输入/输出接口的高性能计算机。通常计算机动画系统首选高档图形工作站，例如 SGI、IBM、SUN 和 HP 工作站。目前，基于 Intel 酷睿系列 CPU 的高档微机以其较高的性能价格比向高档图形工作站发起了强劲的挑战，使得许多计算机动画制作软件纷纷向这一平台移植。这些动画制作软件的界面友好、操作简便、价格合理，受到广大动画制作者的欢迎，也全面推动了计算机动画制作的普及。

在计算机动画制作过程中涉及多种输入/输出设备。一方面，为制作一些特技效果，需要将实拍得到的素材通过图形输入板、扫描仪、视频采集卡等设备转变成数字图像输入到计算机中；另一方面，需要将制作好的动画序列输出到电影胶片或录像带上。

2．软件环境

计算机动画系统使用的软件可分为系统软件和动画软件两大类。系统软件是随主机一起配置的，一般包括操作系统、诊断程序、开发环境和工具以及网络通信软件等，而动画软件主要包括二维动画软件和三维动画软件等。

6.1.5　计算机动画的设计方法

一部深受欢迎的计算机动画作品是艺术创意、高科技和市场运营的产物。

1．计算机动画创意

（1）动画创意的概念

计算机动画是高科技与艺术创作的结合，它需要科学的设计和艺术构思，这些在动手制作之前的方案性思考，一般称为创意。

创意属于技术美学范畴，它是计算机动画的灵魂，决定着动画作品含金量的大小。创意有宏观和微观两个层面，宏观称为战略创意，是指整个宣传行动的统筹策划，微观称为战术创意，是指具体动画作品的意境构思及手法选择。

传统设计观念习惯于从战术角度理解创意，因而常常把创意看成某件具体动画作品的小设计或小点子，如果没有全局观念就很难创作出好的动画作品。所以，处于被动地位的小设计成功率往往比较低，其影响也比较小，很难形成系列持久而深刻的视觉冲击力。当代设计观念把创意提升到整个设计行动的战略策划高度，把具体的计算机动画设计当做整个战略策划系统中的一个子系统。这样，每一个具体设计就有了明确的参照系和向心力，从而由孤立分散的被动状态转化为有机鲜活的主动状态。因此，小设计就成了整体不可缺少的组成部分，设计的成功就有了保证。

（2）创意的方法和技巧

任何艺术的创作都离不开思维的想象性，创意比想象更进一步。创意是人们在创作过程中迸发的灵感和优秀的意念，它强调的是有目的的创造力和想象力。计算机动画以其超强的描绘和渲染能力为创作人员提供了充分发挥想象力和创造力的广阔空间。

一个优秀的计算机动画创作人员，不仅要有计算机、美术、音乐等修养，而且还应广泛涉猎自然、历史、地理等知识，自然界和人类社会庞大的信息库才是创意的源泉。

创意思考是插上想象翅膀的开放式思考，要充分运用纵向思维和横向思维的方式，让思绪纵横驰骋。通过素材的裂解以及相互间的碰撞和融合，从而迸发出创意的火花。创意思考具有以下特点：

① 拟人：把事物人格化，使之具有人的灵性和感情，从而使作品内容具体形象、生动活泼。

② 反向：人们对某种事物的认识往往形成思维定式，按常规去表现该事物，难免落入俗套。如果一反常规，改变事物的形态，反而给人耳目一新、出其不意的感觉。

③ 夸张：对事物固有的形态、特点做出出人意料的发挥，往往能强烈地表达作品的主题思想。在实际的创作过程中，各种创意技巧常常可以相互调配或综合运用。

判别创意优劣通常有以下 3 个原则：

① 创意独特，立意新颖。

② 主题突出，构思完整。

③ 情节合理，定位准确。

2．动画动作的设计

提高动画设计能力不仅需要一定的绘画能力，而且还要熟悉各种物体的动作规律，把握由动画帧数控制的时间。

（1）动画时间分配的技巧

动画的时间，意味着一个动作需要用多少帧来完成。如果电影放映的速度是 24 帧/秒，而电视的放映速度是 25 帧/秒或 30 帧/秒，无论是激烈的快速动作或缓慢的悠闲动作，都是用固定的 24 帧/秒、25 帧/秒或 30 帧/秒来实现的。

在动画中经常需要表现循环动作，例如一幅快速飘扬的旗帜需要 6 帧基本画面的循环。火焰的循环时间根据火焰大小有所不同，大火的动作循环从底部烧到顶部可能需要几秒，而小火的一个循环只要几帧就够了。表现下雪动画，为了丰富画面效果至少有 3 种大小不同的雪花，循环的时间约为 2 秒。

一个急速跑步动作可用 4 帧画面表现，快跑动作可用 8 帧画面表现，慢跑动作可用 12 帧画面表现，如果超过 16 帧画面就失去冲刺感觉。一头大象需要 1~1.5 秒才能完成一个完整的步子，小动物如猫的一个整步只需 0.5 秒或更少。老鹰翅膀的一个循环需要 9 帧画面，一个小麻雀的翅膀循环动作有 2 帧画面即可。

（2）物体运动规律及设计方法

自然物体都有自己的重量、结构和一定程度的柔韧性，因此当一个力量施加于物体时，它以自己特有的方式表现出行为。这种行为是位置和时间的结合，是动画的基础。在动画制作过程中，要考虑牛顿定律以使物体的行为符合自然界的物体行为。

① 旋转物体：当一个物体抛向空中或降落地面时，它的重心沿一抛物线运动，这时可以按照抛物线进行时间分配，即到顶点时速度减慢，下降时速度加快。不规则的物体在运动过程中通常趋于旋转，这样就要以重心沿抛物线上一些连续位置为基准把物体画出来。例如一个锤子，其重量集中在锤头上，因此重心也接近锤头一端。锤子的形状、速度以及具体旋转方向可视具体情况而不同，但它的运动规律保持一致。可以用一幅锤子的图标出重心位置，再在抛物线上的各时间

分配点上适当旋转一个角度把锤子画出来，如图 6-2（a）所示。

② 振动物体：振动分为两种，一种是快速振动，例如弹簧片的振动，这类物体振动在极端位置的运动非常快，以至于不需要添加中间画面，只须表示弹簧片的极端位置逐渐靠近静止位置即可，如图 6-2（b）所示。

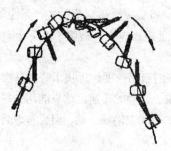

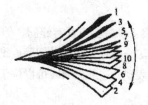

（a）锤子的运动　　　　　　　　　　　　　　　　（b）弹簧的振动

图 6-2　旋转物体

另一种振动是类似于旗帜飘动的柔性振动。由于风力在柔韧的旗面附近受阻而形成一个个类似漩涡的气团，随着气团漩涡的移动，旗面也形成波浪式的飘动。在设计旗帜飘动时要注意，当一个波峰达到旗帜一端时，通常一个波谷会出现在旗帜另一端。飘动中没有实际上的关键帧，所有的图在序列画面中都同样重要，而且每个画面必须平滑地过渡到另一个画面，最好做两个不同的周期交替使用，这样会使最终效果更加自然，如图 6-3 所示。

③ 往复运动物体：在直接的往复运动中，例如活塞运动和钟摆，可以用相同的帧但顺序相反来表现其运动过程，如图 6-4 所示。在往复运动时有一个视觉上的问题，将摆球位置由左向右定义为[1，2，…，8，9]，则往复运动时各帧出现的情况为[1，2，…，8，9，8，…，2，1，2，…]，这时会发现第 8 和第 2 帧的出现频率要比端点位置 1 和 9 高，在动画时会造成实际端点位置偏移的视觉效果。解决的方法有两种：一是增加多端点位置帧的出现频率，如改成[1，2，…，8，9，9，8，…，2，1，1，2，…]；二是减少最接近端点位置的帧数，如[1，2，…，7，9，8，7，…]。

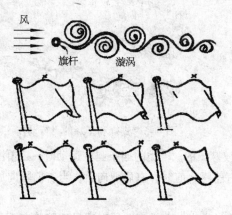

图 6-3　旗帜的飘动

图 6-4　往复运动

（3）动物动作规律及设计方法

① 飞鸟类：鸟在空中飞行的速度很快，它们的身体呈流线型以在空中消耗最少的能量。鸟在飞翔时腿隐藏起来或向后伸，鸟飞行时的空气动力学非常复杂，一般在动画设计中不需要遵循它。

鸟的身体在翅膀向下拍时稍向上抬，而在翅膀向上拍时身体又下降。在正常的飞行中，鸟的翅膀不是直接上下拍的。通常上拍时方向略向后，下拍时方向略向前。因为向前的推动力实际上是由翅膀倾斜给出的。

在鸟类飞翔的动画中，时间分配对表现鸟的大小、性格和种类起着决定性作用，例如，威严的鹰，如果用麻雀飞行时翅膀的速度拍动其宽大的双翼，将会完全破坏鹰的威严形象。反之亦然。一般来说，鸟越大，动作越慢，鸟越小，动作越快。而且翅膀越大，鸟躯干上下运动越明显，如图 6-5 所示。

② 昆虫类：多数昆虫都有翅膀，但是由于昆虫翅膀的扇动速度远远快于普通鸟类，因此就需要用不同的方法来处理，这就是翅膀模糊技术。一般来说，翅膀的高速运动只能用一些模糊的线构成模糊的形状表现，这种模糊线可以位于昆虫身体重心水平线上端或下端，但要考虑略微的变化以避免重复。

蝴蝶飞行时，由于翅大身轻，会随风飞舞。画蝴蝶飞的动作，应先设计好飞行的运动路线。一个翅膀在上，一个翅膀在下。蝴蝶是忽高忽低飞行的，由于蝴蝶身体较轻，在翅膀向下时，身体明显向上；在翅膀向上时，身体明显下降。身体向上和向下的程度可以有所不同，但是要尽可能不规则。

蜜蜂飞行时，出于体圆翅小，翅膀扇动的频率快而急促。画蜜蜂飞的动作时，同样应先设计好飞行的路线。翅膀的扇动，在同一张画面上可以同时画实的翅膀和虚的翅膀，中间再画几条流线，表示扇翅速度快。在飞行一段距离后，还可以让身体停在空中，只画出翅膀不停地上下扇动的动作，如图 6-6 所示。

 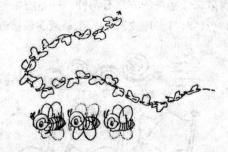

图 6-5　鹰的飞行　　　　　　　　　图 6-6　蝴蝶和蜜蜂的飞行动作

③ 兽类：四肢行走的兽类的运动处理是比较麻烦的。兽类的四条腿在运动时，必须注意前腿动作如何与后腿动作配合。以虎为例，当虎的右前腿向前时；右后腿向后；当右前腿向后时，右后腿向前，如图 6-7 所示。

奔跑中的兽类与行走时又有所不同，在奔跑过程中，兽类有一段时间是四蹄腾空而且是跨步完成，速度通常要加快一倍左右，如图 6-8 所示。

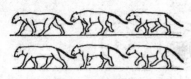

图 6-7 虎的行走

图 6-8 马的奔跑

（4）人物动作规律及设计方法

① 人的走路动作：人走路动作的基本规律是：左右两脚交叉向前，带动人的躯干朝前运动。为了保持身体的平衡，配合双脚的屈伸、跨步，上肢的双臂就需要前后摆动。人的运动规律是：出右脚甩动左臂（朝前），右臂同时朝后摆。上肢和下肢的运动方向正好相反。另外，人在走路动作过程中，头的高低也成波浪形运动。当迈出步子时，头顶就略低，当一脚着地，另一只脚提起朝前弯曲时，头顶就略高。另外人在走路时，踏步的那只脚，从离地到朝前伸展落地，运动过程中的膝关节必然成弯曲状，脚踝与地面成弧形运动线。这条弧形运动线的高低幅度与走路者的神态、姿势和情绪有很大的关系，如图 6-9 所示。

② 人的跑步动作：人跑步动作的基本规律是：身体重心前倾，两手自然握拳，手臂略提起成弯曲状。跑步时两臂配合双脚的跨步前后摆动。双脚跨步动作的幅度较大，膝关节弯曲的角度大于走路动作，脚抬得较高，跨步时头高低的波形运动线也相应地比走路动作明显。在奔跑时，双脚几乎没有同时着地的过程，而是依靠单脚支撑躯干的重量，如图 6-10 所示。

图 6-9 人的走路动作

图 6-10 人的跑步动作

③ 人的面部表情：在动画片中要塑造一个成功的角色，除了形体动作要设计得生动外，面部表情的刻画和讲话时的神态、嘴巴的口形变化，都是不可忽略的重要任务。

动画片中的人物造型，一般是比较夸张、概括以及性格化了的形象。动画创作人员在刻画人物面部表情时，必须从人物性格出发，抓住特定情境下的典型表情。这需要创作人员在日常生活中注意观察各种人，研究他们在不同情绪下的面部表情，积累较多的素材，如图 6-11 所示。

3. 影视片头的设计

（1）片头设计的长度

用计算机动画制作的片头应用广泛，有电视栏目片头、电视台台标、电视节目片头以及电影片头等。

电视栏目片头的时间长度一般在 20 秒左右，而电视台台标的长度一般在 30 秒以上。电视节目片头的秒数主要依据节目长度而定，按照国际上公认的的片头其长度通常为 12 秒。片头的长度还与人的视觉特性有关。据分析，人在 0.4 秒内有印象感觉，0.7 秒内有形象感觉，在 1 秒内能看清楚所有微小动作。对于一幅画面在停留 3～5 秒内会产生想看其他画面的要求，5 秒以上仍会产生厌恶感，因此在片头中静止的画面一般不要超过 1 秒。

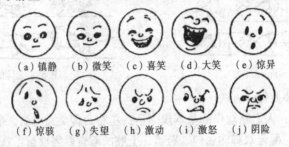

(a) 镇静　(b) 微笑　(c) 喜笑　(d) 大笑　(e) 惊异

(f) 惊骇　(g) 失望　(h) 激动　(i) 激怒　(j) 阴险

图 6-11　各种面部表情夸张图例

（2）电影片头的设计

电影片头可以通过把剧情提炼成一个侧面的方法，把影片最扣人心弦的核心展现出来。可以只提出问题不解决问题，以造成一定的悬念使观众急于想探索其究竟。也可以运用象征手法造成既含蓄又耐人寻味的效果。电影片头设计时要求风格与电影内容一致。

这时宜采用实拍镜头进行制作；其次可在制作过程中加入反映现实生活中人们的意愿和想象的情节。可以采用神话、童话、民间故事、科学幻想、幽默小品等各种形式，以夸张或怪诞的形式加以表现，以绘画或其他造型艺术形式作为主体造型和环境空间造型的主要手段。

电影片头设计时可以选择使用二维动画或者三维动画，二维动画适合于人物、动物等柔软复杂的实体，而三维动画更适合于夸张、变形、真实感强的造型物体。

（3）电视片头的设计

电视片头一般分为电视节目片头和电视栏目片头两类。

电视节目片头的设计有多种创作方法：利用节目的精彩画面进行编辑并加上特技字幕，借助道具或布景组织片头而不仅仅是在字幕上下功夫。

电视节目的片头要短小精悍，在很短的时间内让观众明白将要播出的节目内容。片头部分没有解说词，只有镜头画面的不同组接，音乐音响的配合，从而构成样式各异的电视片头。采用的手法可以从写实性到超现实主义，在风格上或显露、或含蓄，针对不同内容可以多种多样。有的严肃庄重，如新闻、评论类；有的轻松活泼，如少儿节目、文艺节目类。

6.2　二维动画制作软件工具

二维动画制作软件除了具有一般的绘画功能外，还具有输入关键帧、生成中间画、动画系列生成、编辑和记录等功能。这些动画制作软件一般都允许用户从头至尾在屏幕上制作全流程的二维动画片。允许从扫描仪或照相机输入已手工制作的原动画，然后在屏幕上进行描线上色。这类动画软件主要有 Animo、SimpleSVG、ComicStudio、USAnimation、RETAS、AnimationStand、CTP、Toonz 和点睛辅助动画制作系统等。

6.2.1　Animo

Animo 是英国 Cambridge Animation 公司开发的运行于 SGI O2 工作站和 Windows NT 平台上的

二维卡通动画制作系统。Animo 是一个模块化的软件系统，适用于从扫描、上色到最后输出的网络环境中的卡通节目制作小组协同工作。也可与运行在其他平台上的其他动画软件在网上协同合作。众所周知的动画片《空中大灌蓝》、《埃及王子》等都是应用 Animo 的成功典例。Animo 制作开发卡通动画的步骤可归纳为以下几个方面。

1. 建立"色指定"

在画稿被扫描到计算机中后，需要直接在屏幕中选择画稿中所需要的颜色。Animo 提供了为每一个"色指定"创建多个调色板的工具，以便对画好的画稿进行自动的颜色改变，而不需要重新上色。对个别的颜色和调色板可以进行颜色校正，在进行颜色校正时可以调整一个单独的角色也可以调整多个角色，且可以参照场景中的其他角色以及背景的颜色进行颜色校正。"色指定"还可以创建用于特殊效果的调色板，如爆炸、背景光、水和纹理。

2. 上色

Animo 可以快速地扫描大量具有定位孔的 A4 或 A3 纸大小的画稿、自动识别定位孔并正确排列扫描的图像。Animo 将铅笔稿的铅笔线识别成 256 级，通过高质量的扫描，保证了动画师原始的笔触和风格。Animo 提供了大量特定的上色工具，使用户可以灵活地使用各种方式进行工作，如自动上色、线条封闭、清除和颜色锁定工具，上色速度非常快。

3. 背景

Animo 可以将实拍的画面、背景和三维图像进行数字化合成。Animo 可以将较大的背景进行分段扫描，并进行无缝拼接。

4. 合成和特技效果

Animo 提供了高集成的合成工具，通过对角色定位和照相机定位来合成背景、实拍镜头、三维图像和画稿。它提供的场景图、曝光表和显示窗口使操作非常和谐紧凑，具有交互式的场景设计和编辑方式。在场景图中可以很容易地加入特技效果，例如图像过滤效果、背景光、波纹和飘动、虚化等。场景生成前可以在任意时刻进行预演。可以使用一个完全交互的多面照相机，沿照相机的 Z 轴方向将画面分层定位，每层有一个深度结点并能独立运动，每层都可使用过滤效果。图 6-12 所示是使用 Animo 6.0 制作的动画画面。

图 6-12　Animo 6.0 制作的动画

6.2.2　SimpleSVG

SimpleSVG 是由国内自主开发的一款矢量动画创作功能软件，基于目前最新的矢量图形标准——SVG（可扩展矢量图形），提供了一个真正所见即所得的 SVG 动画创作环境，采用传统的绘图和动画手段，以及智能的代码编程环境，为用户提供一个高效简洁的 SVG 动画集成创作环境。

利用 SimpleSVG，可以轻松地进行以下操作：

① 绘制各种高质量的 SVG 矢量图形。

② 基于时间线，创作包括变换、属性、运动、形状、声音、遮罩等在内的各种形式动画，同时可将动画绑定到事件。

③ 可视化地编辑渐变、图案并生成相关动画。

④ 检测 SVG 文档有效性，生成错误报告并智能化定位错误位置。

⑤ 语法自动加亮的代码编写机制，方便书写 SVG 代码。

⑥ 智能化的事件创作机制。

6.2.3 ComicStudio

ComicStudio 是日本 Celsys 公司出品的专业漫画软件，它使传统的漫画工艺在计算机上完美重现，使漫画创作完全脱离了纸张。

ComicStudio 完全实现了漫画制作的数字化和无纸化，从命名到漫画制作的整个过程，都是在计算机上进行。ComicStudlo 软件可以自由选择各种类型的专用笔，其特有的矢量化技术可以对笔线进行自动整形。已画好的线，可进行变粗或变细处理，而且线条的曲度可以根据需要自由修改。

ComicStudio 还具备和包含了各种漫画绘画的专业技法和专业工具，例如可以根据漫画的特点在手写板上直接打草稿，然后再进行各个部位的改动，直至满意为止。

图 6-13 所示为用 ComicStudio 制作的某漫画最终成果。

图 6-13   用 ComicStudio 制作的漫画

6.2.4 Toonz

Toonz 是世界上优秀的卡通动画制作软件系统之一，它可以运行于 SGI 超级工作站的 IRIX 平台和 PC 的 Windows NT 平台上，被广泛应用于卡通动画系列片、音乐片、教育片、商业广告片等中的卡通动画制作。

Toonz 利用扫描仪将动画师所绘的铅笔稿以数字方式输入到计算机中，然后对画稿进行线条处理、检测画稿、拼接背景图、配置调色板、画稿上色、建立摄影表、上色的画稿与背景合成、增加特殊效果、合成预演以及最终图像生成。可利用不同的输出设备将结果输出到录像带、电影胶片、高清晰度电视以及其他视觉媒体上。

6.2.5 点睛辅助动画制作系统

点睛辅助动画制作系统是国内计算机辅助制作传统动画的软件系统之一，该软件由方正集团与中央电视台联合开发。使用该系统辅助生产动画片，可以提高描线和上色的速度，并可产生丰富的动画效果，如推拉摇移、淡入/淡出、金星等，从而提高生产效率和制作质量。

　　点睛辅助动画制作系统的主要功能是辅助传统动画片的制作。与传统动画的制作流程相对应，系统由镜头管理、摄影表管理、扫描输入、文件输入、铅笔稿测试、定位/摄影特技、调色板、描线上色、动画绘制、景物处理、成像、镜头切换特技、画面预演、录制 14 个功能模块组成，每个模块完成一定的功能。

　　点睛辅助动画制作系统具有以下特点：

① 全中文界面，全中文使用手册，全中文联机帮助。

② 灵活的系统可扩展性。

③ 支持调色板和调色样板的合并，每层可以有多个颜色样板。

④ 强大的大背景（或前景）拼接功能，方便的蒙版抠图操作。

⑤ 摄影表最多可有 100 层，还可在摄影表中标注拍摄要求等信息。

⑥ 系统提供常用的三维动画接口。

⑦ 实用的批处理功能大大提高了文件输入。

6.3　三维动画制作软件工具

　　三维动画软件一般包括实物造型、运动控制、材料编辑、画面着色和系列生成等部分。与拍摄电影需要物色演员、制作道具、选择外景类似，动画软件必须具有在计算机内部给这些演员或角色、模型、周围环境进行造型的功能。通过动画软件中提供的运动控制功能，可以对控制对象（如角色、相机、灯光等）的动作在三维空间内进行有效的控制。利用材料编辑功能，可以对人物、实物、景物的表面性质及光学特性进行定义，从而在着色过程中产生逼真的视觉效果。这类动画软件有 Avid Softimage XSI、3ds Max、LightWave 3D、Maya、Houdini、POSER 等。

6.3.1　Avid Softimage XSI

　　Avid Softimage XSI 是 Autodesk 面向高端三维影视市场的产品，它将计算机的三维动画虚拟能力推向了极致。Softimage XSI 是一个基于结点的体系结构，这意味着所有的操作都是可以编辑的。它的动画合成器功能更是可以将任何动作进行混合，以达到自然过渡的效果。Softimage XSI 的灯光、材质和渲染已经达到了一个较高的境界，系统提供的几十种光斑特效可以延伸为千万种变化。

　　Softimage XSI 操作界面如图 6-14 所示。

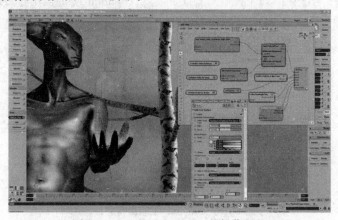

图 6-14　Softimage XSI 7.0 的操作界面

6.3.2 Maya

Maya 一词来自于梵语"幻影世界",是世界上最强大的整合 3D 建模、动画、效果和渲染解决方案。Maya 是由国际知名的软件公司 Autodesk 所开发的 3D 影视动画工具,自发表以来就获得许多动画师的喜爱及推荐。无人不叹服 Maya 所创造的精彩的视觉效果,其卓越的功能让每一位 CG(Computer Graphics)人士为之震撼,它被广泛地应用于动画电影、动画广告、动画电视剧、栏目包装、电影特效、虚拟实境及网络多媒体设计等领域,Maya 已成为三维动画制作软件工具的主流软件之一。

Maya 的应用领域主要包括 4 个方面:平面图形可视化,网站资源开发,电影特技(如《蜘蛛侠》、《黑客帝国》、《指环王》等),游戏设计及开发。Maya 2010 的操作界面如图 6-15 所示。

图 6-15   Maya 2010 的操作界面

6.3.3 Houdini(电影特效魔术师)

Houdini 是一个特效方面非常强大的软件。许多电影特效都由它完成:《指环王》中"甘道夫"放的"魔法礼花",还有"水马"冲垮"戒灵"的场面……《后天》中的龙卷风……。Houdini 特别完美的功能应该是它的粒子系统和变形球系统。《终结者 Ⅱ》里的液态机器人就是用 Houdini 的变形球系统来完成的。

Houdini 的界面比较复杂,每个控制的参数也很多。Houdini 11 的操作界面如图 6-16 所示。

图 6-16   Houdini 11 的操作界面

6.3.4　3ds Max

3D Studio Max 常简称为 3ds Max 或 Max，是 Autodesk 公司开发的基于 PC 系统的三维动画渲染和制作软件。其前身是基于 DOS 操作系统的 3D Studio 系列软件，3ds Max 10 的操作界面如图 6-17 所示。

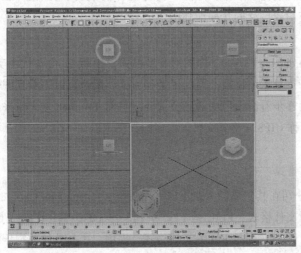

图 6-17　3ds Max 10 的操作界面

在应用范围方面，广泛应用于广告、影视、工业设计、建筑设计、多媒体制作、游戏、辅助教学以及工程可视化等领域。拥有强大功能的 3ds Max 被广泛地应用于电视及娱乐业中，例如片头动画和视频游戏的制作，深深扎根于玩家心中的"劳拉"角色形象就是 3ds Max 的杰作。在影视特效方面也有一定的应用。而在国内发展的相对比较成熟的建筑效果图和建筑动画制作中，3ds Max 的使用率更是占据了绝对的优势。根据不同行业的应用特点对 3ds Max 的掌握程度也有不同的要求，建筑方面的应用相对来说局限性大一些，它只要求单帧的渲染效果和环境效果，只涉及比较简单的动画；片头动画和视频游戏应用中动画占的比例很大，特别是视频游戏对角色动画的要求较高；影视特效方面的应用则把 3ds Max 的功能发挥到了极致。

6.3.5　LightWave 3D

美国 NewTek 公司开发的 LightWave 3D 是一款功能非常强大、业界为数不多的几款重量级三维动画软件之一，被广泛应用在电影、电视、游戏、网页、广告、印刷、动画等各领域。该软件操作简便，易学易用，在生物建模和角色动画方面功能异常强大。基于光线跟踪、光能传递等技术的渲染模块，令它的渲染品质几尽完美。它以其优异性能倍受影视特效制作公司和游戏开发商的青睐。当年火爆一时的好莱坞大片《TITANIC》中细致逼真的船体模型、《RED PLANET》中的电影特效以及《恐龙危机 2》、《生化危机-代号维洛尼卡》等许多经典游戏均由 LightWave 3D 开发制作完成。图 6-18 所示为使用 LightWave 3D 制作的作品。

图 6-18　LightWave 3D 作品

6.4 动画文件格式及标准

计算机动画的应用目前比较广泛，但由于应用领域不同，其动画文件也存在不同类型的存储格式。下面介绍目前应用较广泛的几种动画格式。

1. GIF 动画格式

GIF（Graphics Interchange Format）即图形交换格式，20 世纪 80 年代由美国的 CompuServe 开发而成。GIF 格式的特点是压缩比高，增加了渐显方式，用户可以先看到图像的大致轮廓，然后随着传输过程的继续而逐步看清图像中的细节部分。目前 Internet 上大量采用的彩色动画文件多为这种格式的文件，又称 GIF89a 格式文件。很多图像浏览器如 ACDSee 等都可以直接观看该类动画文件。

2. FLIC FLI/FLC 格式

FLIC 是 Autodesk 公司在其出品的 Autodesk Animator/Animator Pro/3D Studio 等 2D/3D 动画制作软件中采用的彩色动画文件格式，FLIC 是 FLC 和 FLI 的统称，其中 FLI 是最初的基于 320×200 像素的动画文件格式，而 FLC 则是 FLI 的扩展格式，采用了更高效的数据压缩技术，其分辨率也不再局限于 320×200 像素。FLIC 文件采用行程编码（RLE）算法和 Delta 算法进行无损数据压缩，首先压缩并保存整个动画序列中的第一幅图像，然后逐帧计算前后两幅相邻图像的差异或改变部分，并对这部分数据进行 RLE 压缩，由于动画序列中前后相邻图像的差别通常不大，因此可以得到相当高的数据压缩率。该格式被广泛用于动画图形中的动画序列、计算机辅助设计和计算机游戏应用程序。

3. SWF 格式

Flash 是 Micromedia 公司的产品，严格来说它是一种动画（电影）编辑软件，制作出一种扩展名为.SWF 的动画。这种格式的动画能用比较小的体积来表现丰富的多媒体形式，适合于 HTML 文件。SWF 格式基于矢量技术，采用曲线议程描述其内容，因而在缩放时不会失真。在图像传输方面，由于这种格式的动画可以与 HTML 文件充分结合，并能添加 MP3 音乐，因此被广泛地应用于网页上，成为一种"准"流（Stream）形式的文件，可以边下载边观看。

4. AVI 格式

AVI 对视频、音频文件采用的是一种有损压缩方式，该方式的压缩率较高，并可将音频和视频混合到一起，因此尽管画面质量不是太好，但其应用范围仍然非常广泛。AVI 文件目前主要应用在多媒体光盘上，用来保存电影、电视等各种影像信息。

5. MOV、QT 格式

MOV、QT 都是 QuickTime 的文件格式。该格式支持 256 位色彩，支持 RLE、JPEG 等领先的集成压缩技术，提供了 150 多种视频效果和 200 多种 MIDI 兼容音响和设备的声音效果，能够通过 Internet 提供实时的数字化信息流、工作流与文件回放。国际标准化组织（ISO）于 1998 年选择 QuickTime 文件格式作为开发 MPEG-4 规范的统一数字媒体存储格式。

6.5　Flash 使用方法

Flash 动画是一种以 Web 应用为主的二维动画形式，它不仅可以通过文字、图片、视频、声音等综合手段展现动画意图，还可以通过强大的交互功能实现与动画观看者之间的互动。

Flash 动画的特点主要包括以下几方面：

① 可使用矢量绘图。

② 具有交互性。

③ 拥有强大的网络传播能力。

④ 拥有崭新的视觉效果。

⑤ 在制作完成后可以把生成的文件设置成带保护的格式。

6.5.1　制作 Flash 动画的前期准备

1. 设计 Flash 动画的制作流程

制作 Flash 动画过程大致可以分为 6 个步骤，即策划动画、收集素材、制作动画、调试动画、测试动画和发布动画，其流程如图 6-19 所示。

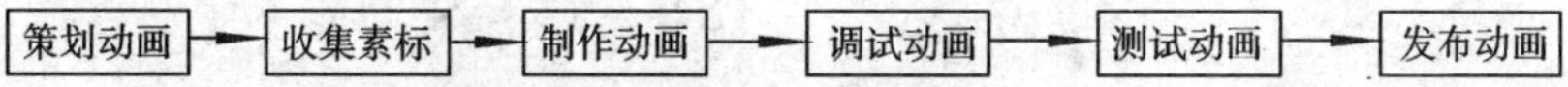

策划动画 → 收集素标 → 制作动画 → 调试动画 → 测试动画 → 发布动画

图 6-19　Flash CS3 动画制作流程

2. 设置 Flash CS3 的首选参数和快捷键

为了提高工作效率，使软件最大程度地符合个人操作习惯，用户可以在动画制作之前先对 Flash CS3 的首选参数和快捷键进行设置。选择"编辑"|"首选参数"命令，弹出图 6-20 所示的对话框，进行首选参数的设置即可。选择"编辑"|"快捷键"命令，弹出图 6-21 所示的快捷键对话框，进行相关设置即可。

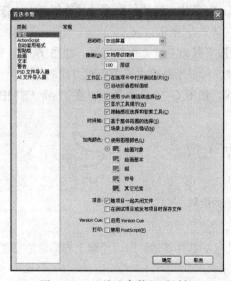

图 6-20　"首选参数"对话框

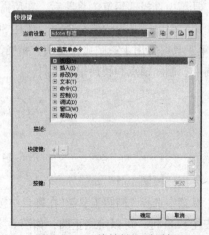

图 6-21　"快捷键"对话框

6.5.2　绘制与填充图形

1. Flash CS3 中的图形

（1）位图和矢量图

位图就是由计算机根据图像中每一个点的信息生成的图像，这样的点称为像素。图像的像素值越高，图像就越清晰，但是图像文件就越大。位图通常用在对色彩丰富度或真实感要求比较高的场合。位图放大后会使图形变模糊，如图 6-22 所示。

图 6-22　位图图像放大后图像变模糊

矢量图是由计算机根据包含颜色和位置属性的直线或曲线来描述的图形，如图 6-23 所示。计算机在存储和显示矢量图形时只须记录图形的边线位置和边线之间的颜色这两种信息，因此矢量图形的复杂程度直接影响其文件的大小，而与图形的尺寸无关。矢量图图形放大后图形清晰度不变。

图 6-23　矢量图图形放大后图形保持不变

（2）线条的绘制

线条的绘制是一项最简单、最基础的图形绘制操作，用户可以在 Flash CS3 的工具箱中选择"线条工具"、"铅笔工具"和"钢笔工具"在舞台中绘制所需的线条。

在工具箱中选择"线条工具"后，光标会变为十字形状，按住鼠标左键并往任意方向拖动，到所需的位置释放鼠标，即可绘制一条直线如图 6-24（a）所示。

在工具箱中选择"铅笔工具"后，在所需位置按下鼠标左键并拖动即可，如图 6-24（b）所示。在使用"铅笔工具"绘制线条时，按住 Shift 键，可以绘制出水平或垂直方向的线条。

"钢笔工具"常用于绘制比较复杂、精确的曲线，如图 6-24（c）所示。在 Flash CS3 中新增了添加锚点、删除锚点和转换锚点工具。

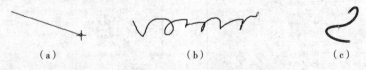

　（a）　　　　　　　　　　　（b）　　　　　　　　　　　（c）

图 6-24　线条的绘制

（3）使用"椭圆工具"

在工具箱中选择"椭圆工具"，在舞台中按下鼠标左键并拖动，即可绘制出椭圆。如果在绘制椭圆时按住 Shift 键，可以绘制正圆，如图 6-25 所示。

　（4）使用"矩形工具"

在工具箱中选择"矩形工具"，然后在舞台中按下鼠标左键并拖动即可开始绘制矩形。在绘制时如果按住 Shift 键，可以绘制出正方形，如图 6-26 所示。

图 6-25　"椭圆工具"的使用　　　　　图 6-26　"矩形工具"的使用

（5）使用"多角星形工具"

选择"多角星形工具"后，用户可以绘制各种星形形状，还可在"多角星形工具"属性面板中，设置图形的笔触颜色、笔触高度、笔触样式以及填充颜色等参数选项，如图 6-27 所示。

（6）使用"刷子工具"

"刷子工具"通常用于绘制形态各异的矢量色块或创建特殊的绘制效果。在 Flash CS3 中，使用"刷子工具"创建的图形实际上是一个填充图形，如图 6-28 所示。

标准绘画　颜料填充　后面绘画　颜料选择　内部绘画

图 6-27　"多角星形工具"的使用　　　　图 6-28　"刷子工具"的使用

2．图形的填充

（1）使用"墨水瓶工具"

使用工具箱中的"墨水瓶工具"可以更改线条或形状轮廓的笔触颜色、宽度和样式等，如图 6-29 所示。

（2）使用"颜料桶工具"

在 Flash CS3 中，使用"颜料桶工具"既可以填充空的区域，也可以更改已涂色区域的颜色，并且还可以用纯色、渐变以及位图进行填充。使用"颜料桶工具"还可以填充未完全封闭的区域，并且可以设置使用"颜料桶工具"时闭合形状轮廓，如图 6-30 所示。

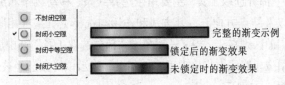

图 6-29　"墨水瓶工具"的使用　　　　图 6-30　"颜料桶工具"的使用

（3）使用"吸管工具"

使用"吸管工具"可以吸取现有图形的线条或填充上的颜色及风格等信息，并可以将该信息应用到其他图形上，如图 6-31 所示。

图 6-31　"吸管工具"的使用

3. 图形的擦除

使用"橡皮擦工具"可以快速擦除舞台中的任何矢量对象，包括笔触和填充区域。在使用该工具时，可以在工具箱中自定义擦除模式，以便只擦除笔触、多个填充区域或单个填充区域；还可以在工具箱中选择不同的橡皮擦形状。其功能如图 6-32 所示。

标准擦除　　　　擦除填色　　　　擦除线条　　　　擦除所选填充　　　　内部擦除

图 6-32　"橡皮擦工具"的使用

6.5.3　编辑图形对象

Flash 中的对象是指在舞台上所有可以被选取和操作的内容。每个对象都具有特定的属性和动作。属性用于描述其状态，而动作则用于改变它们的状态。创建各种对象后，就可以进行编辑修改操作，例如对对象进行选择、移动、复制、删除等，对图形对象进行渐变填充，调整位图对象的填充，创建图形的特殊效果及同时编辑多个对象等。另外，还可以将多个对象组合起来，作为一个组合对象进行操作。

1. 对象的选择

要编辑图形对象，首先应该将对象选中，在 Flash CS3 的工具箱中提供了多种对象选择工具，分别是"选择工具"、"部分选取工具"及"套索工具"。

（1）使用"选择工具"

"选择工具"是编辑对象所需的最基本的工具，使用"选择工具"可以选取一个对象的整体或局部。

（2）使用"部分选取工具"

"部分选取工具"主要用于选择线条、移动线条和编辑结点以及结点方向等，其方法和作用与选择工具基本相同。但它们的区别在于，当某一对象被"部分选取工具"选中后，它的图像轮廓线上将出现很多控制点，表示该对象已经被选中，如图 6-33 所示。

图 6-33　"部分选取工具"的使用

（3）使用套索工具

套索工具也是在编辑对象的过程中比较常用的一个工具，主要用于选择图形中的不规则区域和相连的相同颜色的区域，如图 6-34 所示。

2. 对象的简单操作

（1）对象的移动

在 Flash CS3 中，可以使用"选择工具"拖动对象进行移动，也可以使用键盘上的方向键对对象进行细微移动，还可以使用"信息"面板或对象的"属性"面板使对象进行精确移动。其操作过程如图 6-35 所示。

（2）对象的复制与粘贴

图 6-34　"套索工具"的使用

在 Flash CS3 中复制对象也有多种方法，特别是通过使用"变形"面板，还可以在复制对象的同时对对象应用变形，如图 6-36 所示。

图 6-35　对象的移动

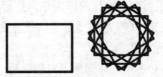

图 6-36　对象的复制与粘贴

（3）对象的删除

要删除对象，可以在选中删除的对象后，用以下几种方法来实现：按 Delete 或 Backspace 键；选择"编辑"|"清除"命令；选择"编辑"|"剪切"命令；右击选中的对象，在弹出的快捷菜单中选择"剪切"命令。

3．排列、组合、分离对象

（1）排列对象

在 Flash CS3 中，要对多个对象进行对齐与分布操作，可使用"修改"|"对齐"菜单中的命令或在"对齐"面板中完成操作。其操作如图 6-37 所示。

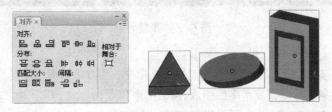

图 6-37　排列对象

（2）组合对象

从舞台中选择需要组合的多个对象，可以是形状、组、元件或文本等各种类型的对象，然后选择"修改"|"组合"命令或按 Ctrl+G 组合键。对象的组合操作如图 6-38 所示。

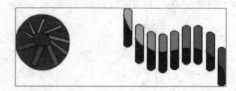

图 6-38 组合对象

如果需要对组中的单个对象进行编辑，则应选择"修改"|"取消组合"命令或按 Ctrl+Shift+G 组合键取消组合的对象，或者在组合后的对象上双击进入单个对象的编辑状态。

（3）分离对象

在 Flash CS3 中，使用"分离"命令可以将组合对象拆散为单个对象，也可以将文本、实例、位图及矢量图等元素打散成一个个的像素点，以便用户对其进行编辑。

分离对象的方法是从舞台中选择需要分离的对象后选择"修改"|"分离"命令或按 Ctrl+B 组合键。

4．对象的变形

对对象进行变形操作的作用是调整形状在舞台中的比例，或者协调形状与其他舞台元素的关系。Flash CS3 中的变形主要是靠"任意变形工具"或者菜单命令来完成的。

（1）翻转对象

在 Flash CS3 中，在选择了对象以后，选择"修改"|"变形"|"垂直翻转"或"水平翻转"命令，可以使所选定的对象进行垂直或水平翻转，效果如图 6-39 所示。

图 6-39 翻转对象

（2）缩放对象

选中对象，再选择"修改"|"变形"|"缩放"命令，当对象四周出现框选标志后，拖动某条边上的中点可对对象进行垂直或水平的缩放，拖动某个顶点，则可以使对象在垂直和水平方向上同时进行缩放。操作过程如图 6-40 所示。

（3）任意变形对象

在工具箱中选择"任意变形"工具后，选中对象，在对象的四周会出现 8 个控制点，在对象的中心会出现 1 个变形点，拖动变形点或控制点即可对对象进行任意变形。

图 6-40 缩放对象

（4）扭曲对象

在工具箱中选择"任意变形工具"，选中对象后单击工具箱中的"扭曲"按钮即可。要对选定对象进行扭曲变形，可用鼠标拖动边框上的角控制点或边控制点来移动该角或边；在拖动角手柄时，按住 Shift 键，当光标变为▷形状时可对对象进行锥化处理，如图 6-41 所示。

图 6-41　扭曲对象

（5）封套对象

使用封套功能可以对舞台中的图形对象及分离后的图像进行任意形状的修改。选择"任意变形工具"后，选中舞台上的对象，然后单击工具箱中的"封套"按钮，可以看到在对象的四周出现了若干控制点和切线手柄，拖动这些控制点及切线手柄，即可对对象进行任意形状的修改，如图 6-42 所示。

图 6-42　封套对象

（6）将变形对象还原

在 Flash CS3 中，通常可以使用菜单命令和"历史记录"面板对已经变形的对象进行还原。

5．对象的填充变形

在 Flash CS3 中，"渐变变形工具"与"任意变形工具"位于同一个工具组中。使用"渐变变形工具"可以通过调整填充的大小、方向或者中心位置，对渐变填充或位图填充进行变形操作。

（1）调整线性渐变填充

在设置了图形的线性渐变填充后，选择工具箱中的渐变变形工具，将光标指向图形的线性渐变填充时，光标变为⊟形状，此时单击线性渐变填充即可显示线性渐变填充的调节手柄，如图 6-43 所示。

图 6-43　调整线性渐变填充操作

（2）调整放射状渐变填充

在设置了图形的放射状渐变填充后，选择工具箱中的"渐变变形工具"，在图形的放射状渐变填充上单击，即可显示放射状渐变填充的调节柄。操作过程如图 6-44 所示。

（3）调整位图填充

在 Flash CS3 中可以使用位图填充对图形进行填充，如图 6-45 所示。在设置了图形的位图填充后，选择工具箱中的"渐变变形工具"，在图形的位图填充上单击，即可显示位图填充的调节柄。

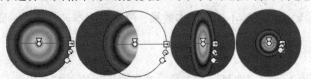

图 6-44　调整放射状渐变填充操作　　　　图 6-45　调整位图填充操作

6.5.4 使用 Flash 文本

1．认识文本类型

在 Flash CS3 中，文本类型可分为静态文本、动态文本、输入文本 3 种。静态文本是指默认状态下创建的文本对象，它在影片的播放过程中不会进行动态改变，因此常被用做说明文字；动态文本是指该文本对象中的内容可以动态改变，甚至可以随着影片的播放而自动更新，例如用于比分或者计时器等方面的文字；输入文本是指该文本对象在影片的播放过程中可以输入表单或调查表的文本等信息，用于在用户与动画之间产生交互。

2．文本的属性

在工具箱中选择"文本工具"后，将显示文本工具属性面板，使用该面板可以对文本的字体和段落属性进行设置。其中，文本的字体属性包括字体、字体大小、样式、颜色、字符间距、自动调整字距和字符位置等；段落属性包括对齐方式、边距、缩进和行距等。

（1）消除文本锯齿

有时 Flash 中的文字会显得模糊不清，这往往是由于创建的文本较小从而无法清楚显示的缘故，在"文本属性"面板中通过对文本锯齿的优化设置，可以很好地解决这一问题。其效果如图 6-46 所示。

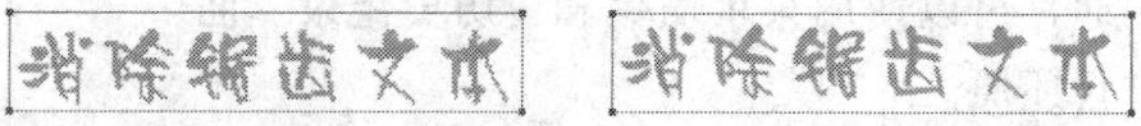

图 6-46　消除锯齿

（2）设置字体、字大小、字体样式和文字颜色

在文本工具属性面板中，可以设置选定文本的字体、字体大小和颜色等。设置文本颜色时，只能使用纯色，而不能使用渐变。要向文本应用渐变，必须将文本转换为线条和填充图形。

（3）设置对齐、边距、缩进和行距

设置对齐方式，可以设定段落中每行文本相对于文本框边缘的位置。水平文本相对于文本框的左侧和右侧边缘对齐；垂直文本相对于文本框的顶部和底部边缘对齐。文本可以与文本框的一侧边缘对齐、与文本框的中心对齐或者与文本框的两侧边缘对齐（即两端对齐）。

（4）设置特殊文本参数选项

在文本工具属性面板中，还可以对动态文本或输入文本设置特殊的参数选项，从而控制这两种文本在 Flash 影片中出现的方式。在文本工具属性面板中单击"嵌入"按钮，弹出图 6-47 所示的"字符嵌入"对话框。

图 6-47　"字符嵌入"对话框

3．编辑文本

在 Flash CS3 中，对文本框进行编辑可以创建不同的文本效果，譬如对文本进行分离、变形、剪切、复制和粘贴等操作。

（1）选择文本

编辑文本或更改文本属性前，必须先使用"选择文本工具"选择要更改的文本。

（2）分离文本

在 Flash CS3 中，文本的分离方法和分离原理与组合对象类似。选中文本后，选择"修改"｜"分离"命令将文本分离一次可以使其中的文字成为单个的字符，分离两次可以使其成为填充图形。

（3）文本变形

在将文本分离为填充图形后，可以使用"选择工具"或"部分选取工具"对其进行各种变形操作。

4．文字滤镜效果

滤镜是应用到对象上的图形效果。Flash CS3 允许对文本、影片剪辑或按钮添加滤镜效果。

（1）为文本添加滤镜

选中文本内容后，打开"滤镜"面板，单击"+"按钮即可在弹出的下拉列表中选择要添加的滤镜效果。

（2）设置全部滤镜效果

用户还可以在该列表中进行删除全部滤镜、启用全部滤镜和禁用全部滤镜的操作。

6.5.5　使用帧和图层编排影片

在 Flash CS3 中，帧和图层是用以编排动画的基本组成元素。帧是 Flash 动画的基本单位，Flash 通过连续播放帧展现帧中内容的方法来达到动画播放的效果。图层可以有效地组织场景比较复杂的动画，其中，使用引导层或遮罩层还可以制作特殊动画效果。

1．帧

帧是 Flash 动画的最基本组成部分，Flash 动画正是由不同的帧组合而成的。时间轴是摆放和控制帧的地方，帧在时间轴上的排列顺序决定动画的播放顺序。

（1）Flash 中帧的类型

在 Flash CS3 中用来控制动画播放的帧具有不同的类型，选择"插入"｜"时间轴"命令，在其级联菜单中列出了帧的 3 种基本类型：普通帧、关键帧和空白关键帧。不同类型的帧在动画中发挥的作用也不同。

（2）帧的相关操作

在制作动画时，可以根据需要对帧进行各种编辑操作，包括帧的插入、选择、删除、清除、复制、移动、翻转等。

帧在时间轴上具有多种表现形式，根据创建动画的不同，帧会呈现出不同的状态甚至是不同的颜色。

2．图层

图层就像透明的薄片一样，层层叠加，如果一个图层上有一部分没有内容，则可以透过这部分看到下面图层上内容。通过图层可以方便地组织文档中的内容，而且在某一图层上绘制和编辑对象时，其他图层上的对象不会受到影响。在默认状态下，"图层"面板位于"时间轴"面板的左侧，如图 6–48 所示。

为了使制作者在使用图层时更加得心应手，Flash CS3 中的"图层"面板提供了多种图层模式以适应不同的工作需要，包括当前层模式、隐藏模式、锁定模式和轮廓模式。

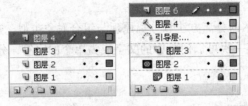

图 6-48 "图层"面板

3. 图层的基本操作

（1）创建图层与图层文件夹

新创建的 Flash 文档只包含一个图层，可以为其添加更多的图层或者图层文件夹来满足动画制作的需要。添加或插入图层的命令如图 6-49 所示。

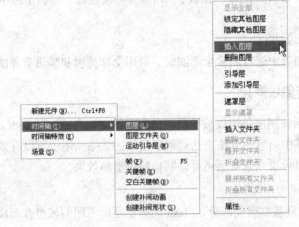

图 6-49 添加图层

（2）选择图层

要修改和编辑图层或图层文件夹，需要选择图层或图层文件夹以使其处于可编辑状态。"铅笔图标"表示该图层是当前层模式并处于可编辑状态。在 Flash CS3 中，一次可以选择多个图层，但一次只能有一个图层处于可编辑状态。

（3）重命名图层

在默认状态下，每增加一个图层 Flash 会自动以"图层 1"、"图层 2"的样式为该图层命名，但这种编号性质的名称在图层较多时使用会很不方便，可以对每个图层进行重命名，使每个图层的名称都具有一定的含义，便于工作。

（4）复制图层

在制作动画的过程中，有时两个图层的内容几乎完全相同，只有极小的差异或变化，通过复制图层的方式可减少重复劳动。但在 Flash CS3 中无法直接实现图层的复制操作，可以通过复制与粘贴帧的方法来达到复制图层的目的。

（5）更改图层顺序

在制作动画时，经常需要调整层与层之间的相对位置，以获得不同的动画效果。要改变某个层在动画中所在的位置，可以在"图层"面板中直接拖动需要改变顺序的图层名称到适当的位置后释放鼠标即可。其操作如图 6-50 所示。

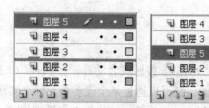

图 6-50　更改图层顺序

（6）修改图层属性

在"时间轴"面板的图层区域中可以直接设置图层的显示和编辑属性，如果要设置更加详细的属性，可以使用"图层属性"对话框来完成。在该属性对话框中提供了更为全面的修改选项，包括设置图层的高度等一系列图层属性设置。

4．使用引导层创建动画

引导层是一种特殊的图层，它可以像其他普通图层那样导入图形和引入元件，但是最终发布动画时引导层中的对象不会被显示出来。按照引导层发挥的功能不同，可以将其分为普通引导层和运动引导层两类。

（1）普通引导层

普通引导层在时间轴上以按钮表示，它的主要作用是辅助静态对象定位，特点是可以不使用被引导层而单独使用。

（2）运动引导层

运动引导层在时间轴上以按钮表示，它的主要作用是绘制对象的运动路径，用户可以将图层链接到同一个运动引导层中，使图层中的对象沿引导层中的路径运动，这时该图层将位于运动引导层下方并成为被引导层。图 6-51 所示为创建蝴蝶沿着运动路径飞行的引导层设置。

图 6-51　运动引导层

5．使用遮罩层创建动画

Flash 中的遮罩层是制作动画时非常有用的一种特殊图层，它的作用是可以通过遮罩层内的图形看到被遮罩层中的内容，利用这一原理，制作者可以使用遮罩层制作出多种复杂的动画效果。

在 Flash CS3 中没有专门的按钮来创建遮罩层，所有的遮罩层都是由普通层转换过来的。要将普通层转换为遮罩层，可以右击该图层，然后在弹出的快捷菜单中选择"遮罩层"命令。

在创建遮罩层后，通常只会将其下方的一个图层设置为被遮罩图层，用户可以创建遮罩层与普通图层的关联，使遮罩层能够同时遮罩多个图层。

6.5.6 使用元件、实例和库

1．元件的使用

元件是存放在库中可被重复使用的图形、按钮或者动画。在 Flash CS3 中，元件是构成动画的基础，凡是使用 Flash 创建的一切功能，都可以通过某个或多个元件来实现。用户可以通过舞台上选定的对象来创建一个元件，也可以创建一个空元件，然后在元件编辑模式下制作或导入内容。

（1）认识 Flash CS3 中的元件类型

在 Flash CS3 中，每个元件都具有唯一的时间轴、舞台及图层。用户在创建元件时必须首先选择元件的类型，因为元件类型决定元件的使用方法，如图 6-52 左图所示，元件类型有影片剪辑、按钮、图形 3 种。

（2）创建新元件

要在 Flash CS3 中创建一个新元件，可以先创建一个空元件，然后在元件编辑模式下制作或导入内容。创建新文件包括创建图形元件、按钮元件和影片剪辑元件，点击图 6-52 左图中"高级"按钮，便会弹出如图 6-52 右图所示窗口进行设置。

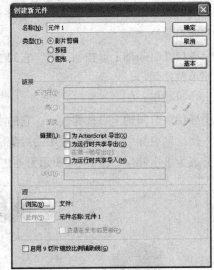

图 6-52 "创建新元件"对话框

（3）将元素转换为元件

用户可以将舞台元素转换为元件，也可以将已制作好的动画转换为影片剪辑元件。

（4）复制元件

在制作 Flash 动画时，有时用户希望仅仅修改单个实例中元件的属性而不影响其他实例或原始元件，此时就需要用到直接复制元件功能。通过直接复制元件，可以使用现有的元件作为创建新元件的起点来创建具有不同外观的各种版本的元件。

（5）编辑元件

创建元件后，可以通过选择"编辑"|"编辑元件"命令，在元件编辑模式下编辑该元件；也可以通过选择"编辑"|"在当前位置编辑"命令，在舞台中编辑该元件；或者直接双击该元件进入该元件编辑模式。右击创建的元件后，在弹出的快捷菜单中可以选择更多的编辑方式和编辑内容。

2．实例的使用

（1）创建实例

实例是元件在舞台中的具体表现，创建实例的方法是从"库"面板中将元件拖入舞台，在 Flash CS3 中实例只可以放在关键帧中，且总在当前图层上。如果没有选择关键帧，实例将被添加到当前帧左侧的第 1 个关键帧上。

（2）交换实例中的元件

在创建元件的不同实例后，还可以对这些元件实例进行交换，使选定的实例变为另一个元件的实例。交换元件实例后，原有实例所做的改变（如颜色、大小、旋转等）会自动应用于交换后的元件实例，而且不会影响"库"面板中的原有元件以及元件的其他实例，如图 6-53 所示。

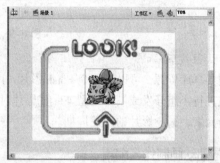

图 6-53　交换实例中的元件

（3）分离实例

要断开实例与元件之间的链接，并把实例放入未组合图形和线条的集合中，可以在选中舞台实例后，选择"修改"|"分离"命令，把实例分离成图形元素，这样用户就可以使用编辑工具根据需要修改实例。

3．使用库资源

在 Flash CS3 中，"库"面板存储了在 Flash 文档中创建的元件以及导入的文件，例如视频剪辑、声音剪辑、位图和导入的矢量图形等内容。用户通过共享库资源，可以方便地在多个 Flash 电影中使用一个库中的资源，大大提高动画的制作效率。

"库"面板中的列表主要用于显示库中所有项目的名称，可以查看并组织这些文档中的元素。"库"面板中项目名称旁边的图标表示该项目的文件类型，用户可以打开任意文档的库，且可以将该文档的库项目用于当前文档。"库"面板如图 6-54 所示。

图 6-54　"库"面板

（1）认识公共库

公共库是 Flash 软件自带的库资源，Flash CS3 的公用库包含了很多现成的按钮和声音元件，用户可以将它们直接调用到动画中。使用公用中的项目，可以选择"窗口"|"公用库"命令，然

后从级联菜单中选择一个库即可打开相应的公用库，如图 6-55 所示。

图 6-55　公共库

（2）认识共享库

使用共享库资源，可以将一个 Flash 影片"库"面板中的元素共享供其他 Flash 影片使用。这一功能在进行小组开发或制作大型 Flash 影片时是非常实用的。使用共享库可以合理地组织影片中的每个元素，减少影片的开发周期。

6.5.7　基础动画制作与编辑

基础动画常常是大型 Flash 动画的一部分特效，有时也可以作为独立的动画，利用时间轴特效，可以制作出具有特殊效果的动画；通过插入多个关键帧，可以制作逐帧动画；利用形状补间和动作补间，可以制作形状补间动画和动作补间动画。

1．制作时间轴动画

（1）设置时间轴特效

Flash CS3 内建的时间轴特效有变形、转换、分散式重制、复制到网格、分离、展开、投影和模糊。通过设置不同的参数，可以获得不同的效果。每个时间轴特效都以特定的方式来处理图形或图符，可以通过改变特效的各个参数获得理想的特效。在特效预览区，可以修改特效的参数，快速预览修改参数后的变化，选择满意的效果。

（2）编辑时间轴特效

如果对添加的时间轴特效不满意，可以利用"特效设置"对话框来编辑特效。首先在舞台中选择要编辑特效的对象，然后在选定对象上右击，在弹出的快捷菜单中选择"时间轴特效"|"编辑特效"命令或者在"属性"面板中单击"编辑"按钮，弹出当前所使用特效的设置对话框，在对话框中修改设置，单击"确定"按钮即可完成时间轴特效的编辑。

2．制作逐帧动画

逐帧动画又称"帧帧动画"，它是一种简单而常见的动画形式，其原理是通过"连续的关键帧"分解动画动作，也就是说连续播放含有不同内容的帧来形成动画。

要创建逐帧动画，可先在"时间轴"面板中选中要插入图像的帧，然后选择"插入"|"时间轴"|"关键帧"命令使之成为一个关键帧，最后在关键帧中创建不同的内容来形成逐帧动画。

3．制作形状补间动画

形状补间是一种在制作对象形状变化时经常被使用到的动画形式，它的制作原理是通过在两个具有不同形状的关键帧之间指定形状补间，以表现中间变化过程的方法形成动画。

形状补间动画是通过在时间轴的某个帧中绘制一个对象，在另一个帧中修改该对象或重新绘制其他对象，然后由 Flash 计算出两帧之间的差距并插入过渡帧，从而创建出动画的效果，如图 6-56 所示。

图 6-56　形状补间动画

4．制作动作补间动画

动作补间动画又称动画补间动画，可用于补间实例、组和类型的位置、大小、旋转和倾斜，以及表现颜色、渐变颜色切换或淡入/淡出效果。在动作补间动画中要改变组或文字的颜色，必须将其变换为元件；而要使文本块中的每个字符分别动起来，则必须将其分离为单个字符。下面通过一个简单实例说明动作补间动画的创建方法。在"图层 1"中的第 1 帧导入一个有箭靶的图片作为关键帧，并将其延长到 40 帧；再新建"图层 2"，在第 1 帧处导入箭图标，在第 40 帧处插入关键帧，并修改箭的大小和位置；最后在"图层 2"中创建动作补间动画，如图 6-57 所示。

在设置了动画补间动画之后，可以通过其相应的"属性"面板对动作补间动画进行进一步的加工编辑。

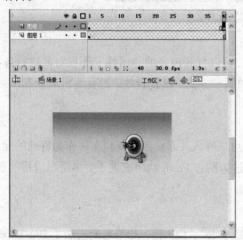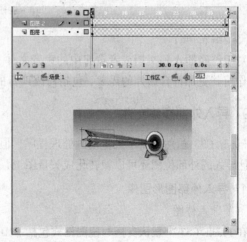

图 6-57　动作补间动画实例

6.5.8 制作有声动画

无论是传统动画还是 Flash 动画，声音都是不可缺少的重要元素。在 Flash CS3 中，可以通过多种方法在动画中添加声音，创建有声动画。这些声音不仅可以和动画同步播放，还可以独立于时间轴连续播放。用户可以为按钮添加声音，从而使按钮具有更强的互动性。另外，通过为声音设置淡入/淡出效果，可以创建出更加优美的音效。

Flash CS3 中的声音分为事件声音和音频流两种。事件声音必须在动画全部下载完后才可以播放，如果没有明确的停止命令，它将一直连续播放。因此，此类声音常用于设置单击按钮时的音效或者用来表现动画中某些短暂动画时的音效。音频流在前几帧下载了足够的数据后才开始播放，通过和时间轴同步可以使其更好地在网站上播放，可以边观看边下载。此类声音较多应用于动画的背景音乐。

（1）将声音文件导入 Flash CS3

在 Flash CS3 中，可以导入 WAV、AIFF 和 MP3 等文件格式的声音文件。导入文档的声音文件一般会保存在"库"面板中，因此与元件一样，只需要创建声音文件的实例就可以以各种方式在动画中使用该声音。

（2）添加声音

要在文档中添加声音，可先为声音文件选择或新建一个图层，然后从"库"面板中拖动声音文件至舞台，即可将其添加至当前选择或新建的图层中。此时在该图层上将显示声音文件的波形。另外，用户可以把多个声音放在同一图层上，或放在包含其他对象的图层上。不过，建议最好将每个声音放在一个独立的图层上，这样每个图层都可以作为一个独立的声音通道。在回放 SWF 文件时，所有图层上的声音可以混合在一起。

在 Flash CS3 中，用户可以为"按钮"元件添加声音，在不同的帧上添加声音，可以使按钮在不同的状态下具有不同的音效，如图 6-58 所示。

图 6-58　为"按钮"元件添加声音

（3）编辑声音

对于已经插入到文档或者按钮中的声音文件，可以打开声音的"属性"面板对其进行各种编辑操作使其更加符合影片的需要，包括修改声音的同步方式、设置音效、封套编辑声音和压缩等。

6.5.9 导入外部媒体文件

Flash CS3 虽然是一个矢量动画处理程序，但可以导入外部位图和视频文件作为特殊的元素使用，且导入的外部位图还可以被转化成矢量图形，这为制作 Flash 动画提供了更多可以应用的素材。

1．导入外部图形图像

（1）导入位图

在 Flash CS3 中默认支持的位图格式包括 BMP、JPEG、GIF 等，如果系统安装了 QuickTime 软件，还可以支持 Photoshop 软件中的 PSD、TIFF 等其他图形格式。图 6-59 所示为导入的位图文件。

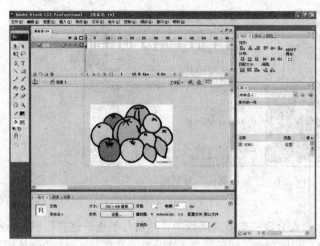

图 6-59　导入的位图文件

（2）导入 PSD 文件

PSD 格式是默认的 Photoshop 文件格式。在 Flash CS3 中可以直接导入 PSD 文件并保留许多 Photoshop 功能，而且可以在 Flash CS3 中保持 PSD 文件的图像质量和可编辑性。

（3）导入 AI 文件

AI 文件是 Illustrator 软件的默认保存格式，由于该格式不需要针对打印机，所以精简了很多不必要的打印定义代码语言，从而使文件的体积减小很多。

（4）导入 PNG 文件

PNG 是 Fireworks 软件默认的矢量图形保存格式，同时也是与 Flash 结合得最好的图形格式之一。图 6-60 所示为导入的 PNG 文件。

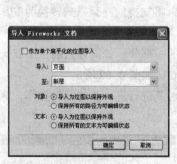

图 6-60　导入的 PNG 文件

2．编辑导入的位图

在导入了位图文件后，用户还可以对其进行各种编辑操作，包括修改位图属性、将位图分离或者将位图转换为矢量图等。

（1）设置位图属性

在 Flash CS3 中，通过"位图属性"对话框可以对导入的位图应用消除锯齿功能来平滑图像的边缘，或选择压缩选项减小位图文件的大小以及改变文件的格式等，使图像更适合在 Web 上显示。"位图属性"对话框如图 6-61 所示。

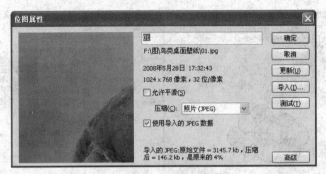

图 6-61　　"位图属性"对话框

（2）将位图分离

分离位图可将位图图像中的像素点分散到离散的区域中，然后分别选取这些区域进行编辑修改。在分离位图时可先选中舞台中的位图图像，然后选择"修改"|"分离"命令，或者使用 Ctrl+B 组合键对位图图像进行分离操作。

（3）将位图转换为矢量图

在对导入的位图图像进行分离操作后，还可对其进行编辑修改，但这些编辑修改操作是非常有限的。若需要对导入的位图图像进行更多的编辑修改，可将位图转换为矢量图形后再进行编辑。

3．导入视频文件

在 Flash CS3 中，可以将视频剪辑导入到 Flash 文档中。根据视频格式和导入方法的不同，可以将具有视频的影片发布为 Flash 影片（SWF 文件）或 QuickTime 影片（MOV 文件）。在导入视频剪辑时，可以将其设置为嵌入文件或链接文件。

对于 Windows 用户而言，如果系统中安装了 QuickTime 6 或 DirectX 8 （或更高版本）软件，则可以将包括 MOV、AVI 和 MPG/MPEG 等多种文件格式的视频剪辑导入到 Flash CS3 中。

Flash CS3 拥有 Video Encoder 视频编码应用程序，可以将支持的视频格式转换为 Flash 特有的视频格式，即 FLV 格式。FLV 格式全称为 Flash Video，是现今主流的视频格式之一。

导入视频文件为嵌入文件时，该视频文件将成为影片的一部分，如同导入的位图或矢量图文件。导入的视频文件还可被转换为 FLV 格式进行 Flash 播放，如图 6-62 所示。

在 Flash 文档中选择嵌入的视频剪辑后，用户还可以对其进行进一步的编辑操作，这些操作主要通过"属性"面板完成。

图 6-62　播放导入的视频文件

6.5.10　使用 ActionScript 编辑动画

1．ActionScript 简介

ActionScript 语言是 Flash 的动作脚本语言，也是 Flash 中的高级技巧，使用它可以制作各种交互式动画，也可以很轻松地做出绚丽的 Flash 特效。与其他脚本语言一样，都遵循特定的语法规则、保留关键字、提供运算符，并允许使用变量存储和获取信息，而且还包含内置的对象和函数，允许用户创建自己的对象和函数。

（1）变量

变量是一个名称，它代表计算机内存中的值。在编写语句来处理值时，编写变量名来代替值；只要计算机看到程序中的变量名，就会查看自己的内存并使用在内存中找到的值。

在 ActionScript 3.0 中，一个变量实际上包含 3 个不同部分：

- 变量名。
- 可以存储在变量中的数据的类型。
- 存储在计算机内存中的实际值。

在 ActionScript 中，要创建一个变量（称为"声明"变量），应使用 var 语句：

```
var value1:Number;
```

例如，要创建一个名为 value1 的变量，该变量仅保存 Number 数据（Number 是在 ActionScript 中定义的一种特定数据类型），并将变量赋初值的语名写成：

```
var value2:Number = 17;
```

（2）数据类型

在 ActionScript 中，可以将很多数据类型作为所创建的变量的数据类型。其中的某些数据类型可以看做是"基本"数据类型：

- String：一个文本值，例如一个名称或书中某一章的文字。
- Numeric：对于 numeric 型数据，ActionScript 3.0 包含 3 种特定的数据类型。
  - Number：任何数值，包括有小数部分或没有小数部分的值。
  - Int：一个整数（不带小数部分的整数）。
  - Uint：一个"无符号"整数，即不能为负数的整数。
- Boolean：一个 true 或 false 值，例如开关是否开启或两个值是否相等。

大部分内置数据类型以及程序员定义的数据类型都是复杂数据类型，例如下面的一些复杂数据类型：

- MovieClip：影片剪辑元件。
- TextField：动态文本字段或输入文本字段。
- SimpleButton：按钮元件。
- Date：有关时间中某个片刻的信息（日期和时间）。

（3）运算符

运算符是一种特殊的函数，具有一个或多个操作数并返回相应的值。操作数是被运算符用做输入的值，通常是字面值、变量或表达式。例如下面的代码中，加法运算符（+）和乘法运算符（*）与 3 个操作数（2、3 和 4）构成表达式，并将计算表达式的值赋值给变量 sumNumber。

```
var sumNumber:uint=2+3 * 4;//uint=14
```

（4）条件语句

ActionScript 3.0 提供了 3 个可用来控制程序流的基本条件语句。

① if else：if else 条件语句用于分支程序设计，如果该条件为真，则执行 if 后的代码块，否则执行 else 后的代码块。例如，图 6-63（a）所示的代码测试 x 的值是否超过 20，如果是，则生成一个 trace()函数，否则生成另一个 trace()函数。

② if else if：可以使用 if else if 条件语句来实现多分支结构。例如，图 6-63（b）所示的代码不仅测试 x 的值是否超过 20，而且还测试 x 的值是否为负数。

如果 if 或 else 语句后面只有一条语句，则无须用大括号括起后面的语句。例如，图 6-63（c）所示的代码不使用大括号。

（a） （b） （c）

图 6-63　条件语句实例

③ switch：如果多个执行分支依赖于同一个条件表达式，则 switch 语句非常有用。它的功能相当于一系列 if else if 语句，但 switch 语句更便于阅读。switch 语句是对表达式进行求值并使用计算结果来确定要执行的代码块。代码块以 case 语句开头，以 break 语句结尾。例如，图 6-64 所示的 switch 语句是基于由 Date.getDay()方法返回的日期值输出星期日期。

图 6-64　switch 语句实例

（5）循环

循环语句允许使用一系列值或变量来反复执行一个特定的代码块。

① for 循环用于循环访问某个变量以获得特定范围的值。必须在 for 语句中提供 3 个表达式：一个设置了初始值的变量，一个用于确定循环何时结束的条件语句，以及一个在每次循环中都更改变量值的表达式。例如下面的代码循环 5 次，变量 i 的值从 0 开始到 4 结束，输出结果是从 0 到 4 的 5 个数字，每个数字各占 1 行。

```
var i:int;
for(i=0;i<5;i++)
{
    trace(i);
}
```

② for in 循环用于循环访问对象属性或数组元素。例如可以使用 for in 循环来循环访问通用对象的属性（不按任何特定的顺序来保存对象的属性，因此属性可能以看似随机的顺序出现）。

```
var myObj:Object={x:20, y:30};
for(var i:String in myObj)
{
    trace(i+":"+myObj[i]);
}
//输出:
//x: 20
//y: 30
```

还可以循环访问数组中的元素:

```
var myArray:Array=["one","two","three"];
for(var i:String in myArray)
{
    trace(myArray[i]);
}
//输出:
//one
//two
//three
```

③ for each in 循环用于循环访问集合中的项目,可以是 XML 或 XMLList 对象中的标签、对象属性保存的值或数组元素。例如下面的代码,可以使用 for each in 循环来循环访问通用对象的属性,但是与 for in 循环不同的是,for each in 循环中的迭代变量包含属性所保存的值,而不包含属性的名称。

```
var myObj:Object={x:20,y:30};
for each(var num in myObj)
{ trace(num);}
//输出:
//20
//30
```

④ while 循环与 if 语句相似,只要条件为 true,就会反复执行。例如下面的代码与 for 循环实例生成的输出结果相同:

```
var i:int=0;
while(i<5)
{
    trace(i);
    i++;
}
```

使用 while 循环(而非 for 循环)的一个缺点是,编写的 while 循环中更容易出现无限循环。如果省略了用来递增计数器变量的表达式,则 for 循环实例代码将无法编译,而 while 循环实例代码仍然能够编译。若没有用来递增 i 的表达式,循环将成为无限循环。

⑤ do while 循环是一种 while 循环,保证至少执行一次代码块,这是因为在执行代码块后才会检查条件。下面的代码显示了 do...while 循环的一个简单实例,即使条件不满足,该实例也会生成输出结果。

```
var i:int=5;
do
{
    trace(i);
```

```
    i++;
} while(i<5);
//输出: 5
```

（7）函数

"函数"是执行特定任务并可以在程序中重用的代码块。ActionScript 3.0 中有两类函数："方法"和"函数闭包"。将函数称为方法还是函数闭包取决于定义函数的上下文。如果将函数定义为类定义的一部分或者将它附加到对象的实例，则该函数称为方法。如果以其他任何方式定义函数，则该函数称为函数闭包。

2. ActionScript 的输入

在 ActionScript 3.0 环境下，按钮或影片剪辑不再可以被直接添加代码，用户只能将代码输入在时间轴上，或将代码输入在外部类文件中。

（1）在时间轴上输入代码

在 Flash CS3 中，用户可以在时间轴上的任何一帧中添加代码，包括主时间轴和影片剪辑的时间轴中的任何帧。输入时间轴的代码，将在播放头进入该帧时被执行。

（2）在外部 AS 文件中添加代码

当用户需要组建较大的应用程序或者包括重要的代码时，就可以创建单独的外部 AS 类文件并在其中组织代码。其创建过程如图 6-65 所示。

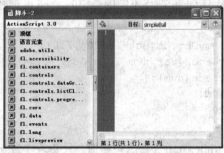

图 6-65　创建外部 AS 类文件

3. 处理对象

ActionScript 3.0 是一种面向对象（OPP）的编程语言，面向对象的编程仅仅是一种编程方法，它与使用对象来组织程序中的代码的方法没什么差别。

属性是对象的基本特性，如影片剪辑元件的位置、大小、透明度等，它表示某个对象中绑定在一起的若干数据块的一个。

方法是指可以由对象执行的操作。如果在 Flash 中使用时间轴上的几个关键帧和基本动画制作了一个影片剪辑元件，则可以播放或停止该影片剪辑，或者指示它将播放头移动到特定的帧。

事件用于确定执行哪些指令以及何时执行的机制。事实上，事件是指所发生的、ActionScript 能够识别并可响应的事情。许多事件与用户交互动作有关，如单击按钮或按下键盘上的键等操作。

在 ActionScript 中使用对象之前，必须确保该对象的存在。创建对象的一个步骤就是声明变量。但仅声明变量只表示在计算机内创建了一个空位置，所以还需要为变量赋一个实际的值，这样的整个过程就称为对象的实例化。除了在 ActionScript 中声明变量时赋值之外，也可以在"属性"面板中为对象指定对象实例名。

6.5.11　发布影片

使用 Flash CS3 制作完影片后，就可以导出或发布影片了。在实际的工作中，在影片导出或者发布之前还应根据使用场合的需要，对影片进行优化，在不影响影片质量的前提下获得最快的影片播放速度。同时还应注意设置恰当的发布格式，使制作的 Flash 动画可以与其他的应用程序兼容。

1. 测试影片

对于制作好的 Flash 文档，在发布之前应养成测试影片的好习惯，这不仅有助于检验动画效果是否与设计思想之间存在差异，还可以及时发现并纠正动画中可能存在的错误。

2. 发布影片

用 Flash CS3 制作的动画是 FLA 格式的，所以在动画制作完成后，需要将 FLA 格式的文件发布成 SWF 格式的文件（即扩展名为.SWF，能被 Flash CS3 播放器播放的动画文件）用于网页播放。

在发布 Flash 文档之前，用户首先需要确定发布的格式并设置该格式的发布参数，然后才可进行发布。选择"文件"|"发布设置"命令，弹出图 6-66 所示的对话框，进行相关设置即可。

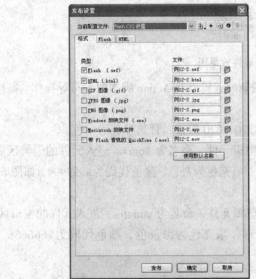

图 6-66　"发布设置"对话框

SWF 动画格式是 Flash CS3 自身的动画格式，也是输出动画的默认形式。在输出动画时，选择"发布设置"对话框中的 Flash 选项卡，可以设定 SWF 动画的图像和声音压缩比例等参数。

在默认情况下，HTML 文档格式是随 Flash 文档格式一同发布的。要在 Web 浏览器中播放 Flash 电影，必须创建 HTML 文档、激活电影和指定浏览器设置。使用"发布"命令即可自动生成 HTML 文档。选择"发布设置"对话框的 HTML 选项卡也可以设置参数，控制 Flash 电影出现在浏览器窗口中的位置、背景颜色以及电影大小等。在导出为 HTML 文档后，还可以使用其他 HTML 编辑器手工输入任何所需的 HTML 参数。

3. 导出影片

要在其他应用程序中应用 Flash 内容，或以特定文件格式导出当前 Flash 影片的内容，可以使用"导出影片"和"导出图像"命令。使用"导出影片"命令，可以将 Flash 影片导出为静止图像格式，而且可以为影片中的每一帧都创建一个带有编号的图像文件，也可以使用"导出影片"命令将影片中的声音导出为 WAV 文件。使用"导出图像"命令，可以将当前帧内容或当前所选图像导出为一种静止图像格式或导出为单帧 Flash Player 影片。

如果用户的系统上安装有 Dreamweaver CS3 软件，则可以将 Flash 影片文件直接导出到 Dreamweaver 站点。在 Dreamweaver 文档中选中影片后，就可以在 Flash 中更新导出的影片，然后自动更新导出到 Dreamweaver 中。在更新过程中，Flash 并不是直接编辑导出的影片，而是编辑源文档（FLA 文件）并重新导出影片。

6.5.12 Flash 综合实例

设计一个精巧的时钟，最终效果如图 6-67 所示。

图 6-67 最终效果图

在这个实例中将会用到剪辑元件的创建，场景的编辑以及 Action 脚本的编写等操作。操作步骤如下：

① 新建一个影片，将影片舞台大小设置为 270×320 像素，背景颜色为白色。

② 首先制作时钟里的时针。新建一个影片剪辑元件，命名为 hours。进入元件的编辑区后，使用"矩形工具"绘制一个细长的无边框的矩形，填充色为灰色，颜色代码为#999999，如图 6-68 所示。

③ 其次制作时钟里的分针。新建一个影片剪辑元件，命名为 minutes。进入元件的编辑区后，使用"矩形工具"绘制一个细长的无边框的矩形，填充色为深灰色，颜色代码为#666666，如图 6-69 所示。

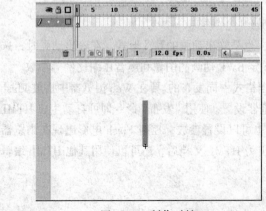

图 6-68 制作时针

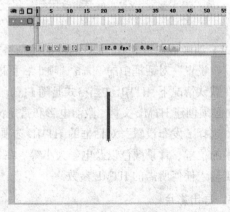

图 6-69 制作分针

④ 最后制作时钟里的秒针。新建一个影片剪辑元件，命名为 seconds。进入元件的编辑区后，使用"矩形工具"绘制一个细长的无边框的矩形，填充色为红色，颜色代码为#FF0000，如图 6-70 所示。

⑤ 新建一个图形元件，命名为 outeregde。进入元件的编辑区后，使用前面内容中介绍的方法制作一个圆环。填充色为灰色，颜色代码为#999999，作为时钟的边框，如图 6-71 所示。

图 6-70　制作秒针　　　　　　　　　　　图 6-71　制作时钟的边框

⑥ 回到主场景中，将影片默认的图层 Layer1 重命名为 outeredge。然后将元件 outeregde 拖到舞台上，调整其位置到舞台的中央。

⑦ 新建一个 numbers 图层，选择"文本工具"，如图 6-72 所示，分别输入从 1 到 12 这 12 个数字，并绕时钟边框排列位置，如图 6-73 所示。

⑧ 新建一个 clockhands 图层，分别将元件 hours、minutes 和 seconds 拖到场景中。然后使用"椭圆工具"绘制一个黑色无边框的正圆，将其放置在表盘的中心，然后分别将时针、分针和秒针放到表盘的中心，使 3 个表针的下部和中心位置对齐，如图 6-74 所示。

图 6-72　选择"文字工具"　　图 6-73　添加时间数字　　图 6-74　在表盘中添加表针

⑨ 添加 pagetitle 图层，使用"文本框工具"分别绘制一个静态文本框和一个动态文本框。在静态文本框中输入时钟的标签：flash 时钟，设置动态文本框的文本变量名为 time，用来动态显示年、月、日和星期。

⑩ 最后添加一个图层命名为 Action，设置控制时钟运行的 Action 脚本。

在第 1 帧添加如下 Action：

```
time=new Date();              //定义 time 为 Date 日期对象
hours=time.getHours();        //取得当前系统的小时，并赋给变量 hours
minutes=time.getMinutes();    //取得当前系统的分钟，并赋给变量 minutes
seconds=time.getSeconds();    //取得当前系统的秒钟，并赋给变量 seconds
if(hours>12) {
   hours=hours-12;
}
if(hours<1) {
   hours=12;
}
hours=hours*30+int(minutes/2);
minutes=minutes*6+int(seconds/10);
```

```
seconds=seconds*6;
```
在第 2 帧添加如下 Action:
```
gotoAndPlay(1);
```
⑪ 最后一步是给 3 个表针添加各自的 Action，使其可以按照自己的规律进行旋转。

给时针添加如下 Action:
```
onClipEvent(enterFrame) {
    setProperty(this, _rotation, _root.hours);
}
```
给分针添加如下 Action:
```
onClipEvent(enterFrame) {
    setProperty(this, _rotation, _root.minutes);
}
```
给秒针添加如下 Action:
```
onClipEvent(enterFrame) {
    setProperty(this, _rotation, _root.seconds);
}
```
至此，精巧的时钟就制作完成了。

小　　结

本章主要讲述计算机动画的基本知识、二维动画制作软件工具、三维动画制作软件工具、动画文件格式及标准和 Flash 使用方法。通过学习使读者能够了解动画的基本知识和制作工具，并初步具有使用 Flash 创作动画的能力。

思考与练习

一、选择题

1. 在动画制作中，一般帧速选择为_____。

　　A．30 帧/秒　　　　　B．60 帧/秒　　　　　C．120 帧/秒　　　　　D．90 帧/秒

2. 下列文件格式中，_____是网络动画的类型格式。

　　A．MOV　　　　　　B．AVI　　　　　　C．SWF　　　　　　D．MP3

3. 传统动画片事实上是把一幅幅静态图片按一定的速度顺序播放。在现代动画中，把每一幅静态图片称为_____。

　　A．一片　　　　　　B．一张　　　　　　C．一幅　　　　　　D．一帧

4. _____属于二维动画制作软件。

　　A．Flash MX　　　　B．Maya　　　　　C．Softimage 3D　　　D．3ds Max

二、问答题

1. 动画的基本原理和实质是什么。

2. 简单说明动画的分类。

3. 什么是计算机动画。

4. 计算机动画制作的主要过程包括哪些具体环节。

5. 阐述常用的动画文件格式。

6. 在 Flash CS3 中可以插入哪些视频格式。

三、操作题

1. 制作一个沿指定路径运动的汽车运动动画。

2. 在 Flash CS3 中使用形状提示功能，创建由字母 A 变成字母 B 的补间形状动画，而且还要增加变形控制点（可以通过选择"修改"|"外形"|"添加变形"命令来实现。

3. 在 Flash CS3 中创建一个飞机在天空飞行的过程。要求当影片开始播放时，飞机处于准备起飞状态，当按下某个按钮时，飞机开始飞翔。

第 7 章　多媒体关键技术

多媒体技术涉及的领域众多，各种相关技术的研究和发展在不同程度上影响着多媒体系统的发展和应用。由于多媒体信息的大容量化和相互通信需求，需要对多媒体数据进行有效的压缩编码，建立合理的存储和读取机制，并使海量多媒体数据实现实时交换和同步，便于实现能够体现多媒体数据特性的存储、加工处理、传输和显示播放。本章将对多媒体数据的编码压缩技术、多媒体数据库技术、多媒体同步技术和网络多媒体技术等相关技术进行介绍。

通过对本章内容的学习，应该能够做到：

- 了解：多媒体技术中的关键技术及其特点。
- 理解：多媒体数据压缩编码技术、多媒体数据库技术、多媒体同步技术以及网络多媒体技术所需要解决的问题及其解决方法。
- 应用：使用 WMS 9 系列制作和发布流媒体技术作品，并能灵活运用所学知识。

7.1　多媒体数据压缩编码技术

多媒体数据的数据量庞大，为数据在计算机系统中的大容量存储和传输，以及计算机的运行速度增加了极大的压力。同时，由于多媒体数据表示中存在大量的冗余，在保证多媒体信息极少缺损的前提下，通过编码技术对多媒体数据进行有效的压缩处理可以节约存储空间，提高计算机系统和网络的通信传输效率。

7.1.1　多媒体数据压缩的可能性

信息量与数据量的关系可以表示为信息量=数据量–冗余量。通过去除冗余数据可以使原始数据量极大减少。一般来说，图形图像、视频和音频数据中存在的冗余类型主要有以下几种。

1．空间冗余

例如，在同一幅图像中，规则物体和规则背景的表面物理特性可能具有相关性。同一景物表面上各点的颜色之间往往存在空间连贯性，可以利用这种空间连贯性来改变表面颜色的像素存储方式，达到减少数据量的目的。

2．时间冗余

序列图像的相邻帧图像之间有较大的相关性，往往包含相同的背景和前景物体，只有其中某些物体在空间位置上有些微的变化。音频数据的前后样值之间也有类似的时间冗余。

3．视觉冗余

人类视觉对于图像场的敏感特性是非均匀和非线性的，不能同时察觉图像场的所有变化。通过对人类视觉进行的大量实验了解到，视觉对亮度的敏感远高于对色彩度的敏感，而且视觉的分辨能力一般为 2^6 灰度等级，但是图像的量化采用的是 2^8 灰度等级，这样就产生了视觉冗余。

4．听觉冗余

人类听觉对不同频率的声音敏感度也不尽相同，通常只对较强的声音比较敏感，对其他较弱的声音容易忽略，因此不能同时察觉出所有频率的变化，也就存在听觉冗余。

5．知识冗余

有些数据的理解与基础知识有很大的相关性，有些规律性的结构可由先验知识和背景知识得到。例如，人脸图像中鼻子位于正脸图像的中线上，鼻子的上方有眼睛等。

7.1.2　多媒体数据压缩编码方法

针对多媒体数据的特点及其冗余类型的不同，可以有不同的压缩编码方法。根据解码后数据与原始数据是否一致，压缩方法可以分成无损压缩和有损压缩两大类。无损压缩是利用多媒体数据的统计冗余进行压缩，可以完全恢复到原始数据，无数据失真，但是压缩比（即输入数据量与输出数据量的比值）受统计冗余理论和方法的影响，一般为 2∶1～5∶1，用于文本和数值的压缩。无损压缩方法主要有统计编码。有损压缩是利用人类的视觉或听觉特性所产生的冗余以及图像和视/音频数据的特征进行压缩，在不影响理解原始信息的前提下允许压缩过程中有一定的信息损失，而且这些损失的信息通常不能恢复。有损压缩可以得到十几分之一，甚至百分之一的压缩比，用于图像和视/音频数据。有损压缩方法主要有预测编码和变换编码等。

1．统计编码

统计编码技术把所有数据当做比特序列，根据信息出现概率的分布特性进行压缩编码，主要包括行程长度编码（Run Length Encoding，RLE）、LZW（Lempel–Ziv–Welch Encoding）编码和霍夫曼编码等。

（1）行程长度编码

行程编码通过统计比特或字符序列重复出现的次数，将数据流中字符出现的行程长度转换成代码。行程编码常用的格式由控制符、重复次数和被重复字符 3 个部分组成。显然，字符的重复次数应该大于或等于 4 次，才能提高行程编码的效率。例如，字符串"RTAAAASDEEEEE"的行程长度编码为 RT*4ASD*5E，其中*为控制符号，用来表示行程的开始。在这个实例中，原数据量与编码后数据量的比值（即压缩比）为 13/10，即 1.3∶1。压缩比与数据流中字符重复出现的概率及长度有关。在相同情形下，重复字符串的平均长度越长，压缩比越高；或字符重复出现的次数越多，压缩比也越高。行程长度编码常用于 BMP 和 TIFF 图像压缩，对仅由 0 和 1 组成的文本和二值图像非常有效。行程长度编码的解码非常简单，只需要将控制符后的字符按照重复次数简单复制即可。

（2）LZW 编码

LZW 编码即词典编码，是无损压缩中压缩比较高，而且压缩处理较快的方法。LZW 编码利用文本或图像等数据本身包含重复字符序列的特性，将字符序列存放在一个转换表（或称词典）内，其中每个字符序列分配一个码字，通过管理转换表完成输入和输出之间的转换来进行编码压缩。转换表是在 8 位的 ASCII 字符集的基础上进行扩展的，扩充后的代码可用 12 位或更多位来表示。LZW 编码的输入是字符流，输出是码字流。例如，对于待编码字符串"ABBABABAC"，编码过程如表 7–1 所示。在 ASCII 字符集内有码字的，例如 A、B 和 C，直接调用其码字；没有码字的，即时分配码字得到扩展转换表，例如 AB 和 BB，便于下一步使用。

表 7–1 LZW 编码过程

	输入	A	B	B	A	B	A	B	A	C
转换表	码字	1	2	3	4	5	6	7	8	
	字符序列	A	B	C	AB	BB	BA	ABA	ABAC	
	输出	1	2	2		4			7	3

从表 7–1 可以看出，待编码字符串经过 LZW 编码后所得的码字流为 122473。LZW 编码常用于 GIF 格式的图像压缩，其平均压缩比在 2∶1 以上。LZW 解码过程非常简单，只需利用同一个转换表对码字流进行解码，如表 7–2 所示。

表 7–2 LZW 解码过程

	输入				1	2	2	4	7	3
转换表	码字	1	2	3	4	5	6	7	8	
	字符序列	A	B	C	AB	BB	BA	ABA	ABAC	
	输出				A	B	B	AB	ABA	C

（3）霍夫曼编码

霍夫曼编码完全根据字符出现的概率进行编码压缩，对于出现频率高的符号，用较少的数位表示，而出现频率低的符号用稍多的数位表示，以达到总长度最短。编码时，首先将数据流字符按照预先统计的概率大小递减排列，然后把两个最小概率相加，作为新符号的概率，重复此过程直到概率相加之和达到 1。然后，在每次概率相加时将被相加字符赋予 0 和 1 或 1 和 0，最后从下到上、从右到左将 0 和 1 串起来成为该字符的代码，并形成字符及其对应代码的霍夫曼编码表。解码时需要参照编码表才能恢复数据流。例如，对于待编码字符 XMDYASUW 的霍夫曼编码结果如表 7–3 所示，其编码过程如图 7–1 所示。

表 7–3 待编码字符的概率及其霍夫曼编码

字符	X	M	D	Y	A	S	U	W
概率（总和为 1）	0.42	0.23	0.17	0.08	0.05	0.03	0.01	0.01
霍夫曼编码	0	10	110	1110	11111	111101	1111001	1111000

2. 预测编码

预测编码根据原始数据信号之间存在一定关联性的特点，利用先前的一个或多个数据信号对下一个信号进行预测，然后对实际数据值和预测值之间的差进行编码。如果预测比较准确，那么误差信号很小,因而对预测误差编码传输所需的比特数可以比对原数据流进行编码传输量小很多。两种典型的预测编码方法是差分脉冲编码调制(Differential Pulse Code Modulation, DPCM)和自适应差分脉冲编码调制(Adaptive Differential Pulse Code Modulation, ADPCM),它们适用于图像和视/音频数据的压缩。

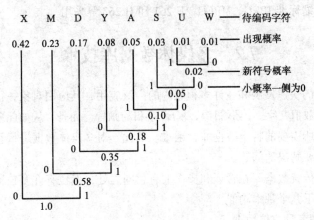

图 7-1　霍夫曼编码过程

（1）DPCM

DPCM 是在脉冲编码调制(Pulse Code Modulation, PCM)的基础上发展起来的,它不对数据信号的每一个样值进行量化,而是预测下一个样值,并量化实际值和预测值之间的差来实现编码压缩。解压时使用同样的预测器,并将预测值与存储的已量化差值相加,得到与原数据信号近似的信号。DPCM 的关键是设计好的预测器和量化器,以使预测值和实际值之间的差值尽可能接近零。因此,误差信号量化器所需的量化间隔通常比原数据信号的量化间隔小。DPCM 算法简单,容易在硬件上实现。但是,由于预测器的最佳预测系数依赖于原数据流的统计特性,而计算原数据信号的均方误差和最佳系数在实际使用中工作量较大,往往利用固定的预测参数来代替。JPEG 图像压缩标准选择前一样值作为下一样值的预测值,以提高效率。

（2）ADPCM

ADPCM 采用自适应量化或自适应预测,以便进一步改进量化性能或压缩比。自适应量化是根据数据信号分布不均匀的特点,系统自动随输入数据信号的变化而改变量化区间的大小,从而保持输入到量化器的数据信号分布基本均匀,实现对于一定量化级数可以减少量化误差,或在同样的误差条件下可以得到更高的压缩比。自适应预测是在得到最佳性能和进行大量计算工作之间达成妥协。编码时将数据信号分区编码,自动选择一组预测参数,能够使该区间内实际值与预测值的均方误差最小。通过这种方式,在不同编码区间预测参数自适应的变化,从而尽可能接近最佳预测。

3. 变换编码

变换编码利用数学变换将数据信号从时间域或空间域变换到其他域(例如频率域),使信号中最重要的信号部分更加得到加强,从而易于识别和重点处理;同时使不重要的信号部分较分散,便于粗处理或去除。例如,将图像或音频数据信号从时间域变换到频率域,图像或声音的大部分信息是低频信号,比较集中,方便对它们进行采样编码。由此可见,变换编码需要进行变换、变换域采样和量化 3 个步骤。变换本身不进行数据压缩,只把数据信号映射到变换域,产生一组变换系数。通常，低频率区域内主要集中数值大的系数，数量较少；而高频域内的系数数值较小，数量很多。数据压缩主要在变换域采样和量化过程中实现，将高频率区域内为零或接近于零的变换系数忽略，可以减少数据量。常用的变换有 K-L（Karhunen-Loeve）变换和离散余弦变换（Discrete Cosine Transform，DCT）等。由于变换是可逆的，使用反变换可以恢复原数据信号。变换编码应用广泛，被多媒体压缩标准 JPEG、MPEG、H.261 和 H.263 等采用。

7.2　多媒体数据库技术

随着计算机技术的快速发展和在许多领域内的广泛应用，其应用对象往往包含大量复杂的多媒体数据类型，例如数值文字、图形图像、视/音频和动画等。而且，从如此多种多样类型的大量多媒体数据中检索到所需要的特定数据非常困难。因此，对多媒体数据进行管理以及有效地检索和运用是一个迫切需要解决的问题。

多媒体数据库与传统数据库在管理和操作上有相同之处，但也有许多独特的地方。多媒体数据库系统必须具备以下几个基本功能：

① 能表示和处理各种媒体数据。
② 能反映和管理各种媒体数据特性，或各种媒体数据之间的时空关联。
③ 满足物理数据、逻辑数据和媒体数据独立性。
④ 具有多媒体数据可操作功能。
⑤ 具有网络功能等。

7.2.1　多媒体数据管理

多媒体数据具有数据量大、结构复杂和设备依赖性强等特点，因此，传统的数据库管理系统不能完全适应多媒体数据管理的需要。多媒体数据库管理系统是实现数据库的建立、操作和控制的软件系统，提供对多媒体数据的管理、查询和运用等功能。它必须独立于不同类型的媒体，需要根据不同的对象提供不同的用户接口和存储结构。

多媒体数据库所组织的数据不仅包括传统数据库中的数值、字符串和文本，还包括图形图像、视/音频和动画等。对数值数据可以进行算术运算，提供相关事物的统计特征；对字符串可以进行连接运算，方便检索；而对大量字符串组成的文本数据，在存储和语义归类等管理和检索上难度有很大增加。图形数据以点、线、圆和弧等基本单位组成，复杂的图形可以分解成这些基本元素来存储，但是必须同时存储各个图形元素之间的位置和层次关系。图形数据虽然存储量较小，便于存取和管理，然而其使用必须结合图形显示技术。图像数据通常采用尺寸、颜色、纹理以及分割等相对抽象的语义来描述其属性。另外，还可以根据图像的内容设立一些特定的图像数据库，例如指纹库和表情库等。音频数据中的语音数据大多建立在波形文件的基础上，但是其波形的检索需要附加数值或文本数据等作为依据；相比较而言，音乐可以分解成音符、音色、音调等元素以及时间等进行存储。动画和视频数据必须与时间属性的变化密切配合，可以分解成文字、解说、配音、场景、剪辑和时间关系等多种元素，在时间和空间上的管理比较复杂，其检索难度非常大。

基于多媒体数据的这些特点，需要有新的方法对多媒体数据进行管理。

1．扩展关系数据库

关系数据库由许多按行和列排列的相关信息的二维数据表组成，行表示记录，列表示字段，关键字是字段之间或表之间的关联。但是传统的关系数据库不支持新的数据类型和数据结构，很难实现空间数据和时间数据等多种媒体数据之间的演绎和推理操作。因此，需要增加描述声音和图形图像等特征的抽象数据类型，以增强对多种媒体数据的管理能力。先进的关系数据库引进大二进制对象（Binary Large Object, BLOB）取代字段构成关系表中的列，用于图像等数据类型。BLOB 实际存在于数据库外部的图像和视频服务器中，关系数据库可以访问这些 BLOB，提供给用户一个完整的数据集。除此之外，关系数据库还引入嵌套表的概念，使它具有层次结构。

2．面向对象数据库

面向对象数据库中对象的属性、集合、行为、状态和关联均以面向对象数据模型来定义，结合多媒体数据的对象复杂、存储分散以及时空同步等特点，运用可复用代码和模板概念的面向对象编程可以简化多媒体数据库的管理和维护。

7.2.2　多媒体数据库结构

多媒体数据库具有一般体系结构和层次结构两种不同方式。

1．体系结构

体系结构主要有联邦型结构、集中统一型结构、客户/服务型结构和超媒体型结构。

（1）联邦型结构

联邦型结构针对各种媒体的特性单独建立数据库，具有各自独立的数据库管理系统，通过相互通信进行协调和执行多媒体数据的存取等联合操作。这种数据库体系结构可以在现有的数据库基础上进行组装和扩展，然而在进行多种媒体的合成处理和检索查询时依赖于媒体库之间的通信效率比较低。

（2）集中统一型结构

集中统一型结构对各种媒体数据统一建模，对各种媒体的管理和操作都集中在一个数据库管理系统中，各种用户需求也被统一到单个多媒体用户接口。这种体系结构使数据库及其管理系统非常庞大和复杂，很难保证多种媒体数据的高效管理和操作。

（3）客户/服务结构

客户/服务结构结合以上两种数据库体系结构的特点，保持各种单媒体数据库的独立性，同时对每个媒体的管理和操作各用一个服务器来实现，客户与服务器之间通过中间系统进行连接。这种体系结构比较容易满足不同的应用需求，方便网络环境下的工作。

（4）超媒体型结构

超媒体型结构强调对多媒体数据时空索引的组织，把计算机以及其他相关系统的所有信息看做一个信息空间，利用访问工具可以随意访问和使用。

2．层次结构

传统的数据库系统按 ANSI 定义分为物理模式、概念模式和外部模式 3 个层次。这样的层次结构适合对字符和数值等抽象化数据进行比较、排序、查找和增删改等管理和操作，但是不能满足多种媒体数据的要求。针对各种媒体的特殊性质，在低层需要增加对多媒体数据的控制和支持，进行相应的分割、识别和变换等操作，并确定物理存储的位置和方法。在中层增加对多媒体数据的关联和超链处理，完成各种媒体数据的逻辑存储与存取。在该层中，通过合适的数据模型对多媒体数据的逻辑位置安排、相互的内容关联、特征与数据的关系以及超链的建立等进行描述，并为下层的多媒体数据存取和上层的用户接口建立逻辑上统一的通道。在最高层需要支持多媒体的综合表现，完成用户对多媒体信息的查询描述，按照用户的需求给出多媒体化的查询结果。目前，还没有完全实现这种多媒体数据库层次结构的管理和使用。

7.2.3 多媒体数据模型

多媒体数据模型非常复杂，不仅不同媒体有不同的要求，而且不同的结构有不同的建模方法。现有的图像数据库和视频数据库等的建模方法都以特定媒体的特性为基础，而超媒体数据库通常与其具体的信息结构关系密切。下面介绍两种主要的多媒体数据模型。

1. NF^{2}数据模型

传统的关系数据库是单一的二维表，要求表中不能有表，即所谓的第一范式（First Normal Form，1NF）。但是，为了对多媒体数据库中各种各样的媒体数据统一地在关系表中进行表现和处理，需要允许表中有表，即 NF^2（Non First Normal Form）方法。因此，可以在关系数据库中应用层次结构，对非层次部分和层次部分采用不同的方法进行表示。

NF^{2}数据模型还在关系模型的基础上引入抽象数据模型，用来描述图形图像和视/音频等复杂数据类型的逻辑，使传统的关系型数据库管理系统增加多媒体数据管理能力。不过，这样的扩展处理仍然不能很好地反映各媒体之间的时空和语义关系，很难实现多媒体数据的同步和集成，以及多媒体数据的检索查询。

2. 面向对象的数据模型

面向对象是指把系统工程中的某个模块和构件看做是问题空间的一个或一类对象。这些对象是现实世界所有概念实体的模型，由实体所包含的数据和定义在这些数据上的操作组成。组成对象的数据即为对象的属性，它本身可能也是一个对象，具有自己的属性及其操作。对象之间的通信和请求通过消息进行传送。属于同一类的对象具有相同的属性名和定义在这些属性上的方法，响应同样的消息。对象不仅具有聚合关系，还具有概括关系，具有概括关系的对象类形成类层次，以减少面向对象系统中的冗余信息。面向对象数据模型可以对多媒体数据进行有效的管理，保持多媒体数据的语义信息，并实现各种媒体数据的有机组合，以及对它们的高效访问和操纵。

7.2.4 多媒体数据库的检索和查询

多媒体数据库数据量大，数据种类多，对它们的检索和查询非常复杂，因此往往需要根据媒体中所表达的内容进行检索和查询。查询结果的表现往往也需要与视/音频等连续媒体进行同步和模糊查询。

（1）关键字查询

关键字查询是大多数多媒体数据库系统采取的快速查询方法，该方法容易实现，但是很难确定一些能够准确描述多媒体数据内容的关键字，也很难保存多媒体数据之间的时空关系。因此，通常将关键字查询方法与其他方法结合使用。

（2）可视化查询

可视化查询是多媒体数据库的重要查询方法，查询的对象具有一定的相似范围，其相似程度依权重而定。这种查询方法需要将一些颜色和形状等非精确定义的特征转换成一种查询条件，并提供实现模糊查询的运算符来计算不同对象之间的相似程度。例如在多媒体数据库中"寻找有蓝天白云背景的图像"，首先将"蓝天白云背景"作为特征提取出来转换成查询条件，并计算具有相似特征的不同对象之间的相似程度，从而得到更加符合条件的查询结果。一个对象的语义或内容可以通过本身的特点以及与其他对象的关系表示出来。语义查询便是基于内容的另一种多媒体数据库查询方法，它采用索引和模式匹配等多种技术，从输入数据中准确地提取出数据的特征并使用适当的描述符来进行多媒体的检索和查询。目前，可视化查询和语义查询还有待更深入的研究和发展。

7.3　多媒体同步技术

文本数值、图形图像和视/音频等各种多媒体集成在一起以实现某种特定的表现，需要根据媒体的非实时性和实时性对它们进行有机的组合，确定它们的同步关系能进行有效控制，这个过程就是同步（Synchronization）。同步过程包括多媒体数据的传输过程和表现过程，可以是并发或顺序的数据流分布，也可以用于对所产生的外部事件的安排。同步过程除了基于时间的关系外，还需要基于空间以及内容的相关性。一般来说，时间关系是一种隐含关系，空间和内容上的不连贯性较容易产生不协调感觉。

7.3.1　多媒体同步的种类

多媒体同步按照其应用环境以及与对象之间的关系，可以分为交互同步、合成同步、即时同步和系统同步等。

（1）交互同步

交互同步是以用户应用的角度进行的同步，需要体现用户对多媒体表现形式的意图和构想，同时容易被用户理解和使用。可以采用电影剧本的脚本方式来组织多媒体的表现次序和变换发展，并直观地反馈用户的行动参与。

（2）合成同步

合成同步是指不同媒体对象之间在时空和内容上的合成，它涉及不同类型的媒体数据，比较侧重于它们在合成表现时的时间关系描述。例如，存储于视频数据库中的一部电影是各种多媒体在时空和内容上的有效组合。

（3）即时同步

即时同步表现的是在同一个应用中多媒体数据源与表现方之间的实际同步关系，即端-端之间的同步关系。即时同步的各个环节包括多媒体数据采集、传输和表现，都需要按照真实时间的限制实时地完成所需的同步过程。在满足端-端之间的基本通信能力和合成能力的条件下，即时同步很大程度上依赖于系统环境与用户之间的协调。例如，实况直播和视频会议等。

（4）系统同步

系统同步是如何根据各种输入对应媒体的硬件系统/设备的性能参数来协调合成同步等上层同步所描述的各对象之间的同步关系，例如，读盘时间、图像显示速度以及通信延迟等。

7.3.2 多媒体同步模型

多媒体同步主要表现为媒体数据流在不同媒体层上的同步，以及时间依赖媒体在时间关系上的同步。因此，多媒体同步模型常见的有分层模型和时间模型。

1. 分层模型

多媒体同步依据多媒体应用在不同层次上的不同接口机制来实现，如图 7-2 所示。在媒体层主要是单个媒体数据流，属于系统同步。通过对数据流中每个基本逻辑数据单元的操作来保证多媒体同步在时间上的准确。流层处理的主要是多个数据流之间在传输和表现过程中的并行和同步。在对象层，通过相应的时间同步方案来保证多媒体表现过程中各个多媒体对象遵循规定的次序，且能够响应用户的输入事件。描述层主要进行多媒

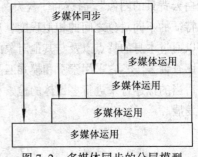

图 7-2　多媒体同步的分层模型

体表现中各个场景的安排与对象之间同步的描述，其重点是用户与系统的接口，所关心的是如何描述以及描述是否正确，而不是具体如何实现同步。

2. 时间模型

多媒体数据根据数据获取时与时间的依赖关系可以分为连续（动态）媒体（视频和音频）和静态媒体（文本和单帧图像）。然而无时间依赖的静态媒体也可以具有合成的时间关系，例如，单帧图像与语音解说合成后，图像数据产生了合成的时间关系。同时视频和动画等连续媒体数据也可以根据需要转换成静态的单帧图像。由此可见，离散的媒体可以在赋予时间顺序后变成基于时间的媒体，而连续媒体在进行数字化处理后也可以变成离散的数据。

时间的描述有时间点和时间段两种方法。时间点是时间轴上的某一时刻，如 10:00 AM。时间段表示两个时间点之间的持续区间，如 10:00 AM～3:00 PM。两个时间段可以有 13 种时间上的相互关系，由图 7-3 所示的 7 种关系另加 6 种逆关系得到，其中 equals 没有逆关系。图 7-3 中，A 和 B 表示两种多媒体布局中的时间成分，其相对位置表示两者之间在时间上的依赖关系。

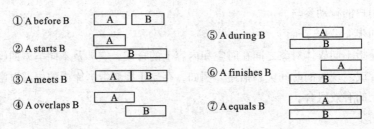

图 7-3　两个时间区之间的时间关系

7.3.3 多媒体同步的表示方法

多媒体同步的表示方法主要有基于语言的方法、基于图形的方法以及基于超文本的方法。

1. 基于语言的表示法

基于语言的表示法一般是以并行和顺序的程序语言为基础的时间表示模式。脚本是这种表示

法的代表，具有逻辑结构性和时序表现性。对多媒体表现的脚本主要由演员、角色、情节和场景构成。其中，演员是指各种媒体传播的信息实体，包括文本表格、图形图像和视频音频等。角色指多媒体表现环境中的各种资源，例如显示窗口和声音通道等。角色可由不同演员按规则以时间顺序轮流占用，有些可以同时登场（如显示窗口和声音通道）。活动（或情节）指多媒体表现环境中预定义的时空序列引发的事件，在同一时间里可以是单个事件，也可以是复合事件。两个活动之间的时间关系同样可以由图7-3所示的7种关系及其6种逆关系表示出来。场景是将各种角色的活动有机地编排组合构成的多媒体表现环境。通过编写脚本可以把用户对多媒体数据最终表现形式的意图、构想和安排像电影剧本一样分场表现出来。

2．基于图形的表示法

基于图形的多媒体同步表示法非常形象直观，适合于可视的多媒体表现。它包括时间线、Petri网和OCPN方法等。以下只简单介绍OCPN方法。

OCPN（Object Composite Petri-Net）即对象合成网，是在常规Petri网基础上增加延时值和资源值形成的一种定时Petri网，可以描述媒体对象内和媒体对象间的时间关系。两个对象的时间合成可以基于顺序和并行两种时间关系而发生。由图7-3及其逆关系可知，两个对象之间可以有13种时间关系。OCPN能够用于描述这些时间关系，如图7-4所示。其中，A和B分别表示多媒体对象（或位置/进程），D表示延时计时，箭头表示有向弧，垂直棒表示同步点和处理位置。由于复数对象之间的时间关系可以用两两之间的时间关系逐级描述，OCPN可以描述由成对的相关对象组成复杂多媒体交互的时间关系。

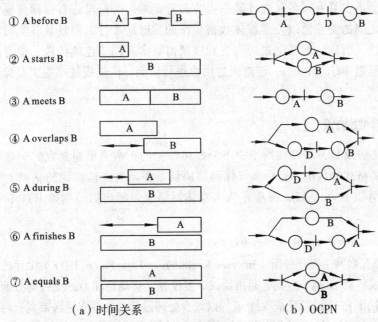

① A before B
② A starts B
③ A meets B
④ A overlaps B
⑤ A during B
⑥ A finishes B
⑦ A equals B

（a）时间关系　　　　　　　　（b）OCPN

图7-4　OCPN与时间关系的对应

3．基于Petri网的超文本表示法

基于Petri网的超文本（Petri-Net-Based-Hypertext，PNBH）表达法采用Petri网等基于图形的模型来表现多媒体信息之间通过关键字或主题进行交叉索引的非线性链接，用网的位置表示信息单位，用弧形表示链。PNBH中的转移指链的迁移或信息节段的浏览，其网络位置有

多个外弧，可以表现非确定性和循环的浏览动作。而 OCPN 给出的是准确的时间性表现语义，适用于实时表现调度。显然，PNBH 和 OCPN 两种模型可以相互补充，对用户交互和表现合成非常有益。

7.4　网络多媒体技术

随着计算机技术以及通信网络技术的快速发展和广泛应用，多媒体技术已经从单机应用系统发展到网络应用系统，例如远程医疗系统、远程教育系统和视频点播系统等。

7.4.1　多媒体网络

多媒体网络可以是局域网，也可以是广域网，它利用网络传送多媒体数据库中的文本数值、图形图像和视/音频等多媒体数据，实现各种信息源之间双向实时的数据交换。这些多媒体数据对网络的性能要求主要有以下几点：

① 根据不同的业务提供相应的质量等级（如带宽、延时和抖动等）。

② 提供足够的带宽，保证图像和视频等大容量多媒体数据的正常传输。

③ 提供充分的网络可靠性，保证各种业务不被中断。

④ 满足各种实时业务（如音频、视频和动画）的要求。

多媒体网络实质上是一种能够传送各种媒体数据的计算机网络系统，它在满足以上性能要求的基础上，不仅具有对各种媒体数据内容和特定应用等信息进行存储传输和处理显示的集成性、人机之间的交互性以及多媒体数据工作的实时同步性，而且具有实时媒体的流式传输和低时延特性。例如，网络电视的声音和视频需要实时同步连续传送，语音延迟要求小于150 mm，视频延迟小于 250 mm，还能满足用户进行快倒、快进或暂停等交互操作来左右节目时间的需求。

7.4.2　多媒体网络协议

多媒体网络协议是为了实现网络中不同媒体数据的正常通信而制定的一整套通信双方相互了解和遵守的格式和约定。有些多媒体网络协议是在原有传输协议的基础上增加新的内容得到改进的，例如 IPv6 协议；有些是为多媒体网络全新制定的，例如 RTP 协议和 RSVP 协议等。

1. IPv6（Internet Protocol Version 6）

IPv6 协议是互联网工程任务组（Internet Engineering Task Force, IETF）设计的用于替代 IPv4 的下一代 IP 协议，对 IP 地址空间、路由协议、安全性、移动性和 QoS 支持等方面进行了较大改进。IPv6 将报头由 15 个域简化成 8 个域，以减少处理器开销并节省网络带宽；将基本报头设为固定的长度（40 字节），放置所有路由器都需要处理的信息，加快路由速度。它将现有的 IP 地址长度扩大 4 倍，由 32 位扩充到 128 位，以支持大规模的网络结点，还按照不同的地址前缀进行划分更多级别的地址层次，便于骨干网路由器对数据包的快速转发。IPv6 具有自动将 IP 地址分配给用户的功能，支持即插即用的联网方式。另外，它还具有对网络层进行认证与加密，提供满足的服务质量以及支持移动通信等特点，使连续媒体流的传输和网络中大容量信息的交互传输得到很大改进。

2．RTP（Real-time Transport Protocol）

RTP 协议是针对因特网上多媒体数据流的传输协议，为实时应用提供端到端的传输，但不提供任何服务质量保证。RTP 分组对经过编码压缩处理后的多媒体数据进行封装后，交由 RTCP（Real-time Transport Control Protocol）协议进行配套控制。RTCP 分组带有发送端和接收端对服务质量的统计信息报告（如发送的分组数和字节数、分组丢失率以及分组到达时间间隔的抖动等），周期性地在网上传送，进行服务质量的监视和反馈、媒体间的同步以及播放中成员的标识。

3．RTSP（Real-time Streaming Protocol）

RTSP 协议是多媒体播放控制协议，以客户/服务器的方式使用户在播放因特网下载的实时媒体数据时能够进行暂停/继续或前进/后退等控制。要实现 RTSP 的控制功能，还需要有专门的媒体播放器和媒体服务器。媒体播放器主要用于解压缩、消除时延抖动、纠正差错和提供便利的用户界面；服务器用于提供音频和视频的流式播放。

4．RSVP（Resource Reserve Protocol）

RSVP 协议用于预留部分网络资源（即带宽）以便能够在一定程度上为连续媒体流的传输提供服务质量保证，它属于传输层协议，与路由协议协同工作。

7.4.3 流媒体技术

流媒体（Streaming Media）是指在广域网或局域网上采用流式传输方式播放的视/音频或动画等多媒体文件。流式传输即将整个多媒体文件经过特定的压缩方式解析成多个压缩包，由服务器向用户计算机顺序或实时传送。流媒体技术是将流媒体数据压缩处理后放在流媒体服务器上，当客户需要播放网上的流媒体文件时，首先在本地创建一个缓冲区，先传送到的文件部分在缓冲区进行解压缩后进行播放，而文件剩余部分则继续在服务器后台下载到缓冲区解压缩，从而可以边下载边播放，避免播放被中断并保证一定的播放质量。

1．流媒体播放和通信方式

流媒体有点播和直播两种播放模式。点播（On-demand Streaming）时，需要客户端用户通过选择节目列表上的内容项目主动连接到服务器上，进行开始/暂停/停止或后退/快进等对媒体流的控制。直播（Live Streaming）时，客户端只能被动地接收媒体流，网络上只传输数据包的一个备份，所有用户收到的都是同样的数据包。

流媒体有单播和组播两种通信方式。单播（Unicast）是指媒体服务器需要与每一个客户端建立单独的数据通道，将数据包复制多个备份，以多个点对点的方式分别发送到每个发出查询请求的客户端。组播（Multicast）是指媒体服务器只需要发送一个数据包，由路由器复制到多个通道上，发送给发出请求的客户端。其中路由器是具有多个输入和输出端口的网络设备，其任务是转发网络中的数据分组。

2．流式传输

流式传输主要有实时流式传输和顺序（累进）流式传输两种方式，用户可以根据需要进行选择。

（1）实时流式传输

实时流式传输使用流式媒体服务器并且应用实时传输协议（如 RTSP 等），通过保证媒体信号带宽与网络连接匹配来实现实时视听。带宽较低或网络拥挤往往会导致图像和视频质量较差。实时流式传输适合现场直播，如讲座和演说演示，还支持随机访问，用户可快进或后退以观看前面或后面的内容。根据硬件需求的不同，用于实时流式传输的服务器软件有 Real Server、QuickTime Streaming Server 和 Windows Media Server 等。这些服务器允许多级别控制流媒体信息的发送，但是其系统设置和管理等比 HTTP 服务器更加复杂。

（2）顺序流式传输

顺序流式传输是顺序累进下载，可以边下载边播放，但是在给定的时刻用户不能前进到还没有下载的部分，而且在传输期间不能根据实际连接速度进行调整。这种传输方式保证播放部分是无损下载，因而视听前会根据网速出现不同时间的延迟。顺序流式传输可以通过 HTTP 服务器来实现，而且不需要其他特殊协议，因此该传输方式又称 HTTP 流式传输，它不支持网上直播，比较适合于播发广告和片头片尾等信息。

流式传输一般采用 HTTP/TCP 来传输控制信息，而用 RTP/UDP（User Datagram Protocol，用户数据报协议）来传输实时音频或视频数据。用户选择某一流媒体服务后，浏览器与服务器之间利用 HTTP/TCP 交换控制信息，从流媒体服务器中检索出所选的流媒体文件。其次，浏览器启动客户端的媒体播放器，使用 HTTP 检索到的相关参数对播放器进行初始化，这些参数包括流媒体文件的目录信息，视/音频数据的编码类型或服务器地址信息等。随后，播放器及流媒体服务器运行 RTSP 协议，交换传输视/音频数据流所需的控制信息，控制媒体数据流的开始/暂停/快进或回放等。最后，流媒体服务器采用 RTP/UDP 将视/音频流传输给播放器进行播放。

3．流媒体文件格式

流式播放的视频和音频文件通过在文件中加入必要的流控制附加信息，特殊编码成流式文件格式，以便适合在网络上边下载边播放。因特网上使用较多的流媒体格式主要有 RM/RMVB、MOV 和 ASF 等。

RM 和 RA 分别是 RealNetworks 公司开发的流式视频 Real Video 和流式音频 Real Audio 文件格式，可以根据不同的网络数据传输速率采用不同的压缩比率，边下载边播放影像数据，客户端利用的播放器是 Real Player。RMVB 是 RM 的升级，采用可变比特率编码技术，在静态画面中采用较低的比特率而在动态画面中采用较高的比特率，实现压缩效果的同时，还可以提高播放质量。RM 的编码软件通常使用 Real Producer。

MOV 格式由 Apple 公司制定，可通过因特网提供实时的数字化信息流、工作流和文件回放功能，它包括 QuickTime 视频文件格式、QuickTime 媒体抽象层和 QuickTime 内置媒体服务系统。MOV 格式的文件播放器和编码器都使用 Apple QuickTime。

ASF 格式由 Microsoft 公司制定，它是一种数据格式，使图像和视/音频以及控制命令脚本等多媒体信息以网络数据包的形式传输，实现流式多媒体内容发布。其中，网络上传输的内容称为 ASF 流。ASF 支持任意压缩/解压缩编码方式，并可以使用任何一种底层网络传输协议，具有很大的灵活性。ASF 文件体积小，可以与其他格式的文件进行转换，还可以将音频卡和视频采集卡获得的数据保存为 ASF 格式，使用 Windows Media Player 播放。Windows Media 文件格式的文件扩展名除了.ASF 之外，还有.WMA（纯音频文件）和.WMV（视频文件），这 3 种扩展名可以交换使用。较早版本的 Windows Media 工具和服务也许只接受扩展名为.ASF 的文件，这时只需将.WMV 和.WMV 改为.ASF 即可。视频文件编码为.MWV 格式，可以使用 Windows Media

Encoder 软件播放。

另外,还有一种基于 Macromedia 公司 ShockWave 技术的流式动画格式称为 SWF。它是用 Flash 软件制作的,具有体积小、功能强、交互能力好、支持多个层和时间线等特点,多用于网络动画,客户端利用 ShockWave 的插件即可播放。

4. 流媒体服务器

一个基本的流媒体系统需要包括编码器(Encoder)、流媒体服务器(Server)和客户端播放器(Player)3 个模块。其中编码器用于将视/音频数据转换成适当的流格式文件,服务器用于向客户端发送编码后的媒体流,播放器负责解码和播放接收到的媒体数据。

与前面提到的流媒体文件格式相配套的流媒体服务器软件主要有 Apple 公司的 QuickTime、RealNetworks 公司的 Real Server 和 Microsoft 公司的 Windows Media Services。它们的功能相似,只是运行的平台和发送的流媒体格式不同。QuickTime 和 Real Server 使用 RTSP 协议,而 Windows Media Services 使用自己公司的 MMS 协议(Microsoft Media Server Protocol)。QuickTime 包含在 Mac OS X Server 内,只运行于 Mac 硬件上;Real Server 不仅支持 RealNetworks 公司的 Real Media 格式的流媒体,还支持 MOV 格式和 WMV 格式;Windows Media Services(WMS)只能运行于 Windows 平台,是 Windows Server 2000 中的默认安装组件。WMS 提供完整的媒体服务器解决方案,自带编码器。

7.4.4　P2P 流媒体技术

流媒体服务大都采用客户端/服务器(C/S)模式,即流媒体服务器响应客户的请求,把媒体流发送给客户。这种 C/S 模式随着客户总数的大幅度增加,带宽和服务器处理能力往往成为系统瓶颈。P2P(Peer-to-Peer,或 Point-to-Point)流媒体技术可以改善当前的网络。保证流媒体数据包按时按质地传送到播放端。利用 P2P 流媒体技术,每个流媒体点播用户成为一个结点,他们根据自己的网络状态和设备能力与几个用户建立链接来分享媒体流数据。这样一来,点播用户所播放的流媒体内容大多来自于其他点播用户的设备,只有当所请求的流媒体内容在其他用户无下载或部分结点不畅通时,才需要从流媒体服务器下载。

P2P 有广义和狭义之分。广义 P2P 是指所有不经过服务器直接在用户之间进行通信的技术,其典型应用如 MSN 和 QQ 聊天;狭义 P2P 是指用户数据不经过服务器而直接传送,从其他用户接收数据的同时,自己的计算机成为主机将数据上传,发送给其他用户的技术,如 BT 和 eDonkey 等,这种下载方式,用户越多速度越快。

单源的 P2P 流媒体系统建立在应用层组播技术的基础上,服务器和所有客户结点组织成组播树,其中间结点接收来自父结点组播的媒体数据,同时将数据以组播的方式传给子结点,如图 7-5 所示。多源的 P2P 流媒体传输系统是由多个发送者以单播方式同时向一个接收者发送媒体数据,如图 7-6 所示,图中 Server 表示服务器,P_n(n=1,2,3,…,11)表示各个结点上的客户端用户。

P2P 流媒体技术采用直播或点播方式。利用直播方式,P2P 直播服务器只需发送少数当前的媒体流给首先连接的几个用户,通过他们将数据传送给其后连接的用户,大家都在同一时间观看同一节目的同一个点。这种方式的实现相对简单,而且理论上,在上/下行带宽对等的条件下,在线用户数可以无限扩展,但是用户与系统的交互性较少。点播方式时,用户可以选择节目列表中的任意节目观看，可以进行暂停/前进/后退等任意控制，但是 P2P 点播服务器需要提供整个媒体流，客户端也需要在本地进行缓存，以保证播放流畅并支持用户的交互需求。

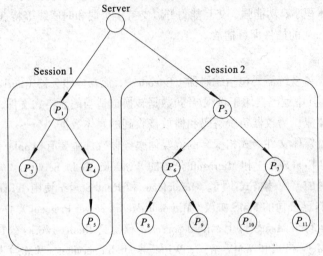

图 7-5　单源的 P2P 流媒体传输

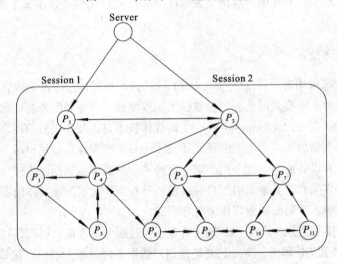

图 7-6　多源的 P2P 流媒体传输

由于 P2P 流媒体技术的资源开放性和网络结点的不稳定性，在提供一定的服务质量保证的基础上，不仅需要采取有效的容错机制对离线的部分结点所提供的服务进行恢复，还需要保证网络安全，对 P2P 信息进行安全控制。

7.4.5　移动流媒体技术

随着移动数据业务的快速普及和便携式电子产品性能的大幅度提高，以手机为代表的移动流媒体业务得到了广泛的关注。移动流媒体系统结构主要包括流媒体编码器、3GP 文件生成器、流媒体服务器和客户端。

1. 流媒体编码器

手机上播放的视/音频文件格式主要为 3GP，但是这些文件的编码方式有多种，例如视频编码方式有 MPEG-4、H.263 和 H.264 等，音频编码方式有 AMR 和 MPEG4AAC 等。不同的手机，其播放器所支持的解码器也可能不同。因此，为了满足不同手机用户的需求，往往在作品的制作阶段采用一种流媒体文件格式，例如 WMV，完成作品的采集和编辑等流程，然后根据用户要求，自动将作品转码成用户手机需要的文件格式和码率。

2. 3GP 文件生成器

目前移动流媒体格式除了 3GP 以外，还有 WMV 和 RM 格式。3GP/3GP2 格式是标准的移动流媒体格式，支持终端最多，而 WMV 格式为选择支持，RM 格式更少。3GP 文件生成器可以根据不同的运营系统和用户需求，设置不同的转码类型，例如改变视频帧率和分辨率等。

3. 移动流媒体服务器

移动流媒体服务器是系统的核心部分，主要进行流媒体的连接管理、优先级调度以及会话管理和媒体传输等工作。在应用过程中，会话的建立和管理可以通过 RTSP/SDP（Session Description Protocol，会话描述协议）实现，而媒体数据的传输和 QoS 管理通过 RTP/RTCP 来实现。

4. 客户端

移动客户端除了需要具有收发和处理 IP 数据的能力之外，同时还需要具有一定大小的存储空间，以存储媒体文件并安装流媒体播放器。播放移动流媒体同样具有点播和直播等方式，其功能和性质与 P2P 流媒体技术相似。

7.5　Windows Media Services 9 系列使用方法

Windows Media 是 Microsoft 公司推出的流媒体技术，其中包括了流媒体的制作、发布、播放和管理的整体解决方案，它的核心流媒体数据格式是 ASF，视频、音频、图像、控制命令脚本和时间点等信息通过这种格式以网络数据包形式传输，实现流媒体的发布。最新的 Windows Media 流媒体文件扩展名是 WMV 和 WMA，这两者主要是为了区别视频和音频，其结构与 ASF 没有本质区别。

7.5.1　Windows Media Services 简介

Windows Media Services（WMS）是微软用于在企业 Intranet 和 Intranet 上发布数字媒体内容的平台。通过 WMS，用户可以便捷地构架媒体服务器，实现流媒体视频以及音频的点播播放功能。表 7-4 列出了微软服务器操作系统与其相对应的 WMS 版本。WMS 作为一个系统组件，并不集成于 Windows Server 系统中。例如在 Windows 2000 和 Windows 2003 中，WMS 需要通过操作系统的"添加/删除 Windows 组件"进行安装，安装时需要系统光盘；在 Windows 2008 中，WMS 则是作为一个免费系统插件，需要用户下载后进行安装，目前只有英文版。

表 7-4　操作系统与 WMS 版本对应关系

操作系统	WMS 版本
Windows Server 2000	4.0/4.1
Windows Server 2003	9.0
Windows Server 2003 SP1	9.1
Windows Server 2008	WMS 2008

下面介绍 WMS 平台中一些常用名称和术语。

1．内容

内容是一个通用术语，指的是数字媒体文件或流中包含的音频、视频和图像、文本或其他信息。可将内容作为发布点的源，并通过 WMS 在网络上流式传输。

2．播放列表文件

播放列表文件的扩展名是.ASX，WMS 通过发布点使用播放列表文件向用户传输内容序列（例如数字媒体文件、编码器 URL 和其他内容服务器位置）。播放列表文件既可以位于服务器端，也可以位于客户端。服务器端播放列表文件允许用户在客户端接收内容的同时管理服务器上的播放列表。客户端播放列表将传递给播放器，由播放器管理所有内容项目。在客户端播放列表中，服务器不能修改其内容引用。

3．公告文件

公告文件是客户端播放列表文件（.ASX），用于将客户端重定向到 Windows Media 服务器上的内容。默认情况下，公告文件与 Windows Media Player 相关联。公告文件使用扩展标记语言（XML）语法，可包含额外信息供播放器显示，例如文件属性和字幕信息。公告文件也可包含针对播放器的其他指示，例如指示播放器打开网页或向服务器发送日志记录数据。可以使用公告文件来获得更好的用户体验。

4．广告

广告是插播在用户接收的内容中间的广告，即广告与播放列表中的其他内容混合在一起，包括间隙广告和包装广告两类。间隙广告是在播放内容中插播的广告，默认情况下，在一个播放列表中必须播放，终端用户不能跳过。包装广告是在播放内容的开头和结尾处插入的广告，包含在每一个播放列表中或每次点播中必须播放，但终端用户可以跳过。

5．包装播放列表

包装播放列表是 Windows Media 元文件，这些文件向流的开头或结尾添加额外的内容，内容中包括欢迎或告别消息、广告和广播站标志。在"创建包装向导"中，发布点的内容由%Content requested by client%来表示。在包装播放列表文件中，发布点的内容由%requestedURL%来表示。

6．单播和多播（组播）

单播和多播都是一种在网络上传输数据的方法。单播要求在客户端和传输数据的服务器间进行点对点通信，又称定向通信，这是因为数据被定向到网络上的特定客户端。多播允许多个客户端接收相同的数据流，该方法可将向一组网络客户端传输数据所需的带宽降至最低；多播传输要求网络上的路由器和交换机必须启用多播。

注意：多播流式播放和 WMS 多播数据写入器插件只适用于在以下操作系统版本中运行的 WMS 9 系列：Windows Server 2003 Enterprise Edition 和 Windows Server 2003 Datacenter Edition。如果用户运行的是 Windows Server 2003 Standard Edition，将不到支持这些功能。

7．点播和广播（直播）

点播和广播都是传递内容的一种方式。点播只有在客户端向服务器发出请求时，才通过单播传输来播放相应内容；每个请求流的客户端通常都可完全控制流，可以快进、倒回、暂停和重新启动内容，这是因为点播发布点为请求内容的每个客户端提供了一个唯一的数据路径。广播方式下，通过多播传输来播放相应内容，所有用户只能观看播放，不能进行控制，类似于观看电视节目。

8．发布点

发布点是向用户分发内容的途径。内容可通过创建将客户端重定向到发布点的公告文件来发布，也可通过分发指向发布点的 URL 来发布。发布点相当于文件服务器中的共享名。在发布点中保存用于点播、广播的视频（音频）文件。

9．文件位置

文件位置是向 WMS 说明用户指定文件的查找方式和位置，该位置可指定为明确的路径（如 C:\WMPub\WMRoot\Filename.wma）和 URL 地址（如 mms://servername/filename.wma）。

10．WMRoot

WMRoot 是 Windows Media 的根目录。默认情况下，WMS 会在安装期间创建该文件夹。在其目录中可找到内容文件、播放列表文件和包装播放列表，用户可以通过这些文件了解 WMS。默认发布点使用%systemdrive%\WMPub\WMRoot 作为来源。一旦服务器上开始运行 WMS，则可使用播放器通过下列 URL 来连接并查看内容：mms://server_name/content_clip1.wmv。可将用户拥有的任何现有内容放入 WMRoot 中并快速启动内容流式播放。

7.5.2　安装 Windows Media Services

WMS 虽然是 Windows Server 2003 系统自带的组件之一，但在默认情况下没有安装，需要自行手动安装。有两种安装方式，一种是安装 Windows 组件方式，一种是添加服务器方式。

1．安装 Windows 组件方式

首先以管理员身份登录 Windows Server 2003 系统，从"控制面板"窗口中进入"Windows 组件向导"界面，选择"Windows Media Services"复选框，如图 7-7 所示。

单击"详细信息"按钮，弹出的窗口显示了可选的 Windows Media Services 子组件，共有 4 个，如图 7-8 所示。从这 4 个组件可以看出，Windows Media Services 9 除了基本的管理单元外，用户还可以通过基于 Web 页面的方式来远程管理他的视频服务器。不过要注意的是，如果想安装"用于 Web 的 Windows Media Services 管理器"子组件，还需要安装 IIS 6.0 及其相关组件；如果只是安装"Windows Media Services"和"Windows Media Services 管理单元"，可以不用安装其他组件。一般情况下，选择安装"Windows Media Services"和"Windows Media Services 管理单元"这两个子组件即可，然后根据系统提示插入 Windows Server 2003 安装光盘即可成功安装。

2．添加服务器方式

① 打开"管理您的服务器"窗口，单击"添加或删除角色"超链接，弹出"配置您的服务器向导"对话框。

② 单击"下一步"按钮，计算机将开始自动检测所有的设备、操作系统，并检测所有的网络设置。在检测完成后将显示"服务器角色"对话框，在"服务器角色"列表框中列出了所有可以安装的服务器。系统中大部分服务的安装和卸载都可以在该对话框中进行。

③ 选择列表框中的"流式媒体服务器"选项，然后单击"下一步"按钮，弹出"选择总结"对话框，用来查看并确认所选择的选项，此处正确的总结是"安装 Windows Media Services"。

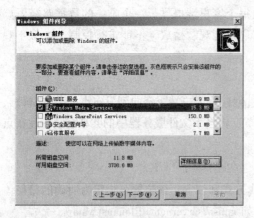
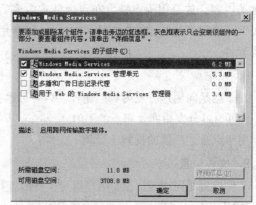

图 7-7　安装 Windows Media Services 组件　　图 7-8　选择 Windows Media Services 子组件

④ 单击"下一步"按钮，弹出"正在配置组件"对话框，这里默认配置"Windows Media Services"和"Windows Media Services 管理单元"两个子组件，然后根据提示将 Windows Server 2003 安装光盘放入光驱，确定后即可安装。

⑤ 单击"完成"按钮关闭该向导，返回到"管理您的服务器"窗口，将提示流式媒体服务器已成功安装，如图 7-9 所示。

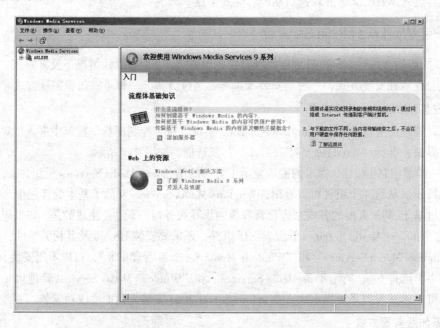

图 7-9　Windows Media Services 管理界面

WMS 安装完成后，在"管理您的服务器"窗口会出现"流式媒体服务器"的粗体字样，单击其右侧的"管理此流式媒体服务器"超链接，或者在"管理工具"窗口中双击 Windows Media Services 选项也会弹出图 7-9 所示的窗口。

有关 WMS 的所有管理工作均可在该窗口中完成。该窗口中介绍了关于流媒体的一些基础知识，适合入门者快速了解 Windows Media 技术。在"入门"选项卡中，单击左侧基础知识中的某个选项，即可在右侧显示出关于该选项的解释说明。

7.5.3 Windows Media 编码器

基于 Windows Media 技术的流媒体系统一般都包括运行 Windows Media 编码器的计算机、运行 WMS 的服务器和大量运行播放软件（如 Windows Media Player）的客户计算机。Windows Media 编码器可将实况内容和预先录制的音频、视频内容转换成 Windows Media 格式。ASF、WMA 和 WMV 文件扩展名代表标准的 Windows Media 文件格式。其中 WMA 和 WMV 文件扩展名是作为 Windows Media 编码器的标准命名约定引入的，目的是使用户能够容易区别纯音频（.WMA）文件和视频（.WMV）文件，这 3 种扩展名可以交换使用。

Windows Server 2003 中并没有自带 Windows Media 编码器，需要到 Microsoft 官方网站（http://www.microsoft.com/windows/windowsmedia/cn/9series/encoder/default.asp）上下载 Windows Media 编码器的简体中文版（名为 WMEncoder.EXE，大小为 9716KB），然后完全按照默认过程执行安装即可。但安装过程中可以改变安装路径。需要注意的是，编码器既可以安装在 Windows Media 服务器上，也可以安装在其他计算机上。也就是说，编码器只须安装在执行编码工作的计算机上。

安装完成后需重启计算机使安装生效。生效后选择"开始"|"所有程序"|Windows Media|"Windows Media 编码器"命令，将会弹出"新建会话"对话框，如图 7-10 所示。在该对话框中，可以根据需求选择捕获音频或视频、转换文件和捕获屏幕 3 种选项。

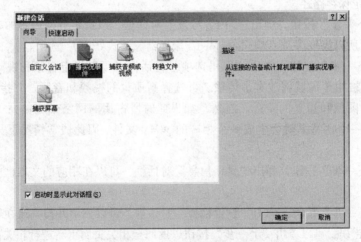

图 7-10　"新建会话"对话框

1. 捕获音频或视频

捕获音频或视频是指从所连接的设备捕获音频或视频内容，并将其保存为 Windows Media 文件，即 WMS 可使用的 WMA 格式或 WMV 格式。操作如下：

① 在"新建会话"对话框的"向导"选项卡中，选择"捕获音频或视频"选项，然后单击"确定"按钮，弹出"设备选项"对话框，显示用户可以使用的视频和音频设备。

② 单击"下一步"按钮，弹出"输出文件"对话框，在"文件名"文本框中输入保存路径，并自定义一个文件名，也可以单击"浏览"按钮来选择保存文件的文件夹。

③ 单击"下一步"按钮，弹出"内容分发"对话框，在"要如何分发内容"列表框中列出可以使用的分发方式。对实况源进行流式处理，应选择"Windows Media 服务器（流式处理）"选项。

④ 单击"下一步"按钮，弹出"编码选项"对话框，显示了所选择的分发方式的编码设置，其中包括视频、音频和比特率等。也可以更改默认设置。

⑤ 单击"下一步"按钮，弹出"显示信息"对话框，可以指定与编码内容有关的信息。如果 Windows Media Player 中启用了字幕，那么使用 Windows Media Player 播放时可以查看这些信息。

⑥ 单击"完成"按钮，会打开 Windows Media 编码器直接进行编码，也可以单击"下一步"按钮对刚才的设置信息进行检查。

⑦ 如果确认所进行的设置无误，单击"完成"按钮完成。要注意的是，如果选择"单击'完成'后开始捕获"复选项，单击"完成"按钮后会立即捕获信息并进行编码。

⑧ 单击工具栏上的"属性"按钮可查看或修改所进行的设置。如果要进行编码，可以单击"开始编码"按钮。编码完成后可以单击"保存"按钮弹出"另存为"对话框，将该流的配置信息进行保存，以便再次使用或修改配置。

2. 转换文件

转换文件是指将保存在硬盘或光盘上的多媒体文件转换为 Windows Media 格式。操作如下：

① 在"新建会话"对话框中选择"转换文件"选项，单击"确定"按钮，弹出"文件选择"对话框。直接在"源文件"文本框中输入要转换文件所在的文件夹和文件名，或者单击"浏览"按钮定位要转换的文件。默认状态下，输出文件与源文件均保存在同一路径下。也可以通过"浏览"按钮重新指定保存路径。

② 单击"下一步"按钮，弹出 "内容分发"对话框，以指定分发内容的方式。由于是为 WMS 制作节目，所以应该选择"Windows Media 服务器（流式处理）"选项。

③ 单击"下一步"按钮，弹出"编码选项"对话框，可以指定音频和视频编码方式。如果该视频文件只被用于局域网或宽带传输，可选择高质量的视频和音频，并指定较高帧速率，从而获得清晰的图像和逼真的声音。当然，如果此时所占用的网络带宽偏高，则文件存储空间偏大。每选中一个比特率就会生成一个相应的 WMV 文件，因此通常情况下只需选中一个比特率。

④ 单击"下一步"按钮，弹出"显示信息"对话框，可以在相应的文本框中输入该视频文件的相关信息。

⑤ 单击"下一步"按钮，弹出"设置检查"对话框，可以显示并检查该视频文件的相关信息。如果有任何错误，可以单击"上一步"按钮以返回至相关页面重新进行相关的设置。

⑥ 单击"完成"按钮，系统将开始文件格式的转换。可能需花费一段时间，需耐心等待。

⑦ 文件的格式转换完成后，将弹出"编码结果"对话框，单击"关闭"按钮，以结束格式转换过程。若要继续转换下一个视频文件，可单击"新建会话"按钮；若要检查刚转换的视频文件，可单击"播放输出文件"按钮。

3. 捕获屏幕

Windows Media 编码器还可以用来捕获屏幕、窗口，并且还可以把屏幕中的特定区域、整个屏幕或窗口在一段时间内的活动信息捕获并做成演示文件，保存为 Windows Media 文件格式，以供其他用户观看或下载。

① 在"新建会话"对话框的向导"选项卡中选中"捕获屏幕"选项，然后单击"确定"按钮，将显示"新建会话向导"对话框。

② 在该对话框中列出了可以捕获的 3 种方式，即特定窗口、屏幕区域和整个屏幕。选择其中的"特定窗口"选项，然后单击"下一步"按钮，将显示"窗口选择"对话框。在该对话框的"窗口"下拉列表中列出了当前所有的活动窗口，用户可以根据需要来选择一个要捕获的窗口。

如果在"屏幕捕获会话"对话框中选择了"屏幕区域"选项，单击"下一步"按钮后将显示"屏幕区域"对话框，这时可以在坐标框中输入屏幕区域的位置。为了方便，还可以单击屏幕区域选择按钮，然后在要捕获的屏幕区域上拖动鼠标指针来选择屏幕区域。在捕获屏幕时，Windows Media 编码器主窗口会被最小化，并且不会同时被捕获。

如果选择的是"整个屏幕"选项，就会把整个屏幕的活动信息全部捕获下来，并做成相应的流文件。

③ 选择完捕获方式后单击"下一步"按钮，将显示"设置选择"对话框。在这里，要求用户根据输入文件大小和质量之间的平衡来进行选择。

④ 单击"下一步"按钮，将显示"显示信息"对话框，这与存储信息源和实况源的编码操作步骤类似，单击"完成"按钮即可开始进行编码。如果不想设置完成后就立即进行编码，可以取消"设置检查"对话框中的"单击'完成'后开始捕获"选项，然后单击"完成"按钮，并在编码器主窗口中进行相应的修改。

7.5.4　Windows Media Services 综合实例

通过创建一个网络相册实例来介绍如何在 WMS 中创建发布点、包装播放列表和公告文件，以及如何在 Internet 上实现流式访问。

1．创建发布点

① 在 Windows Media Services 窗口中右击"发布点"选项，在弹出的快捷菜单中选择"添加发布点（向导）"命令，如图 7-11 所示。弹出如图 7-12 所示的"欢迎使用'添加发布点向导'"界面，单击"下一步"按钮。

图 7-11　Windows Media Services 窗口　　　　　　图 7-12　欢迎界面

② 弹出"发布点名称"界面，如图 7-13 所示，在"名称"文本框中输入添加的发布点名称，例如输入"网络相册"，然后单击"下一步"按钮。

③ 弹出"内容类型"界面，如图 7-14 所示，根据需要进行选择，这里选择"目录中的文件"单选按钮，单击"下一步"按钮。

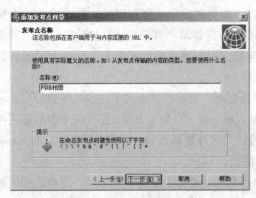

图 7-13 "发布点名称"界面

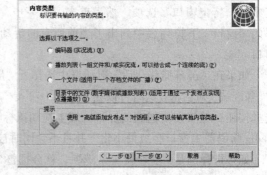

图 7-14 "内容类型"界面

④ 弹出"发布点类型"界面，如图 7-15 所示，选择"点播发布点"单选按钮，然后单击"下一步"按钮。

⑤ 弹出"目录位置"界面，如图 7-16 所示，浏览选择目录的位置，并选择"允许使用通配符对目录内容进行访问"复选框，单击"下一步"按钮。

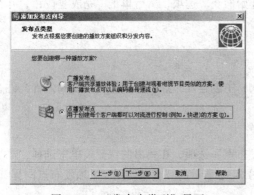

图 7-15 "发布点类型"界面

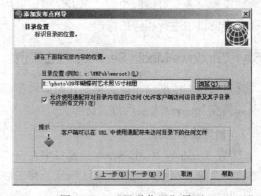

图 7-16 "目录位置"界面

⑥ 弹出"内容播放"界面，选择在播放列表中文件的播放方式：选择"循环播放"即连续播放内容；选择"无序播放"即随机播放内容；两者都选择则即连续随机播放内容。网络相册拟采用连续随机播放的方式，所以两者都选上，如图 7-17 所示，单击"下一步"按钮。

⑦ 弹出"单播日志记录"界面，决定是否启用日志记录功能。通常情况下，不启用该项功能，单击"下一步"按钮。

⑧ 弹出"发布点摘要"界面，查看创建的发布点的信息，检查无误之后，单击"下一步"按钮。

⑨ 弹出图 7-18 所示的"正在完成'添加发布点向导'"界面，选择"完成向导后"复选框及"创建包装播放列表（.WSX）以及公告文件（.ASX）或网页（.HTM）"单选按钮，然后单击"完成"按钮。

拓展知识：读者可尝试用 Windows Media 编码器的"捕获屏幕"功能来制作网络相册文件以供 WMS 发布。将浏览相片的窗口在一段时间内的活动信息捕获并做成演示文件，保存为 WMV 文件格式，然后在 WMS 上创建发布点，在图 7-14 所示的界面中选择"一个文件"单选按钮。从实践中体会两种方式的差异，进而掌握和理解相关知识点。

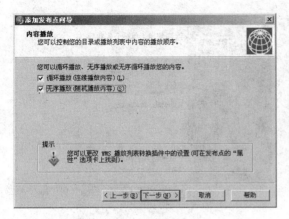 

图 7-17　"内容播放"界面　　　　　图 7-18　添加发布点完成

2．创建包装播放列表

在添加发布点完成后，弹出"创建包装向导"对话框，继续以下操作：

① 在"欢迎使用'创建包装向导'"界面中单击"下一步"按钮，如图 7-19 所示。

② 在"包装播放列表文件"界面中可以在所发布的内容之前或之后插入文件，本例如果想在浏览相册前插入介绍相册的内容，可事先制作好相关的文件，通过"添加媒体"或"添加广告"按钮添加进来，通过"上移"和"下移"按钮调整合适的位置，%requestedurl%代表之前所发布的内容。这里暂时不添加其他内容，如图 7-20 所示，单击"下一步"按钮。

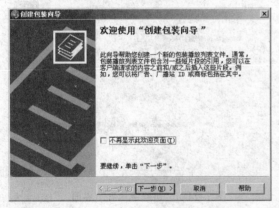 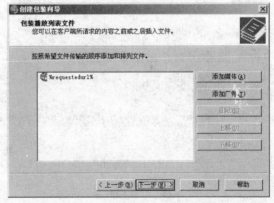

图 7-19　"创建包装向导"对话框　　　图 7-20　"包装播放列表文件"界面

③ 弹出"保存包装播放列表文件"界面中，如图 7-21 所示，单击"浏览"按钮，选择与"发布点"相同的目录（图 7-16 中已指定的），并指定播放列表名为"网络相册.WSX"。

④ 在"正在完成'创建包装向导'"界面中单击"完成"按钮。

3．单播公告向导

在创建包装向导完成后，弹出"单播公告向导"对话框，如图 7-22 所示，继续以下操作：

① 在图 7-22 中单击"下一步"按钮。

② 弹出"点播目录"界面，如图 7-23 所示，选择待选择公告的内容是一个文件还是目录中所有的文件。此处选择"目录中的所有文件"单选按钮，然后单击"下一步"按钮。

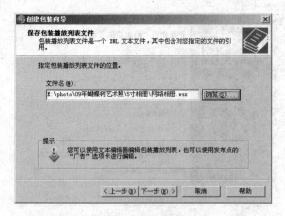

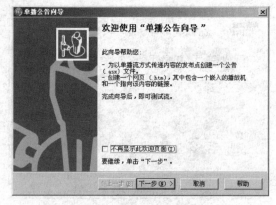

图 7-21　保存包装播放列表文件　　　　图 7-22　"单播公告向导"对话框

注意：如果在图 7-16 所示的界面中没有选择"允许使用通配符对目录内容进行访问"复选框，那么此时"目录中的所有文件"单选按钮则是不可选状态，可以在发布点的"属性"选项卡（"常规"类别）上重新指定允许使用通配符访问目录内容。

③ 弹出"访问该内容"界面，列出了访问当前内容的路径，如图 7-24 所示，ARLENE 是安装 WMS 的计算机名称，直接单击"下一步"按钮。

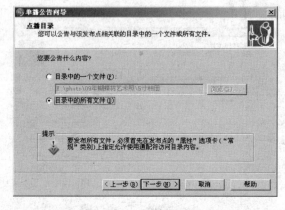

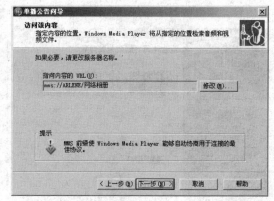

图 7-23　"点播目录"界面　　　　　　图 7-24　"访问该内容"界面

④ 弹出"保存公告选项"界面，选择"创建一个带有嵌入的播放器和指向该内容的链接的网页"复选框，然后单击"浏览"按钮，将公告文件和创建的.HTM 文件保存在发布点指定的目录中，如图 7-25 所示，然后单击"下一步"按钮。

⑤ 弹出图 7-26 所示的"编辑公告元数据"界面，可以编辑标题、作者、版权等信息，然后单击"下一步"按钮。

⑥ 弹出"正在完成'单播公告向导'"界面，如图 7-27 所示，单击"完成"按钮。如果选择了"完成此向导后测试文件"复选框，则弹出"测试单播公告"对话框，如图 7-28 所示。

如果发布点已经保存有 Windows Media 格式的视频或音频文件，或是本例需要的 JPEG 图像文件，则在图 7-28 中单击"测试"按钮，即可在本机的 Windows Media Player 或 Internet Explorer 中播放，如图 7-29 和图 7-30 所示，所有照片会间隔一定时间自动播放，观看者可以通过播放器的暂停、结束、快进、倒退按钮分别控制暂停浏览、结束浏览、浏览下一张、浏览上一张。

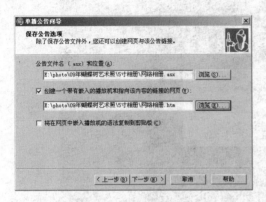

图 7-25 "保存公告选项"界面

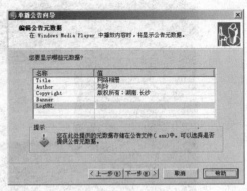

图 7-26 "编辑公告元数据"界面

图 7-27 单播公告向导完成

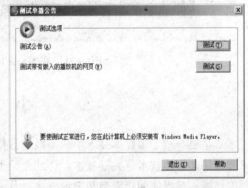

图 7-28 "测试单播公告"对话框

图 7-29 在 Media Player 中播放

图 7-30 在 Internet Explorer 中播放

4．网络访问

把保存在发布点文件夹中的网页发布到 Internet 上，用户就可以点播发布点文件中的所有视频或音频节目。也可以在 Windows Media Player 中通过打开 URL，按照"mms://ARLENE/网络相册"格式定位发布点的内容进行播放，如图 7-31 所示。在 Intranet 中，ARLENE 是安装了 WMS 的服务器名称；如果是在 Internet 中，将 ARLENE 换成 WMS 对外发布的 IP 地址或是域名即可。

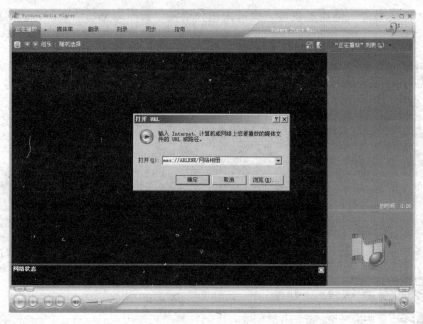

图 7-31　在 Media Player 中播放 URL 链接

小　结

本章主要介绍了多媒体技术中的多媒体数据压缩编码技术、多媒体数据库技术、多媒体同步技术和网络多媒体技术等关键技术。详细介绍了统计编码和预测编码、多媒体数据类型和多媒体数据库结构、多媒体同步模型和表示方法以及流媒体技术和移动多媒体技术等。另外，结合实例介绍了 WMS 9 系列的使用方法以及网络相册等流媒体作品的制作和发布方法。

思考与练习

一、选择题

1. 一般来说，视频、音频和动画数据中存在的冗余类型主要有＿＿＿＿＿、＿＿＿＿＿、视觉冗余、听觉冗余和＿＿＿＿＿。

　　A. 时间冗余　　　　　B. 空间冗余　　　　　　C. 结构冗余　　　　　　D. 知识冗余

2. 根据解码后数据与原始数据是否一致，压缩方法可以分成＿＿＿＿＿和＿＿＿＿＿两大类。

　　A. 统计编码　　　　　B. 有损压缩　　　　　　C. 预测编码　　　　　　D. 无损压缩

3. 多媒体同步按照其应用环境以及与对象之间的关系，可以分为＿＿＿＿＿、＿＿＿＿＿、即时同步和＿＿＿＿＿等。

　　A. 交互同步　　　　　B. 合成同步　　　　　　C. 通信同步　　　　　　D. 系统同步

4. 流媒体传输的网络协议有 RTP、＿＿＿＿＿、＿＿＿＿＿和＿＿＿＿＿。

　　A. RCTP　　　　　　B. RTCP　　　　　　　C. RTSP　　　　　　　D. RVSP

5. 移动流媒体系统结构主要包括＿＿＿＿＿、3GP 文件生成器、＿＿＿＿＿和＿＿＿＿＿。

　　A. 流媒体编码器　　　B. 流媒体服务器　　　C. 流媒体路由器　　　D. 客户端

二、问答题

1. 统计编码包括哪些编码方法，它们分别有什么特点。

2. 多媒体数据库必须具备哪些基本功能。

3. 多媒体同步的表示方法主要有哪些，它们各有什么特点。

4. 目前最主要的流媒体解决方案有哪些，它们分别有什么特点。

5. P2P 流媒体系统有什么优点，举例说明 P2P 流媒体系统的主要特点。

第 8 章　多媒体应用系统设计

加工完毕的文本、图像、动画、视频和声音只是一个个独立的文件而不是一个有机的整体，必须使用多媒体合成工具将它们按要求连接起来，形成完整的多媒体系统。本章主要介绍运用软件工程的思想设计多媒体应用系统的一般过程、界面设计原则、多媒体创作软件 Authorware 7.02 与 PowerPoint 2003 的主要功能及基本操作。

通过对本章内容的学习，应该能够做到：

- 了解：多媒体应用系统设计的基本原理和方法、人机界面设计的规则与方法。
- 理解：多媒体应用系统工程化设计方案。
- 应用：使用多媒体制作软件 Authorware 和 PowerPoint 创作多媒体应用软件，并能在实践中综合运用。

8.1　多媒体应用系统设计基本原理

开发多媒体应用系统，特别是开发大型的多媒体应用系统，除了根据应用需求，选择合适的开发环境或开发平台以外，主要任务是开发出合适的多媒体应用软件。与开发其他大型的软件系统一样，在开发多媒体应用软件时，只有遵循软件工程的开发思想，才能开发出经得起时间检验的、实用的系统。

开发多媒体应用系统的一般过程如下：

1. 选题与分析报告

多媒体应用系统的选题应首先从分析用户的需求开始，在充分考虑了以下多个问题以后，才可能确定项目的属性、多媒体信息的种类、表现方法，以及要达到的目标。一般应考虑以下问题：

① 应用系统有哪些用户，应用场合和应用环境是什么。

② 该系统题材类型是科技教育、娱乐还是商业用类型。

③ 系统有哪些主要内容，要传递哪些信息、解决什么问题。

④ 该系统是真实环境，还是模拟环境。

⑤ 系统要表达的内容是否适合用多媒体，用其他方法实现是否更有效。

⑥ 系统实现难度是否很高，是否有足够的人力和物力配合。

⑦ 该应用系统是否有一定的市场潜力。

经过以上认真分析和论证后，方可确定系统要达到的设计目标。然后编写选题报告计划书，以便进一步论证和供主管人员决策。选题报告计划书中应包括以下几项分析报告：

① 用户分析报告。说明有哪些基本用户，在什么场合使用，用户的计算机应用水平如何，

还有哪些潜在用户，并对用户的一般特点和使用风格进行分析。

② 软硬件设施分析。说明所需硬件的基本装备、辅助设备及软件环境需提供什么支持等。

③ 成本效益分析。该系统的经济效益和市场潜力如何，开发系统投入人力和资金预算需花费的时间、所用的资金及来源、所提供信息的使用价值如何，使用系统中多媒体数据的预算等。

④ 系统内容分析。系统总体设计流程，涉及的多媒体元素，系统的组织结构等。

以上分析的目的是为了确定使用对象和要求、应用系统的设计结构及建立设计标准。

2．脚本设计

多媒体应用基本上都是通过恰当地组织各类多媒体信息达到目的的。为了组织好信息，编写出好的脚本是成功的第一步。脚本是多媒体应用系统的主干，它必须覆盖整个多媒体系统结构。各种媒体信息的结构需要仔细安排，组织成网状形式，还是组织成层次结构形式，取决于应用的类型。很多情况下的应用都是采用按键式结构，由按钮确定下一级信息的内容，或者决定系统的控制走向（如到上页、返回等）。另一种方式是试题驱动方式，常用在教育、训练等系统中，通过使用者对试题的回答，了解它们对信息主题的理解程度，从而决定控制走向。复杂一些的是超媒体信息组织，应尽可能地建立起联想链接关系，使得应用系统的信息丰富多彩。

脚本设计要兼顾多方面，不仅要规划出各项内容显示的顺序和步骤，还要描述其间的分支路径和衔接的流程，以及每一步骤的详细内容。系统的完整性和连贯性不可忽视，而每一段的相对独立性也十分重要。设计中既要考虑整体结构，又要善于运用声、光、画、影像的多重组合达到最佳效果，并注意系统的交互性和目标性，特别要注意根据不同的应用系统运用相关的领域知识和指导理论。例如，对应用于教育或培训的应用系统，就要强调用先进的教学理论来指导，如教育心理学中的认知主义学习理论等。还要注意特定教学方法的实施，并突出人机交互设计。

在脚本设计的过程中，还需注意以下两个问题：

（1）媒体的选择

每种媒体都有其各自擅长的特定范围，在使用中要根据具体的信息内容、媒体通信目标、用户的偏爱心理及当时的上下文联系选择适当的媒体。如文本媒体在描述抽象概念和刻画细节及表达有关数量、否定等信息时是强项；图形信息在表达思想的轮廓及表现空间性信息（有关结构、位置或运动的信息）方面具有较大的优越性，因为图形媒体可让人们在短时间内利用直觉能力接收大量伪空间信息，并有利于人对其理解和记忆，"一幅好的图形顶一千句话"；动画信息可以用来突出整个事物，特别适用于表现静态图形无法表现的动作信息；视频影像适合于表现其他媒体所难以表现的来自真实生活的事件和情景，特别是那些需要真实感的社会文化信息，从而有助于人对信息的回忆；语音能使对话信息突出，特别是在与影像、动画结合时能传递大量的信息；音乐与人的情感有密切联系。而音响效果则擅长表示系统中事件的示意、反馈信号，以吸引人的注意力和激发人的想象力。需要说明的是过多地使用声音效果有时会令人产生厌烦感，从而分散注意力，应将其使用权交给用户自由控制。

（2）脚本的内容顺序及控制路径的设计

脚本内容的编排顺序应根据具体任务，从交互性、用户友好性处着眼进行设计。例如，对教学应用系统应根据特定的教学模式和教学策略确定学习的顺序。多媒体应用系统应能根据用户的输入要求随时改变节目的控制流程，这就需要对控制路径进行设计，并通过菜单、热键及超链接的链路提示改变对应用系统不同控制的复杂程度。

在制作脚本编写完后，应该组织有关专家和用户进行评议和修改，完善再进行下一步的设计。

3. 创意设计

创意设计是多媒体活泼性的重要来源，好的创意不仅使应用系统独具特色，使原本呆板的剧本生动活泼，也大大提高了系统的可用性和可视性。精彩的创意能为整个应用系统注入活力与色彩。

创意设计要在媒体的"呈现"和"交互"两项上做文章，在屏幕设计和人机交互界面上下功夫。因为多媒体应用的巨大诱惑力在于其丰富多彩的多媒体的同步表现形式和直观灵活的交互功能。对屏幕进行设计时，要确定好各种媒体的排放位置、激活方式等。在时间上也要充分安排好，何时出音乐，何时出伴音和图像，要恰如其分。对于人机交互过程的设计，要充分发挥计算机交互的特点，充分利用其输入设备，使交互过程直观灵活和人性化。

创意的好坏除了受计算机软/硬件环境限制外，最重要的因素是取决于创意人员的水平和其对内容的理解深度，它决定了最终应用质量的高低。因此，所有的设计人员，包括编剧、导演、美工、配乐等人员都应互相沟通，充分发挥各自的想象力和创造思维力（如各种奇怪的点子、刹那间的灵感与思想火花等），根据脚本来设计全部场景、画面、音乐效果以及动作或动画的细节。

在创意设计中，要对屏幕设计和交互设计中的背景、标题、描述（文字、图形、动画）及各种控制（按钮、热字、热键）等空间组成，以及背景、音乐、解说词、动作出现的时间序列都应勾画出多种草图或场景，反复对比，择优选择。

4. 结构设计

进行了目标分析之后，要按照已经分解细化了的目标框架进行结构设计，完成应用系统（作品）开发的蓝图。本阶段要将多媒体应用系统（作品）表达的内容用计算机语言加以描述，为素材准备阶段打好基础。这是多媒体应用系统（作品）开发过程中的一个重要环节，具体的实施步骤如下：

① 根据目标分析阶段所做的结论，写出应用系统（作品）的整体框架，确立应用系统（作品）的开发方式，标注出开发的重点、难点问题，以及在解决重点、难点问题时所采用的技术。

② 编写详细的应用系统（作品）开发脚本。完成应用系统（作品）的大体框架设计之后，要针对每一个具体实现内容写出相应的脚本。

③ 艺术设计。在脚本编写完成之后，要对多媒体作品进行艺术性设计，包括版面的布局、色彩的选用与搭配、文字的字体、风格等内容。通过艺术设计，可以增强作品的艺术感染力，更好地将作品的内容传达给用户。

5. 素材准备

脚本设计完成之后，要按照脚本中的要求准备作品开发时所需的各种素材。素材的准备工作包括文字的录入、图形/图像的获取与制作、声音的编辑加工、动画的设计与创作、视频的采集与加工等。在素材准备阶段，各种素材应按照脚本中的设计要求保存成相应的格式，否则会对作品的创作产生不良影响。

素材准备阶段是多媒体作品创作过程中最耗时、最枯燥、最烦琐的阶段，也是技术与艺术的完美结合。它所涉及的工作范围比较广，需要各方面人员通力协作才能顺利完成。

素材获取的途径很多，可以自制，可以到互联网上搜集，也可以从现有的作品中截取，还可以从专门的资源库中查找。素材是进行多媒体作品创作的物质基础，准备素材时要保证素材的完整性和易用性，确保在创作阶段能够顺利作用。素材准备得越充分，作品创作时就越顺利。

6. 作品创作

与多媒体数据准备并行开展的另一项工作是多媒体制作。常见的多媒体创作工具主要有 Authorware、Director、Flash 等。在整个制作过程中，应该尽量多采用建立"原型"和逐渐使之"丰满"起来的手法。所谓"原型"，是指在创意的同时或创意基本完成，采用少量最典型的素材针对少量的交互性进行"模拟版"制作。因为多媒体作品的制作有时受多种因素的影响，这些影响可能来自用户、制作者或主管人员等不同方面。一般来说，大规模的正式制作必须是在"模拟版"获得确认之后方可进行，而在"模拟版"的制作过程中，实际上已经同时解决了将来可能会碰到的各种各样的问题，因此"模拟版"制作是一种行之有效的方法。

制作合成的过程就是编程调试的过程。这一过程的主要任务是对作品进行软件编程、调试，必要时返回修改系统工作计划，这是一个螺旋上升的过程，直到调试的多媒体应用软件顺利运行为止。

7. 测试发行

测试是多媒体应用软件推广发行的前一阶段。在这一过程中，一般是将被测试软件交由部分使用者，由他们使用一个阶段后提出修改意见。测试工作一般应包括以下几个方面：内容正确性测试、系统功能测试、安装测试、执行效率测试、跨平台兼容性测试、内部人员测试、外部人员测试等。根据返回的测试意见，脚本设计人员修改脚本描述，素材制作人员修改多媒体素材，最后由创作人员重新进行编辑、调试，再经过测试。这一过程有时要反复多次才能完成，在作品正式交付使用之后再进行修改就属于维护的范畴了。

最后，将作品以某种媒介形式，如光盘等，交付给用户使用。为了保证用户正确使用和维护这种媒介，还需要编写用户手册、信息与帮助等配套文档。

当然，针对不同的作品，这些步骤可能会有一定的变化，但总的来说，多媒体作品的设计是一个比较复杂的综合性工作。除了需要时间、精力和技术外，严谨的工作态度和精益求精的工作精神也是必不可少的。

8.2 人机界面的设计

对多媒体应用系统而言，人机界面设计属于脚本设计中的详细设计。由于多媒体系统最终是以一幅幅界面的形式呈现的，所以人机界面设计在多媒体系统的开发与实现中占有非常重要的地位。

8.2.1 人机界面设计原则

一般来说，人机界面设计应遵循以下基本原则：

1. 用户为中心的原则

界面设计应该适合用户需求。用户有各种类型，例如按照对使用计算机的熟练程度，可区分为专家、初学者和几乎未接触过计算机的外行；按照用户的特点，可划分为青少年、学生和其他不同的人群等。在设计界面时，需要对用户做基本的分析，了解他们的思维、生理和技能方面的特点，并尽可能采用人们熟悉的、与常用平台相一致的功能键和屏幕标志，以减少用户的记忆负担。

2. 最佳媒体组合的原则

多媒体界面的优点之一就是能运用各种不同的媒体，以恰如其分的组合有效地呈现需要表达的内容。一个界面的表述形式是否最佳，不在于它使用的媒体种类有多丰富，而在于选择的媒体是否恰当，在内容的表达上是相辅相成还是互相干扰。

多媒体教学软件多属于内容驱动软件，其中出现最多的是内容显示界面，此外还可能包含数据输入界面以及各类控制界面。下面介绍在实现内容显示界面时，在屏幕布局、使用消息和颜色等方面应该遵循的原则。

（1）屏幕的布局（Layout）

无论何种界面，屏幕布局必须均衡、顺序、经济、符合规范。具体要求如下：

① 均衡。画面要整齐协调、均匀对称、错落有致，而不是杂乱无章。

② 顺序。屏幕上的信息应由上而下、自左至右地依序显示，整个系统的信息应按照逐步细化的原则逐屏显示。

③ 经济。力求以最少的数据显示最多的信息，避免信息冗余和媒体冗余（指不必要的媒体）。

④ 规范。窗口、菜单、按钮、图标的呈现格式和操作方法应尽量标准化，结果可以预期；各类标题、各种提示行应尽可能采用统一的规范等。

（2）消息（Message）的表示

在显示内容时，文本仍然是显示消息（包括标题、提示、命令和以正文形式出现的信息）的重要手段。其原则主要有：

① 简洁明了，多用短句。

② 关键词采用加亮、变色、改变字体等强化效果，以吸引用户注意。

③ 对长文字可分组分页，避免阅读时滚动屏幕（尤其是左右滚屏）。

④ 英文标注宜用小写字母。

（3）颜色（Color）的选用

颜色的搭配可美化屏幕，使用户减轻疲劳。但过分使用颜色也会增强对用户不必要的刺激。通常情况下，颜色的使用应遵循以下原则：

① 记住彩色与单色各自的特点。彩色悦目，但单色能更好地分辨细节。不要一律排斥单色。

② 同一屏幕上不宜使用过多的色彩，同一段文字一般用同一种颜色。

③ 前景与活动对象的颜色宜鲜艳，背景与非活动对象的颜色宜暗淡。

④ 除非想突出对比，否则不要把不兼容的颜色对（例如红与绿、黄与蓝等）一起使用。

⑤ 提示信息宜采用日常生活中惯用的颜色。例如以红色代表警告，以绿色表示通行，提醒注意可用白、黄或红色的"2"号等。

8.2.2 界面设计的一般过程

在人机界面设计中，首先要进行界面设计分析，即在收集到有关用户及其应用环境信息之后，进行用户特性分析、任务分析等。任务分析中对界面设计要有界面规范说明，选择界面设计类型，并确定设计的主要组成部分。这些工作可与多媒体应用系统分析结合进行。

由于人机界面是为适合人的需要而建立的，所以要弄清楚使用该界面的用户类型，要了解用户使用系统的频率、用途，并对用户的综合知识和智力进行测试。这些均是用户分析中的内容，在此基础上产生任务规范说明，进行任务设计。

任务设计应在考虑工作方式及系统环境的支持等因素下进行。任务设计的目的在于重新组织任务规范说明以产生一个更有逻辑性的编排。设计应分别给出人与计算机的活动，使设计者较好地理解在设计一个界面时遇到的问题，这是形成系统操作手册和用户指南的基础。

任务设计后，要决定界面类型。目前有多种人机界面设计类型，如问答型（Y/N 之类的问题）、菜单按钮型（按层次组织多选择的逻辑访问电路）、图标型（用图形代表功能）、表格填写型（数据录入中广泛使用的对话类型）、命令语言型（单字命令到复杂语法的命令）、自然语言型等。这些类型各有不同的品质和性能，设计者要了解每种类型的优点和缺点。大多数界面使用一种以上的设计类型。对其使用的标准主要是考虑使用的难易程度、学习的程度、操作速度（即完成一个操作时，在操作步序、击键和反应时间等方面效率有多高）、复杂程度、控制能力及开发的难易程度。因此，选择界面设计类型时要全面考虑。一方面要从用户状况出发，决定对话应提供的支持级别和复杂程度，选择一个或几个适宜的界面类型；另一方面要匹配界面任务和系统需要，对交互形式进行分类。由于界面类型常常要在现有硬件基础上选择，限制了许多创新的方法，所以界面类型也将随着硬件环境及计算机技术的发展而丰富。

考虑了以上所有因素及选定界面类型以后，即可将界面分析结果综合成设计决策，进行界面的结构设计与实现。

8.2.3　界面结构设计

界面设计的第一步是将任务设计的结果作为输入，设计成一组逻辑模块，然后加上存取机制，把这些模块组织成界面结构。第二步是将每一模块分成若干步，每一步又被组装成细化的对话设计。

1. 界面对话设计

在界面设计中要使用对话风格的选择，并加上用户存取和控制机制。对话是以任务顺序为基础，设计中要遵循以下原则：

① 反馈。随时将系统内部正在做什么的信息告知用户，尤其是当响应时间十分长的情况下。

② 状态。告诉用户正处在系统的什么位置，避免用户发出了语法正确的命令却是在错误的环境下进行工作。

③ 脱离。允许用户中止一种操作，并且能脱离该选择，避免用户死锁发生。

④ 默认值。只要能预知答案，尽可能设置默认值，简化用户操作。

⑤ 尽可能简化对话步序。使用略语或代码来减少击键数。

⑥ 求助。尽可能提供联机在线帮助和学习指导。

⑦ 错误恢复。在用户操作出错时，可返回并重新开始。

此外，媒体设计对话框有许多标准格式供使用。

2. 数据输入界面设计

数据输入界面设计的目标是简化用户的工作，降低输入出错率，还要容忍用户的错误。常采用以下多种方法：

① 采用列表选择。对共同输入内容设置默认值，使用代码和缩写，系统自动填入已输入过的内容，如姓名、学号等。

② 使界面具有预见性和一致性。用户应能控制数据输入顺序并使操作明确。

③ 防止用户出错。采用确认输入（只有按下 Enter 键或任意键，才确认）、明确的取消（如用户仅中断输入操作时，已输入的数据并不删除）；对删除须再次确认，对致命错误（如无账号等），要警告并退出。

④ 提供反馈。使用户能看到自己已输入的内容，并提示有效的输入回答或数值范围。

⑤ 按用户速度输入和自动格式化。用户应能控制数据输入速度并能进行自动格式化，例如，不让用户输入多余数据，对输入的空格都能接受。

3. 屏幕显示设计

计算机屏幕显示的空间有限，如何设计使其发挥最大效用，又使用户感到赏心悦目，可参考以下方法：

（1）布局

屏幕布局因功能不同，考虑的侧重点也不同，各功能区要重点突出，功能明显。无论哪一种功能设计，都应遵循以下 5 项原则：

① 平衡。注意屏幕上下左右平衡，错落有致，不要堆挤数据。

② 预期。屏上所有对象，如窗口按钮、菜单等处理应一致化，使对象的动作可预期。

③ 经济。努力用最少的数据显示最多的信息。

④ 顺序。对象显示的顺序应依需要排列，不需要先见到的媒体不要提前出现，避免干扰其他信息的接收。

⑤ 规范化。显示命令、对话及提示行在一个应用系统的设计中尽量统一规范。

（2）文字与用语

对文字与用语设计格式和内容应注意以下几点：

① 用语的简洁性。避免用专业术语，要使用用户的行话。尽量用肯定句而不用否定句，用主动而不用被动语态。在按钮、功能键标示中应使用描述操作的动词，而避免用名词。

② 格式。一屏不要显示太多文字，在关键词处进行加粗、变字体等处理。尽量用小写字母和易认的字体。

③ 信息内容。显示的信息内容要简洁清楚，采用用户熟悉的简单句子。当内容较多时，应以空白分段，以小窗口分块，以便记忆和理解。重要字段可用粗体、彩色和闪烁效果来强化。

（3）颜色的使用

使用颜色应注意以下几点：

① 限制同时显示的颜色数。一般同一画面不宜超过 4～5 种，可用不同层次及形状来配合颜色，增加变化。

② 动画中活动对象的颜色应鲜明，而非活动对象的颜色应暗淡。各个对象的颜色应尽量不同。

③ 尽量用常规准则所用的颜色来表示对象的属性。如红色表示警告以引起注意，绿色表示正常、通行等。当字符和一些细节描述需要强烈的视觉敏感度时，应以黄色或白色显示，背景色用蓝色。

4. 控制界面设计

人机交互控制界面遵循的原则是，为用户提供尽可能大的控制权，使其易于访问系统的设备，易于进行人机对话。控制界面设计的主要任务如下：

（1）控制会话设计

每次只有一个提问，以免使用户短期负担增加。在需要几个相关联的回答时，应重新显示前一个回答，以免短期记忆带来错误。还要注意保持提问序列的一致性。

（2）菜单界面设计

各级菜单中的选项，应该既可用字母快捷键应答，又可用鼠标按键定位选择。在各级菜单结构中，除将功能项与可选项正确分组外，还要对用户导航做出安排，如菜单级别及正在访问的子系统状态应在屏幕顶部显示。利用回溯工具改进菜单路径跟踪，使用户利用单键能回到上页菜单选择等。另外，在各级菜单的浓度（多少级菜单）和宽度（每级菜单有多少选择项）设置方面要进行权衡。

（3）图标设计

图标被用来表示对象和命令，其优点是逼真。但随着概念的抽象，图标表达能力减弱，并有含义不明确的问题。

（4）窗口设计

窗口有不重叠和重叠两类，可动态地创建和删除。窗口有多种用途，在会话中可根据需要动态呈现需要的窗口，并可在不同窗口中运行多个程序。这种多窗口、多任务为用户提供了许多方便，用户利用窗口可自由地进行任务切换。但窗口不宜开得太多，以免使屏幕杂乱无章，分散用户的注意力。

（5）直接操作界面

直接操作界面设计的主要思想是用户能看到并直接操作对象的代表，并通过在屏上绘制逼真的"虚拟世界"支持用户的任务。

（6）命令语言界面设计

命令语言界面设计是最强有力的控制界面，是最终的人机会话方式，尚处在试验和研究之中。

8.3　Authorware 的使用方法

在各种多媒体应用软件的开发工具中，Macromedia 公司推出的多媒体制作软件 Authorware 是较为流行的开发工具之一。它采用面向对象的设计思想，是一种基于图标（Icon）和流程线（Line）的多媒体开发工具。它把众多的多媒体素材交给其他软件处理，本身则主要承担多媒体素材的集成和组织工作。

Authorware 操作简单，程序流程明了，开发效率高，并且能够结合其他多种开发工具，共同实现多媒体的功能。它易学易用，不需大量编程，使得不具有编程能力的用户也能创作出一些高水平的多媒体作品，对于非专业开发人员和专业开发人员都是一个很好的选择。

8.3.1　制作 Authorware 多媒体作品的基本步骤

Authorware 作为多媒体编辑工具软件，应用范围涉及教育、娱乐、科学等各个领域。制作 Authorware 多媒体作品的基本步骤如下：

① 建立流程线图。

② 编辑流程线上各个图标中的内容。

③ 调试运行。

④ 将调试好的程序打包。

⑤ 直接运行打包后的文件。

下面，通过一个简单的例子说明应用 Authorware 多媒体编辑工具进行多媒体程序开发的方法。

用 Authorware 制作一个简单的"欢迎学习多媒体技术"的多媒体作品。要求：先出现一个画面，然后在风景背景上出现"欢迎学习多媒体技术"的文字，同时听到欢迎曲。最后播放一个数字电影片段。

具体操作步骤如下：

1．建立流程线图

在编辑 Authorware 程序之前，最好设计一下程序的结构，用一个线框流程图表示出来。例如程序包括几个部分，各部分的关系。什么时候进行跳转，跳到什么地方，如何返回等。若没有流程图，在设计程序时则会随心所欲，导致不停地修改作品。所以在开始制作之前，理好程序各层次的关系，画出流程图，将会大大提高工作效率。

图 8-1　流程线设计窗口

① 选择"开始"|"所有程序"|Macromedia|"Macromedia Authorware 7.02 中文版"命令，进入 Authorware 的编辑界面。

② 单击"取消"按钮，关闭知识对象创建新文件窗口，激活程序流程线图窗口。

③ 向流程线设计窗口中依次拖入两个 🖼显示图标、一个 🔊声音图标、一个 🎞数字电影图标和一个 🖩计算图标，并命名各图标，如图 8-1 所示。

④ 保存文件。单击工具栏中的 💾"保存"按钮，选择保存文件的目录，输入文件名为多媒体，系统自动加扩展名.A7P，表示编辑的文件被命名为"多媒体.A7P"。

2．编辑流程线上各个图标中的内容

① 双击"背景"显示图标，弹出程序演示窗口，单击工具栏中的 🖳按钮，弹出"导入哪个文件？"对话框，如图 8-2 所示。选中导入的文件，单击下方的"导入"按钮。

② 双击"欢迎"显示图标，弹出程序演示窗口，单击工具面板中的 **A**"文本工具"，在展示窗口中的适当位置输入"欢迎学习多媒体技术"。

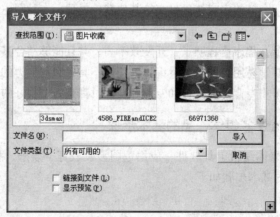

图 8-2　"导入哪个文件？"对话框

③ 双击"欢迎曲"声音图标，弹出声音图标属性，单击"导入"按钮，弹出"导入哪个文件？"对话框，选中导入的声音文件，单击"导入"按钮。

④ 双击"电影"数字电影图标，弹出数字电影图标属性，单击"导入"按钮，弹出"导入

哪个文件？"对话框，选中导入的视频图像文件，单击"导入"按钮，输入链接到外部动态视频文件。然后在"执行方式"下拉列表中选择"等待直到完成"选择，如图 8-3 所示。

图 8-3　数字电影图标属性设置

⑤ 双击"退出"计算图标，打开计算图标属性，在文本编辑窗口中输入 quit()，表示退出本应用程序。

⑥ 调试运行。选择"调试"|"重新开始"命令，调试当前编辑的程序，并可修改媒体的运行表现。

⑦ 单击工具栏中的"运行"按钮，即可运行多媒体应用程序。

8.3.2　显示图标的使用

显示（Display）图标是 Authorware 中的基本图标之一，可用来制作多媒体的文本、图形或用来加载静态图像，还可用来显示变量、函数值的即时变化。

1. 图标工具箱

双击流程线上的显示图标，弹出程序演示窗口，同时弹出编辑工具箱，如图 8-4 所示。

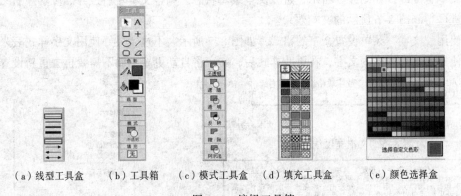

（a）线型工具盒　　（b）工具箱　　（c）模式工具盒　　（d）填充工具盒　　（e）颜色选择盒

图 8-4　编辑工具箱

选择/移动工具：单击选中演示窗口中的物体，并进行拖动、拉伸、修饰等操作，双击该工具打开"模式"面板，再次单击则关闭该"模式"面板。

A文本工具：用来在演示窗口中输入文字。

□矩形工具：用来在演示窗口中画长方形和正方形。

○椭圆工具：用来在演示窗口中画椭圆和圆。

□圆角矩形工具：用来在演示窗口中画圆角矩形。

+直线工具：用来在演示窗口中画水平直线、垂直直线或 45° 直线。双击该工具弹出"线型"工具盒。

╱斜线工具：用来在演示窗口中画任意角度的直线。

◿多边形工具：用来在演示窗口中画多边形。

⚞文字/线条颜色工具：单击该工具弹出"颜色"工具盒，可以设置选中文字和图形线条的颜色，再次单击关闭该工具盒。

⚞前景色工具：单击该工具弹出"颜色"工具盒，可以设置选中图形的前景色，再次单击关闭该工具盒。

■背景色工具：单击该工具弹出"颜色"工具盒，可以设置选中文字和图形的背景色，再次单击关闭该工具盒。

═线型工具：单击该工具弹出"线型"工具盒，可以设置选中图形的线型宽度和箭头的方向，再次单击关闭该工具盒。

▦模式工具：单击该工具弹出"模式"工具盒，可以设置选中物体的覆盖模式，再次单击关闭该工具盒。

▦填充工具：单击该工具弹出"填充"工具盒，可以设置选中图形的填充样式，再次单击关闭该工具盒。

2．文字的输入及修饰

（1）文字的输入

文字的输入有两种方法：一是使用A"文本工具"直接输入；二是从其他应用程序中导入文本信息。

① 直接输入文字：文字的输入使用A按钮，鼠标指针为 I 形，在演示窗口中输入文字处单击，出现文本宽度线，如图 8-5 所示，进入文本编辑状态。调整文本左右边界、段落左右缩进和首行左缩进可得到图 8-6 所示的文本效果。

可以使用"文本"菜单设置文字的格式，如图 8-7 所示。不过，最好使用文字样式表来格式化文本。使用了某种样式的文字，在更改样式后，文字将自动更新，而不需要再去重新设置。

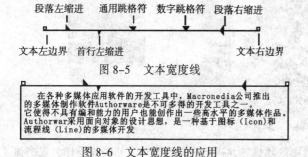

图 8-5　文本宽度线

图 8-6　文本宽度线的应用

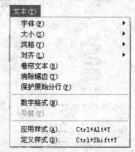

图 8-7　"文本"菜单

② 从其他应用程序中输入文本信息。使用"复制"和"粘贴"命令输入文本信息是一种常用的方法。

（2）文字的编辑和修饰

① 选择▸"选择工具"。

② 在演示窗口中单击需要选中的文字，此时文字的周围出现 6 个小方格，表示文字在选中状态。按住 Shift 键单击要选中的对象，可以选中多个文字对象。

③ 可以应用"编辑"和"文本"菜单进行文字的复制、粘贴及修饰文字的字体、风格等，并可以消除锯齿，设置卷帘文本和数字显示格式。

应用"模式/色彩"工具盒，可以改变文字对象的颜色和显示模式。

3．设置图形属性

图形的属性包括图形的线型、颜色、图形之间的覆盖模式以及图形的填充样式等。设置图形的属性，首先要选中该图形，然后单击工具箱中的相应工具，在弹出的面板中进行设置。在绘制图形时也可以先设置好要绘制图形的属性，然后再绘制图形。

（1）设置线型属性

线型属性的设置包括线宽设置和是否带箭头。

在演示窗口中选中要进行线型属性设置的图形，然后单击工具箱中的"线型工具"，在线型属性面板中设置工具盒，如图 8-8 所示。

（2）设置填充样式

填充样式的设置主要是指设置椭圆、矩形和多边形的底纹填充样式。在演示窗口中选中要进行填充样式设置的图形，然后单击工具箱中的"填充工具"，弹出填充属性设置面板，如图 8-9 所示，选择要使用的填充样式，即可为选中的图形进行样式填充。其填充效果如图 8-10 所示。

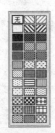

图 8-8　"线型"工具盒　　　图 8-9　"填充"工具盒　　　图 8-10　设置图形的填充样式

（3）设置图形颜色

单击 "线条颜色"、填充样式的 "前景色"或 "背景色"图标均可弹出"颜色"工具盒，如图 8-11 所示，分别设置图形的线条颜色、填充样式的前景色和背景色，如图 8-12 所示。

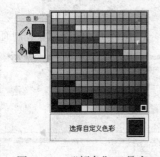

图 8-11　"颜色"工具盒　　　　　　图 8-12　图形颜色的应用

（4）设置覆盖模式

当几个图形在位置上发生重叠时，Authorware 在默认情况下会用前面的对象覆盖后面的对象。要想改变这种情况，就要设置不同的覆盖模式。单击工具箱中的"模式"工具，弹出打开"模式"工具盒，如图 8-13 所示，可设置图形的覆盖模式。

Authorware 提供 6 种覆盖模式，它们的作用如下：

① "不透明"模式：在该模式下，被选中的图形对象将完全覆盖其后面的图形对象，且颜色保持不变。

② "遮隐"模式：在该模式下，被选中的图形对象的白色背景区域将透明，而其轮廓线以内的区域则保持原有的颜色不变。该模式对导入的外部图像有效。

③ "透明"模式：在该模式下，被选中的图形对象的所有白色背景区域都将透明，显示其下方的图形。

图 8-13 "模式"工具盒

④ "反转"模式：在该模式下，如果背景色为白色，则被选中的图形对象正常显示，与"不透明"模式一样；如果背景色为其他颜色，则被选中的图形对象的白色区域部分将以背景色显示，而有色部分将以它的互补色显示。

⑤ "擦除"模式：在该模式下，被选中的图形对象将变为透明，而其前景色中的黑色区域将显示为白色。

⑥ "阿尔法"模式：在该模式下，将只显示被选中的图形对象中的"阿尔法"通道部分。如果图形中没有"阿尔法"通道，将以"不透明"模式显示。Authorware 本身不能为图形添加"阿尔法"通道，要使用"阿尔法"模式，可以通过 Photoshop 等软件为图像增加一个"阿尔法"通道。

（5）排列图形对象

在显示图标的演示窗口中经常会有多个图形对象，一般情况下需要对这些图形对象按照一定的方式进行排列。

首先选中所有要进行排列的图形对象，如图 8-14 所示，然后选择"修改"|"排列"命令，弹出排列对象控制面板，如图 8-15 所示。共有 8 种对齐方式，图 8-16 列出了按照排列对象控制面板中对应功能排列后的效果。

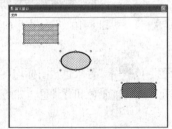

图 8-14 选中要进行排列的对象

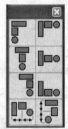

图 8-15 排列对象控制面板

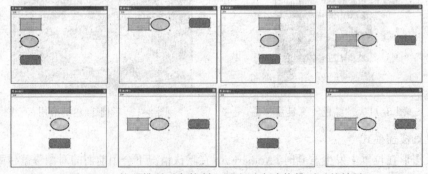

图 8-16 按照排列对象控制工具盒对应功能排列后的效果

4．引入外部文件

使用 Authorware 进行多媒体作品的创作时，需要使用到大量的图形图像，这其中除了很小一部分是用 Authorware 本身的绘图工具绘制出的简单图形外，很大一部分的精彩图像是从外部导入的。

Authorware 7.0 提供的导入外部文件方法概括起来有以下 5 种方法：

① 使用导入文件命令。

② 使用插入图像命令。

③ 使用复制粘贴操作。

④ 直接将图像文件拖入到的流程线上。

⑤ 将外部应用程序中的图像拖入到 Authorware 7.0 中。

下面介绍两种常用的导入外部图像的方法：

（1）使用导入文件命令

① 在的流程线上拖入一个显示图标，双击打开该演示窗口。

② 单击工具栏中的 ⬚ 按钮，弹出"导入哪个文件？"对话框，如图 8-17 所示。

③ 选择一个文件，然后单击"导入"按钮。

④ 完成向演示窗口导入图像的操作，如图 8-18 所示。

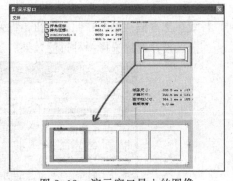

图 8-17　"导入哪个文件？"对话框　　　　图 8-18　演示窗口导入的图像

（2）使用插入图像命令

① 单击流程线上需要插入图像的位置，出现一个手形标志，提示图像插入的位置，如图 8-19 所示。

② 选择"文件"｜"导入和导出"｜"导入媒体"命令，弹出"导入哪个文件？"对话框。

③ 选中一个文件，然后单击"导入"按钮。

④ 完成向流程线上导入媒体的操作，如图 8-20 所示。

图 8-19　插入媒体的位置　　　　图 8-20　插入媒体后的流程线

选择"链接到文件"复选框时，如果外部文件修改了，那么在 Authorware 中看到的也是修改后的文件信息。

5．显示图标属性的设置

在流程线上拖入一个图标，就会打开其属性面板。图 8-21 所示为拖入一个显示图标时打开的显示图标属性面板，可在窗口中自由移动属性面板。

打开图标属性面板有以下几种方式：

① 选择图标，然后选择"修改"｜"图标"｜"属性"命令。

② 选择图标，然后按 Ctrl+I 组合键。

③ 按住 Ctrl+Alt 组合键的同时双击图标。

④ 右击图标，然后在弹出的快捷菜单中选择"属性"命令。

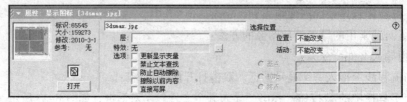

图 8-21　显示图标属性面板

- "层"文本框：设置图标的层数。层数高的显示图标的内容将覆盖层数较低的显示图标的内容。
- "特效"文本框：单击右侧的按钮，将弹出"特效方式"对话框，如图 8-22 所示，可以为当前的设计图标选择一种过滤效果。

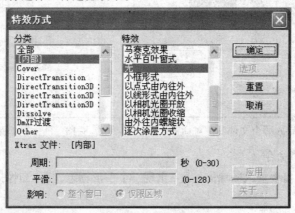

图 8-22　"特效方式"对话框

- "更新显示变量"复选框：选中该复选框，则程序将对显示图标中嵌入的变量自动更新并刷新显示效果。
- "禁止文本查找"复选框：选中该复选框，将无法在程序中用关键字来查找该显示图标中所包含的文本内容。
- "防止自动擦除"复选框：Authorware 具有在演示窗口自动擦除图标的能力。有时为了使显示的内容不被自动擦除，可以选择该复选框。
- "擦除以前内容"复选框：选中该复选框，则当运行到该显示图标时，会将前面的显示图标中的内容自动擦除。它只能擦除比该显示图标图层数低的显示图标的内容，比该图标层数高的则不能擦除。

- "直接写屏"复选框：选中该复选框，则不管该显示图标的层数高低如何，当程序运行到该显示图标时，该显示图标中的内容均会被放置在演示窗口的最前面。

6．设置显示对象的过渡效果

为图像设置过渡效果，操作步骤如下：

① 新建一个程序文件，向流程线上拖入一个显示图标并命名为"背景"，然后向该"背景"显示图标中导入一幅图片。

② 单击显示图标属性面板中"特效"文本框右侧的按钮弹出"特效"对话框，如图 8-22 所示。

"特效"对话框中各个选项的含义如下：

- "分类"列表框：该列表框中列出了各种过渡效果的种类，系统默认的过渡方式为"内部"。
- "特效"列表框：该列表框中列出了当前选中的过渡效果种类中包含的过渡方式。
- "周期"文本框：在该文本框中可以设置过渡效果的持续时间，以秒为单位。
- "平滑"文本框：在该文本框可以设置过渡效果的平滑程度，其数值在 0～28 之间。
- "影响"选项组：在该选项区中可以设置过渡效果影响的区域。其中有"整个窗口"和"仅限区域"两个单选按钮。若选中"整个窗口"单选按钮，则过渡效果将影响到整个窗口，若选中"仅限区域"单选按钮，则过渡效果只影响到使用该方式的设计图标内容所在的区域。
- "选项"按钮：该按钮可选时，可以对过渡效果进行更多设置。
- "重置"按钮：单击该按钮将恢复"周期"和"平滑"文本框中参数的默认值。
- "应用"按钮：单击该按钮可以预览当前设置的过渡效果。

③ 在"分类"列表框中选择"内部"，在"特效"列表框中选中"马赛克效果"过渡方式，在"周期"文本框中输入 3，在"平滑"文本框中输入 95。

④ 设置完成后单击"确定"按钮。

⑤ 再向流程线上拖入一个显示图标并命名为"文字"。双击该显示图标，在演示窗口中输入文本，然后进行相应的风格设置，并将文本的覆盖模式设置为透明。

⑥ 选中"文字"显示图标，按照②、③、④的步骤为该显示图标设置"周期"过渡方式，设置过渡时间为 3 秒。

⑦ 选择"调试"｜"播放"命令或者单击工具栏中的"运行"按钮运行程序，在演示窗口中可看到其显示效果。

技巧提示：

① 在双击一个显示图标，编辑内容后，按住 Shift 键再双击另一个显示图标，可同时看到两个显示图标的内容，这样可以看到不同图标中的图像或文字的相对位置，并可以选中需移动的对象进行移动。

② 在调试程序时，遇到没有设置内容的图标暂停运行。

③ 按住 Ctrl 键再双击图标，可打开其属性面板，对其进行设置。

④ 程序运行时，双击某个对象，也可以使程序暂停下来，对其进行编辑。

⑤ 在各种对话框中输入数字时，输入法必须为英文状态。

8.3.3 移动、擦除、等待和群组图标

利用 Authorware 提供的移动、等待和擦除等图标可以设置一些特殊的显示效果。

1．移动图标

多媒体作品很大的一个特点就是在程序设计中加入了动画效果。在 Authorware 7.0 中使用移动图标可以创建动画效果。

（1）使用移动图标创建动画效果

① 拖入一个移动图标到流程线上。

② 确定某个图标为移动图标的移动对象。

③ 设置移动方式及移动目标位置。

（2）设置移动图标的属性

拖入一个移动图标到流程线上，同时打开其属性面板，如图 8-23 所示。

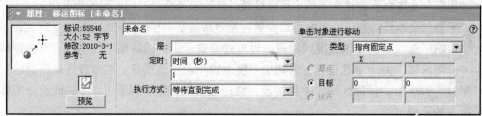

图 8-23　移动图标属性面板

- "移动对象标识"预览框：预览移动对象的内容。若没有确定移动对象，则预览框中显示的是移动方式的示意图。

- "定时"下拉列表：该框中包含"时间"和"速率"两个选项。若选中"时间"选项，则在下方的文本框中输入的数值、变量或表达式表示完成整个移动过程所需要的时间，单位为秒；若选中"速率"选项，则其下方文本框中的数值、变量或表达式表示移动对象的移动速度，单位为秒/英寸。

- "执行方式"下拉列表：该框中包含"等待直到完成"和"同时"两个选项。若选时"等待直到完成"选项，则程序等待本移动图标的移动过程完成后，才继续流程线上下一个图标的执行。若选时"同时"选项，则程序将本移动图标的移动过程与下一个图标的运行同时进行。

- "类型"下拉列表：该框中包含"指向固定点"、"指向固定直线上的某点"、"指向固定区域内的某点"、"指向固定路径上的终点"和"指向固定路径上的任意点"5 种移动类型，如图 8-24 所示。

图 8-24　移动图标的 5 种移动类型

➢ "指向固定点"：若选中该类型，将使移动对象从演示窗口中的当前位置直接移动到设定位置。

➢ "指向固定直线上的某点"：若选中该类型，将使移动对象从当前位置移动到一条直线上的某一个位置，对象的最终位置由数值、变量或表达式的值确定。

➢ "指向固定区域内的某点"：若选中该类型，将使移动对象在一个坐标平面内移动。其起点坐标和终点坐标由数值、变量或表达式的值确定。

➢ "指向固定路径上的终点"：若选中该类型，将使移动对象沿设计的路径从该路径的起点移动到该路径的终点。其路径可以是直线，也可以是曲线。

➢ "指向固定路径上的任意点"：若选中该类型，将使移动对象沿设计好的路径移动，但最后可以停留在该路径的任意位置。其停留位置由数值、变量或表达式的值确定。

在 Authorware 移动图标属性面板中选择不同的移动类型，将出现不同的选项。

● "基点"文本框：用于设置移动对象在演示窗口的起点坐标。
● "目标"文本框：用于设置移动对象的目标位置的坐标。
● "终点"文本框：用于设置移动对象的终点坐标。

下面通过一个例子来介绍移动图标的应用。

应用"指向固定区域内的某点"移动类型。要求：有一坐标系如图 8-25 所示，A 为原点，C 处的坐标为（100，100），做一动画：将小圆在第一次单击"继续"按钮时移动到（90，90）处，在第二次单击"继续"按钮时移动到（0，100）处。

具体操作如下：

① 建立流程图，如图 8-26 所示。

② 双击"矩形"显示图标，打开此图标的演示窗口，用"直线工具"和"文本工具"做好坐标系，并标出：A(O，0)，B(0，100)，C(100，100)，D(100，0)的位置。

③ 按住 Shift 键的同时，双击"圆"显示图标，打开此图标的演示窗口，画一个圆。并将圆放在 A 处。

④ 双击"x=0，y=0"计算图标，打开此图标的文本编辑窗口，输入图 8-27 所示的内容。然后单击窗口右上角的"关闭"按钮，在弹出如图 8-28 所示的对话框中单击"是（Y）"按钮。

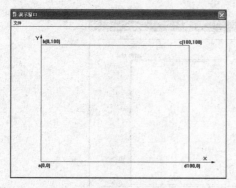

图 8-25　移动区域坐标系

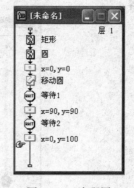

图 8-26　流程图

⑤ 双击"移动圆"移动图标，弹出移动图标属性面板。

● 单击"类型"下拉列表，选择"指向固定区域内的某点"选项，如图 8-29 所示。

图 8-27　计算图标　　　　　　图 8-28　计算图标的变量修改对话框

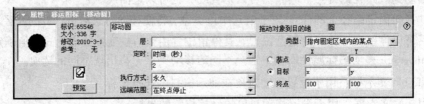

图 8-29　移动图标属性设置

● 选择"基点"单选按钮，再单击演示窗口中的"圆"，表示此处为基点。
● 选择"终点"单选按钮，拖动演示窗口中的"圆"到 C 点后释放鼠标，此时在 A、C 两点之间有一灰色矩形，如图 8-30 所示，表示圆移动的位置区域。
● 选择"目标"单选按钮，在数值的 X 区域输入 x；在 Y 区域输入 y，这里 x、y 是自定义变量，用它们来控制圆在坐标系中的位置。
● 在"定时"数值区域中输入 2，表示移动时间为 2 秒。
● 在"执行方式"下拉列表中选择"永久"选项。
● 其余不改变，按默认值。
⑥ 打开计算图标"x=90，y=90"和"x=0，y=100"，分别输入 x=90，y=90 和 x=0，y=100。
⑦ 程序制作完毕。选择"调试"|"重新开始"命令，查看运行情况。

2. 擦除图标

双击擦除图标，点击要擦除的图标，则在属性面板的图标列表框中就会列出擦除的图标名称。与其他制作工具的橡皮擦不同，擦除图标擦除的对象只能为图标，而不能擦除图标中的部分内容。

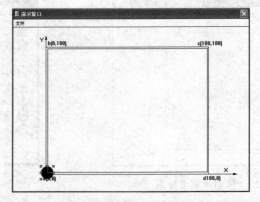

图 8-30　新画灰色矩形为圆移动的位置区域

拖入一个擦除图标到流程线上，默认情况下将自动打开其属性设置面板，如图 8-31 所示。

图 8-31 擦除图标属性面板

- "特效"文本框：用于设置擦除过渡效果，其方法和设置显示图标的过渡效果类似，请参照设置显示对象过渡效果的操作方法。
- "防止重叠部分消失"复选框：该复选框用于防止擦除和显示的交叉。选中该复选框，则在将选中的图标内容完全擦除之后才显示下一个图标的内容；若取消选择该复选框，则在擦除当前图标内容的同时显示下一个图标的内容。
- "列"选项组：包括"被删除的图标"和"不擦除的图标"两个单选按钮。若选中"被删除的图标"单选按钮，则包含在图标列表框中的内容将被删除；若选择"不擦除的图标"单选按钮，图标列表框中的内容将不被擦除，而列表框之外的图标内容将被删除。
- "图标列表框"：单击演示窗口中要删除或者要保留的对象，则该对象所在的图标将被加入到该图标列表框中。
- "删除"按钮：单击该按钮，可以将图标列表框中选定的图标从列表中删除。该按钮只有在图标列表框中有设计图标，并且该设计图标被选中时才可用。

3. 等待图标

利用 Authorware 7.0 提供的等待图标可以在程序中设置延时或暂停，等待图标的使用很简单，在需要设置等待的流程线上的位置拖入一个等待图标，自动打开其属性设置面板，如图 8-32 所示。

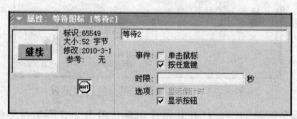

图 8-32 等待图标属性面板

- "事件"选项组：用来指定结束等待状态的事件，包括"单击鼠标"和"按任意键"两个复选框。选择"单击鼠标"复选框，表示当用户单击鼠标时结束等待状态。选择"按任意键"复选框，表示当用户按下键盘上的任意键时结束等待状态。
- "时限"文本框：用来设置等待的时间，单位为秒。
- "选项"选项组：用来显示等待图标的等待状态，包括"显示倒计时"和"显示按钮"两个复选框。选择"显示倒计时"复选框，在演示窗口显示一个倒计时的小闹钟●。选择"显示按钮"复选框，在演示窗口显示一个"继续"按钮，单击按钮时结束等待状态。

"单击鼠标"、"按任意键"、"显示按钮"同时选择限定"时限"时，则任何一个先发生，都会结束等待并运行下一个图标。

下面通过一个例子介绍等待图标的应用。

在演示窗口中的背景画面出现后，停一段时间单击鼠标或按任意键，然后从窗口右端向左移出"欢迎学习多媒体技术"文字，停留 3 秒钟（显示倒计时小闹钟），擦除文字。操作步骤如下：

① 建立流程线图，如图 8-33 所示，保存文件为"欢迎学习.A7P"。

② 编辑流程线上各个图标中的内容。

- 双击"背景"显示图标，打开程序演示窗口，单击工具栏中的 ▣ 按钮，导入背景图像。
- 双击"等待 1"等待图标，设置其属性面板如图 8-34 所示。

图 8-33　流程线图

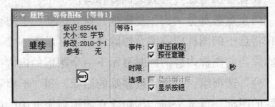

图 8-34　"等待 1"图标的属性设置

- 双击"欢迎"显示图标，打开程序演示窗口，单击工具盒中的 **A** "文本工具"，在展示窗口中的适当位置输入"欢迎学习多媒体技术"。
- 双击"移动欢迎"移动图标，打开"移动欢迎"属性面板。默认移动类型为"指向固定点"，单击"欢迎学习多媒体技术"选定移动对象，然后拖动其到目的地。在"定时"文本框中输入 2。
- 双击"等待 3 秒"等待图标，打开其属性面板，在"时限"文本框中输入 3，并选择"显示倒计时"复选框，如图 8-35 所示。

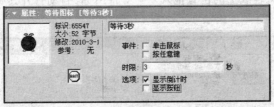

图 8-35　"等待 3 秒"图标的属性设置

- 双击"擦除欢迎"擦除图标，打开其属性面板，单击"欢迎学习多媒体技术"选定擦除对象，如图 8-36 所示。

图 8-36　"擦除欢迎"图标的属性设置

③ 单击工具栏中"运行"按钮，查看运行效果。

4．群组图标

群组图标能够将流程线上的图标变成可管理的几个模块，使得程序的流程更加清晰，这与高级程序语言中子程序或过程的作用非常相似。

在具体的使用过程中，通常将逻辑关联的一组图标放在一个群组图标内，这可以使设计者更加容易了解程序的结构。同时，也有利于发现设计中存在的问题，查找问题的根源。

群组图标与下层流程线窗口是逐一对应的，双击群组图标都可以打开下一层流程线窗口，并在窗口的右上角显示出当前群组图标所在的层数，如图 8-37 所示。群组图标允许逐级嵌套，这便于创建多级的流程结构。群组图标可以添加在流程线上的任何位置，也可以附着在交互图标、决策图标或框架图标上。

为了动态地调整群组图标中所包含的图标，Authorware 在"修改"菜单中提供了"群组"和"撤销群组"菜单命令。前者用于将多个图标组合到群组图标内，后者用于拆分群组图标，使其中的图标独立显示在流程线上。

例如，在图 8-37 所示的"三角形"流程线上，选中关于直角三角形的 3 个图标，再选择"修改"│"群组"命令，或者按 Ctrl+G 组合键，将得到图 8-38 所示的群组图标。

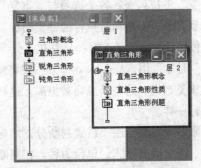

图 8-37　选中直角三角形三个图标　　　　图 8-38　组合后的直角三角形群组图标

需要解除群组图标时，选择"修改"│"撤销群组"命令，或者按 Ctrl+Shift+G 组合键。Authorware 只允许将连续排列的图标生成群组图标，如果需要将不连续的图标放置到一个群组图标中，可以通过鼠标的拖动，或者使用"复制"、"剪切"与"粘贴"命令，改变图标在流程线上的排列位置使它们成为连续排列。

8.3.4　决策判断、导航和框架图标

可利用 Authorware 提供的决策判断图标、导航图标和框架图标创建程序的分支结构和整体框架，并通过图标的属性设计程序的执行顺序。

1．决策判断图标

（1）创建决策判断分支结构

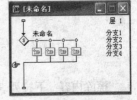

在 Authorware 7.0 中创建决策判断分支结构，是通过◇判断图标和附属于判断图标的其他图标共同实现的，如图 8-39 所示。

图 8-39　判断图标的分支结构

创建决策判断分支结构的操作步骤如下：

① 拖入一个决策判断图标到流程线上。

② 拖入一个其他设计图标（为了方便流程的组织和程序的修改，一般情况下使用群组图标）到决策判断图标的右侧，此时该设计图标就成为一个分支图标。

决策判断分支结构所起的作用是：当程序执行到一个决策分支结构时不会等待用户进行交互操作，而会根据判断图标的属性设置自动地决定分支图标的执行顺序和分支路径被执行的次数。

（2）设置判断图标的属性

双击决策判断图标打开其属性设置面板，如图 8-40 所示，可以设置该属性图标的属性。

图 8-40　判断图标属性面板

- "重复"下拉列表：用于设置 Authorware 7.0 程序在判断分支结构中执行循环的次数。
- "分支"下拉列表：各个选项与"重复"下拉列表中的各个选项配合使用，能够设置程序执行到判断分支结构时执行的分支图标。这里的设置可以从判断图标的外观上显示出来。
- "复位路径入口"复选框：只有在"分支"的属性设置为"顺序分支路径"或"随机分支路径"时才可用。Authorware 7.0 程序将使用变量来记录已经执行过的分支图标的信息。若选中该复选框，这些信息将被擦除。这样无论程序是第几次判断该分支结构，都好像是初次执行一样。
- "时限"文本框：用于设置判断分支结构运行的时间。在该文本框中可以输入表示时间的数值、变量或表达式，单位为秒。在判断分支结构运行时，一旦到了设定的时间程序将立即退出该决策判断分支结构继续沿流程线向下执行。
- "显示剩余时间"复选框：在"时限"文本框中设置了限定时间后，该复选框即变为可选状态。选中该复选框，则程序执行到该判断分支结构时，演示窗口将显示一个倒计时，时钟显示剩余的时间。

（3）设置决策判断分支的属性

双击分支图标上方的分支符号，打开判断分支的属性设置面板，如图 8-41 所示，可以对判断分支的属性进行设置。

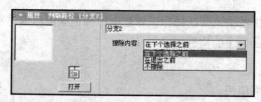

图 8-41　判断分支的属性面板

- "擦除内容"下拉列表框：用于设置分支图标中的内容何时被擦除。
- "执行分支结构前暂停"复选框：选中该复选框，则程序在执行完一个分支图标后，在执行下一个分支图标之前会暂停，并在演示窗口中显示一个"继续"按钮，单击该按钮程序才会继续执行。

2．导航和框架图标

在 Authorware 7.0 中，框架图标可以附带除了交互图标、判断图标和其自身之外的其他任何设计图标。框架图标右侧的每一个图标都称为该图标的页图标。

（1）设置框架图标的属性

新建一个框架结构程序，如图 8-42 所示。单击该程序中的框架图标打开其属性设置面板，如图 8-43 所示。

- "页面特效"文本框：用于设置显示框架图标中每一个页图标的过渡效果。文本框下方显示该框架设计图标共包含多少个页图标。
- "打开"按钮：单击该按钮打开该框架图标的内部结构设计窗口，如图 8-44 所示。

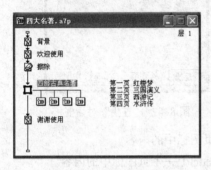

图 8-42 框架程序结构

图 8-43 框架图标属性设置面板

（2）认识框架图标的内部结构

在程序设计窗口中双击框架图标，即可打开框架图标的内部结构的设计窗口，如图 8-44 所示。从该窗口中可以看出框架图标是由显示图标、交互图标、导航图标和按钮交互响应结构所组成。

框架窗口是一个特殊的设计窗口。从结构上看，窗口分隔线将该窗口分为两个窗口：上方的入口窗格和下方的出口窗格。在程序运行时，当程序执行到框架图标时，在执行该框架图标的每一个页图标之前将先执行入口窗格中的内容。在退出框架时，将先执行出口窗格中的内容，然后擦除框架中所有的显示内容，撤销所有的导航控制结构。

"定向超链接"交互图标与 8 个 ▽ 导航图标构成了 8 种按钮响应功能，如图 8-45 所示。

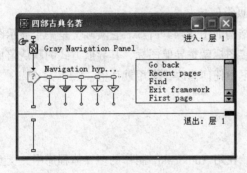

图 8-44 框架图标内部结构设计窗口

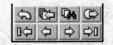

图 8-45 8 种按钮响应功能

这 8 个导航控制按钮为永久性响应的按钮响应，是 Authorware 的默认导航按钮，其各自的作用如下：

- "返回"按钮：单击该按钮可以沿历史记录从后往前翻阅使用过的页图标中的内容，但单击一次只能向前翻阅一个页图标中的内容。

- "历史记录"按钮：单击该按钮将打开列表框，如图 8-46 所示。在该列表框中列出了最近使用过的页图标的标题。
- "查找"按钮：单击该按钮将打开"查找"对话框，如图 8-47 所示。
- "退出框架"按钮：单击该按钮将退出该框架结构。

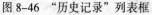

图 8-46 "历史记录"列表框　　　图 8-47 "查找"对话框

- "第一页"按钮：单击该按钮将中转到第一个页图标中的内容。
- "上一页"按钮：单击该按钮将进入当前页图标的上一个页图标中的内容。
- "下一页"按钮：单击该按钮将进入当前页图标的下一个页图标中的内容。
- "最后一页"按钮：单击该按钮将跳转到最后。

下面通过一个例子介绍框架图标的应用。

如图 8-42 所示，是一个介绍四大古典名著的课件。一共有 4 页，分别介绍名著：《红楼梦》、《三国演义》、《西游记》和《水济传》4 大名著。使用时能够用 8 个基本按钮操作：返回、最近页、查找、退出框架、第 1 页、前 1 页、后 1 页和最后 1 页。具体操作步骤如下：

① 建立程序流程图片，如图 8-42 所示。

② 依次打开上述各个显示图标，填上各个图标的文字和图形的内容。例如在"背景"显示图标中导入一幅背景图像；在"欢迎使用"显示图标中输入"欢迎阅读四大古典名著"；在"第一页红楼梦"显示图标中导入一幅关于《红楼梦》的图像并输入"第一部《红楼梦》及介绍《红楼梦》"的文本信息。2、3、4 页的内容与第 1 页类似。

③ 打开框架图标"四部古典名著"，其结构如图 8-44 所示。它实际上是一个显示图标和一个带有 8 个挂接图标的交互图标。这 8 个挂接图标就是导航图标，其导航方式的默认值依次是题目中要求的 8 种方式。查看后关闭此窗口，不做任何修改，全用默认值。

④ 调试运行。

8.3.5 交互控制的实现

交互性是多媒体作品中不可缺少的内容。在用 Authorware 制作的多媒体程序中，交互是指用户能够控制程序的执行、暂停、跳转、返回和退出等一系列操作。在 Authorware 7.0 中创建交互响应是通过交互图标来实现的。

1. Authorware 的交互类型

Authorware 7.0 提供了 11 种交互响应类型，如图 8-48 所示。

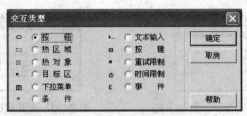

图 8-48　"交互类型"对话框

- "按钮"：选择此交互响应，程序进入交互结构时会在屏幕上显示一个按钮。当用户单击、双击该按钮或按下设定的快捷键时，程序才能进入交互分支结构继续运行。
- "热区域"：选择此互响应，屏幕上某些区域将被定义成热区域。将光标移入热区域，单击或双击鼠标时，程序才能继续运行。
- "热对象"：选择此种交互响应，则系统将要求指定热对象。在程序运行时只有单击、双击或用鼠标指向热对象时，程序才能够进入交互分支结构继续运行。
- "目标区"：选择此交互响应，则系统将要求指定的热对象和目标区域。在程序运行时只有将目标对象拖动到目标区域时，才能够激发程序向下执行。
- "下拉菜单"：选择此种交互响应，则系统将创建一个下拉菜单。在程序运行时，单击下拉菜单中的某个菜单命令时，才能够进入交互响应结构运行程序。
- "条件"：选择此种交互响应，则系统将要求定义一个条件。在程序运行时只有当条件正确时，才能够进入交互分支结构运行。
- "文本输入"：选择此种交互响应，则需要提前设定要求输入的文本内容。在程序运行时将弹出一个文本框，只有输入的内容和预定的内容一致时才能向下执行。
- "按键"：选择此种交互响应，在程序运行时，只有按下程序中预先指定的键，程序才能够进入交互分支结构运行。
- "重试限制"：选用了这种交互响应，则可以设定用户进行交互操作的次数。在程序运行时，若用户尝试的不成功的次数超过了指定的次数，则程序将退出交互。
- "时间限制"：选用这种交互响应，则运行程序时，若交互超出了限定的时间，则系统将提示用户并退出交互。

2．创建交互结构

创建交互结构的操作步骤如下：

① 向主流程线上拖入一个交互图标，并将其命名为"交互响应"。

② 拖入一个群组图标到交互图标的右下方，释放鼠标将弹出对话框，如图 8-48 所示。在该对话框中列出了 11 种交互类型。

③ 选择"按钮"响应类型，单击"确定"按钮，关闭对话框。然后将该分支图标命名为"按钮响应"，此时该分支图标的上方将出现交互响应类型符号。

④ 继续拖入一个群组图标到"按钮响应"分支图标的右侧，此时将不再弹出对话框，而是继续沿用前一个图标的交互类型。

⑤ 在"按钮响应"的属性设置面板中打开"类型"下拉列表，如图 8-49 所示，从中选择"热区域"选项。

⑥ 重复前两步的操作，可以为该交互响应结构添加多个响应分支，如图 8-50 所示。

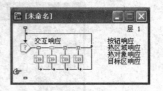

图 8-49 "类型"下拉列表框   图 8-50 交互响应的基本结构

⑦ 交互结构确定后，就可以在交互图标以及各个交互图标的演示窗口中添加具体内容。

在创建交互结构时要注意：有些图标是不能直接作为响应分支图标的，包括决策图标、框架图标、交互图标、数字电影图标、声音图标，拖动这些图标到交互图标右侧时，系统会自动添加一个群组图标作为分支图标，并将这些图标置于该群组图标的下级流程线上。

从图 8-50 中可以看到：一个基本的交互结构包括交互图标、响应分支、交互响应类型符号、响应分支流向符号和响应图标等 5 个部分。

① 交互图标是创建交互响应的核心。交互图标具有显示、判断、擦除和等待功能。

② 响应分支是指根据不同的响应而执行不同程序的分支。在程序设计中可以根据需要选取不同的分支，其中有"重试"、"继续"、"退出交互"和"返回" 4 种分支结构。

- "重试"分支结构：执行完响应之后，程序将返回交互图标并要求用户重新选择一次。
- "继续"分支结构：执行完响应后程序将退出本分支，并继续检查其右边的各个分支响应是否也满足响应条件。
- "退出交互"分支结构：执行完响应后程序将退出交互，并继续执行流程线上的下一个图标。
- "返回"选择这种分支结构，则响应分支将在程序运行期间的任何地方起作用。这种分支结构只有在属性面板中的"永久"被选中时才可以选择。

③ 响应分支流向符号用于表示响应分支的流向。不同的响应分支类型，其响应分支的流向符号也不同。交互响应有 4 种响应分支类型，那么相对应的就有 4 种响应分支流向符号，如图 8-51 所示。

下面通过一个例子介绍交互响应的应用。

分别利用"菜单交互"、"热区交互"和"目标区"交互制作古诗学习作品。操作步骤如下：

（1）利用"菜单交互"制作

① 拖入一个交互图标到流程线上。

② 打开"我的电脑"窗口，拖动需要作为欣赏内容的图片到交互图标的右边，每个图片都自动形成一个显示图标插入到流程线中。

③ 根据图片的内容改变图标的名字，可以看到交互图标的名字就是菜单的名字，显示图标的名字就是菜单项的名字，程序流程如图 8-52 所示。

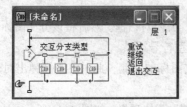

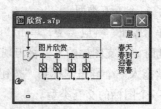

图 8-51 4 种响应分支流向符号   图 8-52 下拉菜单交互

（2）利用热区交互制作古诗学习

当鼠标移到古诗"春晓"中的"晓"字或"啼"字时，分别出现关于"晓"字和"啼"字的解释。

① 拖入一个显示图标到流程线上，双击该图标，在编辑窗口中输入古诗"春晓"的内容。

② 接着拖入一个交互图标到流程线上，再分别放两个显示图标在交互图标的右边，选择"热区域"交互，把显示图标命名为 x 和 t。

③ 分别双击 x 和 t 显示图标进行编辑，双击时可以同时按住 Shift 键，使上次演示的内容同步显示在编辑窗口中，分别输入"晓"字和"啼"字的解释。

图 8-53　热区交互

④ 单击交互图标与 x 显示图标交界处的热区，如图 8-53 所示，在演示窗口中拖动热区覆盖"晓"字，并在下方属性面板中把鼠标指针改为手形。

⑤ 把操作对象改为 t 显示图标的热区，重复步骤④。

（3）利用目标交互制作练习

利用目标区域交互制作一个可以移动答案进行填空的程序，流程图如图 8-54 所示。

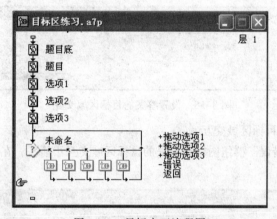

图 8-54　目标交互流程图

① 制作题目及答案。

- 拖入一个显示图标到流程线上，命名为"扩展练习"，双击打开该群组图标。
- 拖入一个显示图标到流程线上，命名为"题目"。双击打开该显示图标，输入题目如下：

小池

泉眼无声惜＿＿＿＿，

树阴照水受晴柔。

＿＿＿＿才露尖尖角，

早有＿＿＿＿立上头。

- 分别拖入 3 个显示图标到流程线上，命名为"选项 1"、"选项 2"和"选项 3"，在 3 个显示图标中分别输入答案："细流"、"小荷"和"蜻蜓"。
- 在属性面板的"设置"下拉列表中选择"在屏幕上"，在"活动"下拉列表中选择"在屏幕上"，把答案文字限制在屏幕上。这样，运行时答案文字就不会跑到屏幕外面了。
- 拖入一个开始图标到流程线的起始位置，运行程序，再单击控制面板中的"暂停"按钮，调整题目和答案的位置。

② 制作正确答案的目标区域交互。

- 拖入一个群组图标到交互图标的左下方，选择交互类型为"目标区"，单击"确定"按钮。再拖动 3 个群组图标到交互图标的最左边，分别命名为"拖动选项 1"、"拖动选项 2"、"拖动选项 3"和"错误"。
- 单击交互图标与群组图标交界处的目标区域交互小箭头，再单击屏幕上的"选项 1"显示图标里的文字"细流"，会发现该图标中的内容出现在属性面板中，同时，屏幕上答案周围出现一个虚线框。
- 拖动屏幕上的虚线框到正确的位置，即此答案的正确位置。
- 在属性面板中选择目标区"选项卡"，在"放下"下拉列表中选择"在中心定位"选项，如图 8-55 所示。
- 以同样的方法设置"拖动选项 2"、"拖动选项 3"目标交互区域中的小箭头，制作其他两个正确答案的交互。

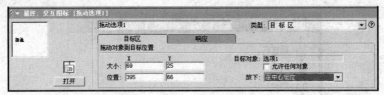

图 8-55　设置答案的目标区域交互

③ 制作错误答案的目标区域交互。

单击交互图标与"错误"群组图标交界处的目标区域交互小箭头，在"属性"面板中的设置如图 8-56 所示。

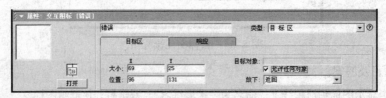

图 8-56　设置错误答案的目标区域交互

8.3.6　多媒体素材的应用

在使用 Authorware 进行多媒体作品的创作时，可以使用声音、数字电影和控制播放 DVD 及 Flash 动画等多媒体素材。把这些多媒体素材有机地结合起来将会增加多媒体作品的感染力。

1. 声音的应用

在 Authorware 7.0 中声音的应用是通过 声音图标来实现的。导入声音文件有以下两种方法：

① 通过 声音图标导入声音文件。

② 将声音文件直接拖入程序的流程线上。

还可以利用交互和计算图标来控制声音随时播放和停止。例如，利用声音图标导入声音文件，并通过屏幕上的按钮控制声音的播放和停止。操作步骤如下：

① 建立图 8-57 所示的流程图。

图 8-57　声音控制流程图

② 双击"欢迎使用本课件"显示图标，打开演示窗口，输入欢迎文字内容。

③ 双击"声音解说"声音图标，打开声音属性面板，如图 8-58 所示。

图 8-58　声音属性面板

- 单击"导入"按钮，弹出"导入哪个文件？"对话框，选择适当的路径及文件名。单击"导入"按钮，回到声音属性面板，可以看到输入声音文件的属性。单击"播放"按钮，可以试听导入的声音效果，如图 8-58 所示。
- 单击"计时"选项卡，在"执行方式"下拉列表中选择"永久"选项；在"播放"下拉列表中选择"直到为真"选项，并在其下方的文本框中输入 ~k（~是取逻辑非的意思）；在"开始"文本框输入 k，如图 8-59 所示。

图 8-59　"计时"选项卡

2．数字电影的应用

在 Authorware 7.0 中数字电影的应用是通过 数字电影图标来实现的。导入数字电影有以下两种方法：

① 通过 数字电影图标导入数字化电影文件。

② 将数字电影直接拖入流程线上。

与声音图标相似，也可以利用交互和计算图标来控制视频的插放和停止。

3．播放 Flash 动画

Flash 动画是目前互联网上最受欢迎的一种动画，它在多媒体作品中也得到了广泛的应用。在 Authorware 7.0 中也能够导入 Flash 动画。

向 Authorware 7.0 中导入 Flash 动画的操作步骤如下：

① 在流程线上确定导入 Flash 动画的插入点之后，选择"插入"|"媒体"|Flash Movie 命令，弹出 Flash Asset Properties 对话框，如图 8-60 所示。

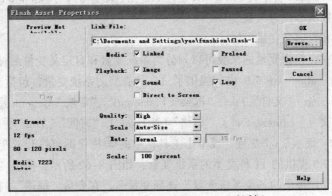

图 8-60　Flash Asset Properties 对话框

② 单击 Browse 按钮，弹出"打开 Shockwave Flash 影片"对话框，在该对话框中选择要导入的 Flash 动画。

③ 单击 OK 按钮，即可将 Flash 动画导入到 Authorware 7.0 中，此时流程线上将自动添加一个 Flash 动画的图标。

双击流程线上 Flash 动画的图标，打开导入的 Flash 动画的属性设置面板，如图 8-61 所示，可对 Flash 动画的属性进行设置。

图 8-61　Flash 动画的属性面板

8.3.7　变量、函数、表达式与程序语句

Authorware 的函数和变量功能相当强大，无疑为 Authorware 多媒体创作提供了更加广阔的空间。要提高 Authorware 的设计开发水平，灵活使用函数和变量是关键所在。

1. 变量

变量是其值可以改变的量。可以利用变量存储各种数据，例如表达式的计算结果、用户输入的字符串，以及对象的状态等，也可以利用变量获取某些系统信息，如系统当前的时间、日期等。与变量相对的是常量，用于表示固定不变的量。如圆周率和欧拉常量 e 等。

在 Authorware 中所有的变量都是全局变量，即在整个程序范围内都起作用，没有作用域的限制。

（1）变量的类型

变量可以存储的数据类型有数值型、字符型和逻辑型。

① 数值型变量：用于存储具体的数值。数值型变量能够存储的实数范围是 $-1.7 \times 10\,308 \sim +1.7 \times 10\,308$，整数范围是 $-217\,483\,648 \sim 2\,147\,483\,647$。

② 字符型变量：用于存储字符串。由双引号括起来的一连串字符称为字符串，构成字符串的字符可以是数字、字母、符号，例如 Authorware、4/3 都是字符串。

③ 逻辑型变量：用于存储 TRUE（真）或 FALSE（假）两种值，它们的值只能在这两种状态之间转换。同时 Authorware 将字符串 TRUE、ON、YES、T（大小写都可）和非 0 的数值都视为"真"，其他任意字符串或数值都视为"假"。

（2）系统变量和自定义变量

在 Authorware 中，根据变量的来源可以划分为系统变量和自定义变量两种类型。

① 系统变量。Authorware 7.0 内部提供了 11 种类型的系统变量，包括"计算机管理教学"（CMI）、"决策"（Decision）、"文件"（File）、"框架"（Framework）、"常规"（General）、"图形"（Graphics）、"图标"（Icons）、"交互"（Interaction）、"网络"（Network）、"时间"（Time）、"视频"（Video）。

选择"窗口"|"面板"|"变量"或单击工具栏中的 按钮即可打开"变量"面板，从中可以看到 Authorware 7.0 提供的 11 种类型的系统变量，如图 8-62 所示。单击"分类"下拉列表即可看到 Authorware 7.0 提供的各类系统变量。选择变量名，在变量"描述"列表框中就会显示当

前选中的变量的描述信息，如图 8-63 所示。

图 8-62　"变量"面板　　　　　　　图 8-63　变量描述

　　② 自定义变量。自定义变量是由设计人员自己定义的变量，通常用于保存计算结果或者用于保存系统变量无法存储的信息。可以在变量分类窗口（单击工具栏中的  函数按钮）中单击"新建"按钮进行新建自定义变量操作，如图 8-64 所示；也可在任何变量的使用场合下直接定义变量，如计算图标编辑窗口中，确定后系统会自动判断该变量为何类型变量，如果为用户自定义则提示新建该变量。

图 8-64　新建自定义变量

　　自定义变量名通常用英文字母加数字来表示，长度限制在 40 个字符以内。变量的名称必须是唯一的，不能与系统变量或其他自定义变量重名，否则会出现错误提示。

（3）使用变量

变量在 Authorware 中的使用场合主要有以下 3 种情况：

① 在"属性"面板的文本框中使用变量。

② 在计算图标的编辑器中使用变量。

③ 在显示图标或交互图标中使用变量。

变量在显示图标或者交互图标内引用都必须使用花括号{}括起来，否则系统会默认为文本字符串，而不作为变量使用。若显示变量时，需根据变量值的变化实时更新显示结果，所以要选择显示图标或交互图标属性的"更新变量显示"。

2. 函数

函数通常指能够实现某种指定功能的程序语句段，并通过一个函数名来表示，当程序设计过程中需要实现某一功能时，只需调用事先编写好的具有实现该功能的函数。与 Authorware 变量一样，函数也分为系统函数和自定义函数。

（1）系统函数

Authorware 的系统函数按其功能可分为 18 类："字符"（Character）、"CMI"（计算机管理教学）、"文件"（File）、"框架"（Framework）、"常规"（Genera1）、"图形"（Graphics）、"图标"（Icons）、"跳转"（Jump）、"语法"（Language）、"列表"（List）、"数学"（Math）、"网络"（Network）、"对象链接和嵌入"（OLE）、"平台"（Platform）、"时间"（Time）、"视频"（Video）、"目标"（Target）、Xtras 等。

选择"窗口"|"面板"|"函数"或单击工具栏中的 ⓕ⁰函数按钮即可打开"函数"面板，可以看到 Authorware 7.0 提供的 18 种类型的系统函数，如图 8-65 所示。单击"分类"下拉列表即可看到 Authorware 7.0 提供的各类系统函数。选择函数名，即可在"描述"文本框中显示当前选中函数的描述信息，如图 8-66 所示。

图 8-65　"函数"面板　　　　　　　　　　图 8-66　函数描述

（2）自定义函数

在 Authorware 中，自定义函数（又称外部函数）能够实现系统函数不能实现的功能。通常外部扩展函数都是实现一些系统控制功能，弥补 Authorware 在某些方面的不足。这些外部函数通常具有.UCD、.DLL、.U32 扩展名。其中.DLL 文件是标准的 Windows 动态链接库文件，.UCD 文件和.U32 文件是 Authorware 7.0 专用的函数文件。

（3）函数的使用

使用 Authorware 的系统函数不需要导入，直接在计算图标等函数使用场所内按格式粘贴使用即可，而外部扩展函数则需要导入，否则无法正常工作。

3. 表达式

在 Authorware 7.0 中，表达式的概念和其他编程语言没什么不同，表达式是由变量、函数和运算符组成的，表达式主要是在计算图标中使用，也可以在各个属性对话框，或者在显示图标中显示其值。

Authorware 7.0 中共有 5 类运算符，分别是赋值（Assignment）、关系（Relational）、逻辑（Logical）、算术（Arithmetic）和连接（Concatenation）。在对表达式进行求值时，Authorware 7.0 会根据运算符的优先等级来决定运算的顺序，第一级 () 的运算符具有最高的优先权。如果在表达式出现同一级的运算符，Authorware 7.0 按照该行中从左到右的顺序执行。运算符及优先级如表 8-1 所示。

除了表中介绍的运算符之外，还有一个注释符"--"。在程序中，我们往往使用注释符为程序表达式加上一个注释说明的信息，来帮助修改调试程序，同时也便于程序维护。注释符可以加在计算编辑窗口的任意位置，加入注释符后，其所在行中注释符后面的内容将被 Authorware 7.0 忽略。

表 8-1　运算符及优先级

种　类	运　算　符	作　用	优 先 级 别
赋值运算符	=	将运算符右边的值赋给左边的变量	第九级
关系运算符	=	等于	第七级
	< >	不等于	
	<	小于	
	< =	小于等于	
	>	大于	
	> =	大于等于	
逻辑运算符	~	非运算	第二级
	&	与运算	第八级
			或运算	
算术运算符	+	加	第五级
	−	减	
	*	乘	第四级
	/	除	
	**	求幂	第三级
连接运算符	∧	将两个字符串连接成一个	第六级

4．程序语句

程序语句是由一个或多个表达式构成的 Authorware 指令，能够实现一个完整的功能，例如完成一项操作或进行某些计算等。Authorware 中共有 4 类程序语句。

（1）赋值语句

由赋值表达式直接构成的语句。例如：

```
Movable:=FALSE
```

就是一个最简单的赋值语句。

（2）函数调用语句

由函数调用直接构成的语句。例如：

```
Beep()
```

就是一个最简单的函数调用语句。

（3）条件语句

条件语句和即将介绍的循环语句部属于结构化程序语句。条件语句使程序根据不同的条件执行不同的操作，而循环语句用于重复执行某些操作。

条件语句的基本格式为：

```
if 条件 1  then
    操作 1
else
    操作 2
end if
```

Authorware 在执行条件语句时，首先检查"条件 1"，当"条件 1"成立（其值为 TRUE）时，就执行"操作1"，否则执行"操作2"。

（4）循环语句

循环语句共有3种类型：Repeat with、Repeat with in、Repeat while。

① Repeat With。该循环类型用于将同样的操作执行指定次数，其使用格式为：

```
Repeat with 计数变量:=起始值[down] to 结束值
    操作
End repeat
```

执行次数由起始值和结束值限定，计数变量用于跟踪当前循环执行了多少次。

② Repeat With in。该循环类型与 Repeat with 类型相似，也是用于执行指定次数的操作，但是次数由一个列表控制：为列表中的每个元素执行一次循环，列表中的元素个数就是循环进行的次数。其使用格式为：

```
Repeat with 变量 in 列表
    操作
End repeat
```

例如以下语句：

```
Times:=0
Repeat with n in [50,20,30,20,60,90,10,20,30,20,70,40]
  If n=20 then
  Times:=Times+1
  End if
End repeat
```

其执行结果是遍历列表中的元素，并将20出现的次数（4次）保存到变量 Times 中。

③ Repeat While。该循环类型用于在某个条件成立的情况下重复执行指定操作，直到该条件不再成立为止，其使用格式为：

```
Repeat while 条件
    操作
End repeat
```

例如以下语句：

```
MyVariable:=0
Repeat while MyVariable＜10
MyVariable:=MyVariable+1
End repeat
```

其执行过程是当变量 MyVariable 的值小于10时，就对其加1，直至 MyVariable=10 为止。

使用这种类型的循环语句时，要注意防止出现死循环。出现死循环时，可以按 Ctrl+Break 组合键来中断该循环的运行。

例如求 1～100 之间整数的和。

其程序的创建及运行结果如图 8-67 所示。sum 的值为 5050，每执行一次循环，变量 times 的值就自动加1，直到 times＞100 时循环自动结束。

   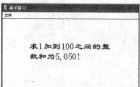

图 8-67 程序的创建与运行结果

8.3.8 Authorware 程序制作实例

综合运用以上各知识点制作一个程序，实现简单算术题计算。

操作步骤如下：

1. 窗口初始化

① 建立一个新文件，选择"文件"|"保存"命令，将该文件以"简单算术题"为名，保存到文件夹中。

② 拖入"计算"图标到流程线上，命名为"定义窗口"，并在其内输入图 8-68 所示的内容。Yes 和 No 变量用于存储答题正确数和错误数，Num 变量用于存储题目个数，i 变量用于出题计数器。

③ 拖入"显示"图标到流程线上，命名为"背景"，并导入"第 9 章综合实例素材\背景.GIF"文件作为背景，启动"防止自动擦除"选项，如图 8-69 所示。

图 8-68 初始化"计算"图标的内容

2. 设定题目个数

① 在"背景"显示图标下再放置一个"显示"图标，命名为"输入题数"。

② 双击"背景"图标，然后按住 Shift 键的同时双击"输入题数"图标，在打开的窗口中输入图 8-70 所示的提示文字，将"字号"设为 24，"字体"为隶书，颜色为蓝色，"模式"设定为"透明"，关闭窗口。

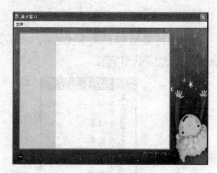 

图 8-69 作品背景　　　　图 8-70 "输入题数"图标内容

③ 拖入"交互"图标到流程线上，命名为"题目个数"。

④ 拖入"计算"图标到"题目个数"图标的右边，确定交互类型为"文本交互"，命名为*，如图 8-71 所示，用于读取任意字符。然后在"响应"选项卡的"分支"下拉列表中选择"退出交互"选项。

⑤ 双击*计算图标，输入图 8-72 所示的内容，将用户输入的数值存入 Num 变量中。

图 8-71 "文本交互"的设置

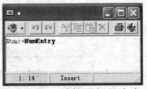

图 8-72 *计算图标的内容

⑥ 双击"题目个数"交互图标，再双击其中的文本交互区域，弹出属性设置面板，设定内容如图 8-73 所示，其中"颜色"为红色，并将交互区域摆放在适当的位置上。

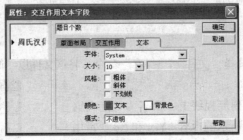

图 8-73 文本交互区域的设置

3. 循环出题并判断

① 拖入"擦除"图标到流程线上，命名为"擦除提示"，运行程序，输入任意数字后，程序暂停在"擦除"图标上，此时单击"输入题数"标签里的内容，将其擦除悼。

② 拖入"计算"图标到流程线上，命名为"产生两个数"，并在其中输入图 8-74 所示的内容，用于随机产生两个 0~9 的随机数，分别赋值给 x 和 y 变量。

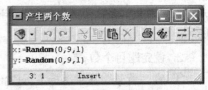

图 8-74 "产生两个数"图标内容

③ 拖入"显示"图标到流程线上，命名为"显示题目"，在其中输入图 8-75 所示的内容，用于将 x 和 y 两个变量的值显示出来。

④ 再拖入"交互"图标到流程线上，命名为"判断"。

⑤ 拖入"计算"图标到"判断"图标的右边，确定交互类型为"文本交互"，命名为*，如图 8-76 所示，用于读取任意字符。然后将响应"分支"设为"退出交互"。

图 8-75 "显示题目"图标内容

图 8-76 新增加的判断分支

⑥ 运行程序，输入 2 后按 Enter 键，暂停程序，双击文本交互区域，弹出属性设置面板，设置如图 8–73 所示，其中"颜色"为蓝色，并将交互区域摆放在适当的位置上。

⑦ 拖动"擦除"图标到流程线上，命名为"擦除题目"。

⑧ 双击"显示题目"图标，再按住 Shift 键的同时双击"擦除题目"图标。

⑨ 在演示窗口中单击文字内容，将其擦除悼。

⑩ 双击"判断"图标中的*计算图标，输入图 8–77 所示的内容。其中第一行用于读取用户输入的答案并保存到 result 变量中。第 2～6 行对用户输入进行判断，回答正确时 Yes 变量加 1，回答错误时 No 变量加 1。第 7～12 行用于判断是否完成出题数目，如果 i 变量小于等于 Num，证明题目数目不够，应返回到"产生两个数"图标，继续出题；否则，出题结束。

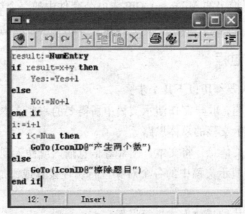

图 8–77　"判断"计算图标内容

⑪ 拖入"显示"图标到流程线上，命名为"显示结果"，在其中输入图 8–78 所示的内容。

4. 继续下一次操作

① 拖入"等待"图标到流程线上，如图 8–79 所示，等待"时限"为 2 秒。

图 8–78　"显示结果"图标中的内容

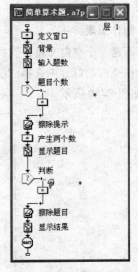

图 8–79　完整的流程线

② 选择流程线上的全部图标，单击工具栏中的"剪切"按钮。

③ 拖入"交互"图标到流程线上，命名为 Main。

④ 再拖入"群组"图标到 Main 的右边，确定交互类型为"条件交互"。

⑤ 单击条件响应类型标志，在属性面板中将"条件"设为 TRUE，"自动"设为"为真"。

⑥ 双击"群组"图标，单击工具栏中的"粘贴"按钮，将刚才剪切的图标粘贴过来。

⑦ 运行程序，观看效果。

8.4 PowerPoint 2003 的使用方法

PowerPoint 是微软公司推出的 Microsoft Office 办公套件中的一个组件，专门用于制作演示文稿（俗称幻灯片）。在各种会议、产品演示、学校教学等领域都有广泛运用。

8.4.1 演示文稿的制作过程

演示文稿的制作，一般要经历以下几个步骤：

① 准备素材：确定主题，收集制作演示文稿中所需要的一些文本材料、图片、音、动画等。

② 确定方案：构建演示文稿的总体思路。

③ 初步制作：组织相关信息，将文本、图片等信息输入或插入到幻灯片中。

④ 装饰处理：对幻灯演示文稿中的各个对象进行属性设置或添加效果（包括字体、大小、动画等）。

⑤ 预演播放：对幻灯片的播放形式进行设置。

⑥ 保存文件：完成以上设置后，将演示文稿保存到硬盘中。

8.4.2 PowerPoint 幻灯片制作实例

图表演示往往比文字更具立体性和直观性，PowerPoint 制作中也常常用到图表演示，下面以插入图表幻灯片的制作为例说明其制作过程。操作步骤如下：

1. 制作图表

① 新建一个空白文稿，选择合适的版式。

② 在空白幻灯片中选择"插入"|"图表"命令或直接单击工作区的 图标，进入图表编辑状态，如图 8-80 所示。

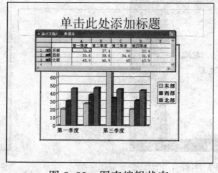

图 8-80 图表编辑状态

③ 编辑图表"以某高校近年大学生就业率"为数据基础，将第一行标题改为年份"2005 年、2006 年…"，列标题改为"就业率"，把不必要的第二、三行删除，得到图 8-81 所示的数据表。

演示文稿6 - 数据表						
		A	B	C	D	E
		2006年	2007年	2008年	2009年	
1	就业率(%)	98.5	95.7	92.3	89.7	
2						
3						
4						

图 8-81　编辑图表数据

④ 系统默认为三维柱状图，可以通过"图表类型"对图表进行设置。右击图表区，在弹出的快捷菜单中选择"图表类型"命令，弹了"图表类型"对话框，如图 8-82 所示，根据数据的需要选定一种图表类型。

⑤ 同理，右击图表区，在弹出的快捷菜单中选择"图表类型"命令，弹出"图表选项"对话框，如图 8-83 所示，对图表的内容及相关属性进行设置。

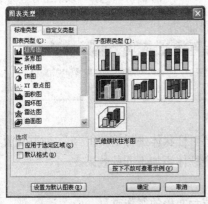

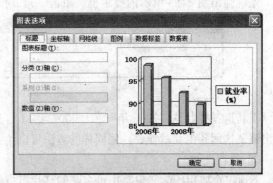

图 8-82　"图表类型"对话框　　　　　图 8-83　"图表选项"对话框

⑥ 同理，右击图表区，在弹出的快捷菜单中选择"设置图表区格式"命令，弹出"图表区格式"对话框，如图 8-84 所示，对图案和字体进行设置。

⑦ 完成图表制作后，进入 PowerPoint 工作区，在图片的 8 个小圆点处，当光标呈双箭头形状时，拖动鼠标调整至合适大小，完成图表的设置，如图 8-85 所示。

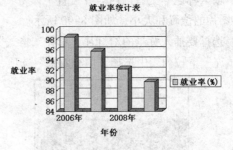

图 8-84　"图表区格式"对话框　　　　　图 8-85　图表

2. 图表修饰

一个好的图表演示需要有动静结合的表现方式，可使演示更加生动。

① 应用模板，如图 8-86 所示。

② 添加动画效果。添加动画效果有两种，一种是通过"动画方案"为整个图表添加；另外

一种是自定义方案，这里介绍为图表的个体添加动画方案。选中图表并右击，在弹出的快捷菜单中选择"组合"|"取消组合"命令，如图 8-87 所示。

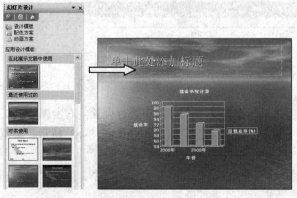

图 8-86　应用母版　　　　　　　　　　　　图 8-87　选择"取消组合"命令

系统弹出图 8-88 所示的提示框，单击"是"按钮取消组合。

图 8-88　消息提示

重新选择柱状体"2006 年"和"2007 年"（首先要对柱状体进行重新组合），对其设置动画，突出强调这两年的高就业率。用同样的方法可以给各个柱体添加不同的效果。

③ 保存文件。

下面综合应用所学知识制作由多张幻灯片组成的演示文稿的制作过程。

操作步骤如下：

（1）幻灯片一

① 启动 PowerPoint，新建一演示文稿，保存为"王者巴西"。

② 设置幻灯片版式，选择"标题和文本"版式，如图 8-89 所示。

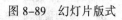

图 8-89　幻灯片版式

③ 输入标题"王者巴西"并设置字体格式，在"绘图"工具栏中单击 按钮插入一张图片并调整图片的位置和大小，如图 8-90 所示。

④ 选择要插入背景的幻灯片，选择"格式"|"背景"命令，并弹出"背景"对话框，单击"背景填充"下拉列表中选择"填充效果"选项，如图 8-91 所示。

图 8-90　标题幻灯片　　　　　　　　　　图 8-91　"背景"对话框

弹出"填充效果"对话框，单击"图片"标签，如图 8-92 所示。再单击"选择图片"按钮，弹出"选择图片"对话框，选择要插入的图片文件，单击"插入"按钮即可插入图片，如图 8-93 所示。

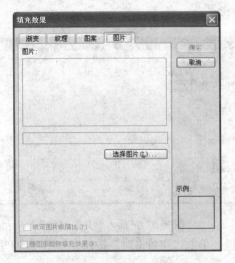
图 8-92　"填充效果"对话框

图 8-93　"图片"选项卡

可以选择"忽略母版的背景图形"复选框，单击"应用"按钮（背景只用于选定的幻灯片），幻灯片如图 8-94 所示。

⑤ 为幻灯片设置"大标题"动画方案，再单击下面的"应用于所有幻灯片"按钮确定选择。

（2）幻灯片二

① 再新建一张幻灯片，也可以直接按 Enter 键。

② 修改幻灯片版式，在"应用于幻灯片版式"列表框中选择"文字和内容版式"中的"标题，文本与剪贴画"。

③ 输入文字，在标题和文本框内输入相应的内容，插入图片，调整文字格式和图片大小。应用"设计模板"选择合适的模板，然后选择"回旋"为模板的动画方案。

效果如图 8-95 所示。

图 8-94　背景设置效果

图 8-95　幻灯片二

（3）幻灯片三

用幻灯片一、二的方法分别建立幻灯片内容，例如主教练、巴西之星、历史名人、主力阵容、最好成绩、世界杯精彩片段的内容需要逐一介绍，基于篇幅，这里不再陈述。

在"世界杯精彩片段"一节中插入影片，其方法如下：

准备好视频文件，选择"插入"|"影片和声音"|"文件中的影片"命令，如图 8-96 所示。选择要插入的文件，单击"确定"按钮将视频文件插入到幻灯片中，如图 8-97 所示。

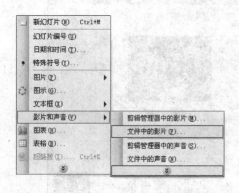

图 8-96　选择"文件中的影片"命令　　　　图 8-97　"插入影片"对话框

此时系统弹出一个询问播放影片方式的对话框，单击"在单击时"按钮，如图 8-98 所示。然后调整插入影片的大小，如图 8-99 所示。

图 8-98　播放提示框　　　　　　　　图 8-99　幻灯片三

（4）跳转设置

在第二张幻灯片中可以采用"链接法"进行跳转设置。

选中二号幻灯片中的"佩雷拉"，选择"插入"|"超链接"命令（或按 Ctrl+K 组合键），弹出"编辑超链接"对话框，选择"佩雷拉"对应的幻灯片号，单击"确定"按钮。

使用同样的方法对二号幻灯片的其他内容做"跳转设置"。

（5）完成幻灯片制作，保存文件。

注意：在介绍第二个例子时，作者省略了一些重复步骤，读者可在学习的过程中自由发挥。

小　结

本章主要介绍运用软件工程的思想设计多媒体应用系统的一般过程及原则，以及多媒体创作软件 Authorware 7.0 与 PowerPoint 2003 的主要功能及其基本操作。通过本章的学习，可掌握在多媒体程序开发过程中需要遵循的方法、规则和分析实际问题的思想，以便在今后用理论来指导实践，编写出好的多媒体软件。PowerPoint 在各种会议、产品演示、学校教学等领域都广泛运用，但利用 Authorware 可以制作出比 PowerPoint 2003 功能更强的作品。

思考与练习

一、填空题

1. 多媒体作品开发步骤主要有＿＿＿＿、＿＿＿＿＿、＿＿＿＿＿、＿＿＿＿＿、＿＿＿＿＿、＿＿＿＿＿和＿＿＿＿＿。

2. 屏幕布局必须要＿＿＿＿、＿＿＿＿＿、＿＿＿＿＿和＿＿＿＿＿。

3. Authorware 提供了＿＿＿＿＿＿种交互方式。

4. 多媒体系统的设计应体现以＿＿＿＿＿＿＿为中心的原则。

5. Authorware 中的分支图标主要有 3 种分支方式，即＿＿＿＿＿、＿＿＿＿＿、＿＿＿＿＿。

6. Authorware 中的动画有两种方式，即＿＿＿＿＿＿和＿＿＿＿＿。

7. Authorware 中的函数包括两大类，即＿＿＿＿＿和＿＿＿＿＿。

8. 在 Authorware 中可通过选择＿＿＿＿＿命令为流程线上的连续多个图标建立群组。

二、选择题

1. Authorware 中的运动图标提供了＿＿＿＿＿种运动方式。
   A. 3   B. 4   C. 5   D. 6

2. 如果要在演示窗口中绘制一个正正方形，拖动鼠标的同时需按住＿＿＿＿＿。
   A. Ctrl   B. Ctrl+C   C. Shift   D. A1t

3. 以下不是 Authorware 提供的交互方式的是＿＿＿＿＿。
   A. 文本交互   B. 按键交互   C. 分支交互   D. 目标区域交互

4. Authorware 中函数的调入由＿＿＿＿＿图标完成。
   A. 显示   B. 计算   C. 交互   D. 分支

5. Authorware 变量列表框中＿＿＿＿＿变量，可以快速将变量粘贴到指定位置。
   A. 双击   B. 单击   C. Ctrl+x   D. Ctrl+Shift

三、问答题

1. 多媒体应用系统开发基本步骤有哪些。

2. 人机界面设计有哪些原则。试简单说明。

3. 简述界面设计的一般过程。

4. 简述使用 PowerPoint 制作演示文稿的基本思想和步骤。

5. Authorwsre 采用流程线方式的程序结构有什么优点。

6. Authorware 7.0 提供的导入外部文件的方法有哪几种。

四、操作题

1. 制作阴影字。要求：在演示窗口内输入文字时，它位于由文本标尺决定的文字区域上，如果将两个文字区域相互重叠，那么前端的文字将覆盖后端的文字，但将它们设置为透明模式时，将使后端的文字透过前端文字的背景显示出来。制作阴影字时，只需要将两组透明的文字分别设置成深浅不一的颜色，将它们稍稍错位，就可以得到漂亮的阴影字。

2. 给图像添加说明文字。要求：在演示窗口内输入一幅图像如微型计算机，在主机区域旁添加指向主机的带红色箭头直线，并添加"主机"等说明文字，将它们设置为透明模式。同样对微型计算机其他部件如显示器、键盘、鼠标等添加说明文字。

3. 做一个带数字显示的交通信号灯的动画。要求：红灯、黄灯和绿灯循环显示，红灯的持续时间为 5s，黄灯为 2s，绿灯为 10s，而且剩余时间要及时在屏幕上显示出来。

4. 制作一个时钟。要求：

① 时分秒针和机器时钟同步变化；

② 眼球左右沿弧线移动；

③ 下摆每秒摆动一次；

④ 数字显示同步变化。

5. 制作一个可用鼠标拖动速度的动画播放器。要求：

① 动画文件可以自己选一个扩展名为.FLC 的动画文件。注意文件不要太大，不要超过 5 MB，否则控制播放时反应速度慢；

② "开始/停止"、"减速"和"加速"按钮分别能起到规定的作用；

③ 用鼠标拖动指针时，播放速度相应变化。

6. 人机交互的五子棋练习。要求：

① 人在棋盘上的某一点交叉点上点一下，出现 1 个黑棋子，计算机根据一定的规则，在适当的地方放 1 个白棋子；

② 无论横竖或 45° 斜线方向，谁先摆上连续的 5 个自己一方的棋子，谁就赢棋。

7. 加法练习。要求：

① 随机产生 2 个数 x 和 y，要求用户用文本的方式输入这 2 个数相加的结果；

② 若答案正确，则给出正确的提示；若答案错误，则结出有错误的提示；

③ 系统记录用户输入的正确和错误次数；

④ 如果 3 次输入的结果错误，则系统退出。

8. 应用 Authorware 多媒体编辑工具制作"毕业生自荐多媒体软件"。要求：

① 应用多种媒体，如文本、图形、图像（静态图像、动态图像）、声音（自录解说声音、背景音乐、歌曲）、动画等向用人单位介绍自己的基本情况、学习情况、工作及社会实践活动、作品展示、性格爱好、工作意向、联系方式等内容；

② 可采用顺序结构与分支结构相结合的结构设计主流程线。分支结构可采用多种交互方式向用人单位的人员选择关心的内容进行了解；

③ 主流程线要体现软件的主要内容并结构完整。开始要表达欢迎考察、结束的要表示感谢；

④ 尽量多使用群组图标，以简化程序结构，明晰各部分功能；

⑤ 尽量利用现有的设备条件和掌握的技术将多种信息数字化，变为 Authorware 支持的媒体信息，如图像（静态图像、动态图像）、声音（自录解说声音、背景音乐、歌曲）、动画等。

第9章 实 验

9.1 音 频 编 辑

1. 实验目的

① 了解常用音频处理软件和硬件。

- 掌握 Windows 提供的音频处理工具，即录音机的简单使用方法。
- 掌握 Cool Edit Pro 的菜单、工具箱、控制面板的功能。
- 掌握音频卡和其他音频设备的设置和连接。

② 了解音频数据的获取和处理方法，了解音频数据的特性，探讨采样频率对数据量、音质的影响，以及带来的问题。

③ 学会使用简单的音频编辑工具进行音频数据的录制、从其他音频文件（如 CD、MP3 等）获取素材，并进行编辑和播放的基本手段。

2. 实验内容

利用 Windows 自带的录音机进行录音，并使用 Cool Edit 进行合成、压缩等其他音频处理。内容包括：

① 用 Windows 录音机录制自己的声音，设置不同的采样频率和量化位数，分别将文件存为 *.WAV 格式。

② 用 Cool Edit 做降噪处理。

③ 找一段歌曲，用 Cool Edit 消除原唱者声音。

④ 对录好的声音进行"回声"、"淡入"、"淡出"处理；用"混缩粘贴"功能对录音文件和事先准备好的音乐文件进行混音，做成一个具有音乐背景的语音文件。

⑤ 对混音后的音频文件进行压缩，比较压缩前后的声音质量，并转换为 MP3 格式。

⑥ 利用多音轨功能将自己的声音与乐曲合成一段完整的声音文件。

3. 实验操作步骤

（1）录音

很多通用的声音素材可以从网上下载，也可以从购买的数字音像制品转换编辑而得到。但是，有些声音素材，比如作品的解说配音就需要自己录制。

步骤 1：录音准备。

录音前要准备好必要的设备，如传声器（耳麦、话筒）、音箱等，并将其插头和音频卡正确连接。一般音频卡在主机箱后有 3 个插孔，从上至下依次是输出（SPK 或 OutPut）、线性输入（Line In）和麦克风（Mic）。其中，输出和耳机（音箱）插头相连，话筒插头插入麦克风插孔。

步骤 2：设置 Windows 中麦克风的录音开关。

Windows 系统默认情况下，麦克风的音量开关设置是关闭的，因此，即使将麦克风插好了也不能将麦克风声音录下来。打开麦克风的录音开关的操作如下：

① 双击 Windows 任务栏右端的"音量"小喇叭，弹出图 9-1 所示的对话框。

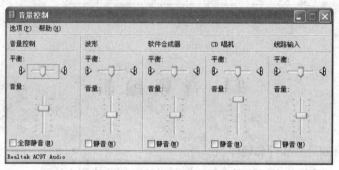

图 9-1　"音量控制"对话框

② 选择"选项"|"属性"命令，弹出图 9-2 所示的对话框，选择"录音"单选择钮，在"显示下列音量控制"列表框中选择"麦克风"复选框。

③ 单击"确定"按钮返回图 9-3 所示对话框，将"麦克风"设为"选择"状态。

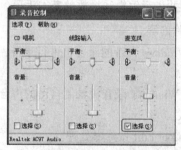

图 9-2　"属性"对话框　　　　图 9-3　将"麦克风"设为选择状态

步骤 3：取消麦克风的播放静音状态。

再次打开"属性"对话框，选择"播放"复选框（见图 9-4），取消"音量控制"中"麦克风"的"静音"状态，即可以进行录音工作。

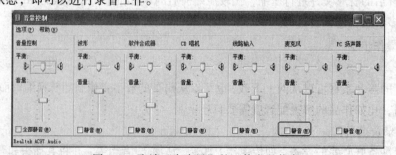

图 9-4　取消"麦克风"的"静音"状态

步骤 4：利用 Cool Edit 或 Windows 的自带录音机进行录音，并保存音频文件。

方法一：利用 Cool Edit 录音（见图 9-5）。

① 选择"文件"|"新建"命令，弹出"新建波形"对话框，设置采用频率、声道数和量化位数。

② 在波形编辑界面中，单击功能键中的"录音"按钮，开始录音，录制完毕，单击"停止"按钮停止录音。

③ 选择"文件"|"保存"命令保存声音文件，格式为 WAV。

图 9-5　Cool Edit 录音

方法二：利用 Windows 的自带录音机录音。

① 选择"开始"|"附件"|"娱乐"|"录音机"命令，启动录音机软件，单击"录音"按钮，开始录音（见图 9-6）。

② 选择"文件"|"另存为"命令，保存为文件类型为 WAV 的文件。

（2）利用 Cool Edit 进行音频处理

步骤 1：对录入的声音进行噪声消除处理。

录入的声音由于环境和设备的原因会带有较大噪声，降噪处理可以美化录入的声音，但如果降噪处理不合理就会导致声音失真，彻底破坏原声。

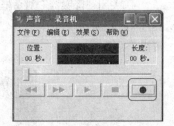

图 9-6　Windows 录音机界面

① 单击"波形水平放大"按钮放大波形，以找出一段适合用来做噪声采样的波形（见图 9-7）。噪声采样选取的波形一般应该是振幅比较小的波形。选取时，按鼠标左键拖动直至高亮区完全覆盖所选的波形。

② 选择"效果"|"噪音消除"|"降噪器"|"噪音采样"命令，弹出"降噪器"对话框，单击"噪音采样"按钮显示噪音样本轮廓（见图 9-8）。按默认值试听，并尝试调整参数。但无论何种方式的降噪都会对原声有一定的损害。

图 9-7　选择噪音样本

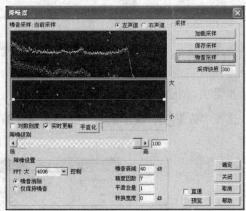

图 9-8　"降噪器"对话框

③ 参数设置合适后，单击"保存采样"命令，将采样结果保存为.FFT 文件（见图 9-9）。

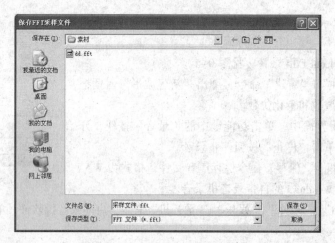

图 9-9　保存降噪样本为.FFT 文件

④ 关闭"降噪器"对话框，返回主界面。选中整个波形，再选择"效果"|"噪音消除"|"降噪器"，在弹出的对话框中单击"加载采样"按钮，选取上一步保存的格式为.FFT 的样本文件，单击 OK按钮（见图 9-10）。

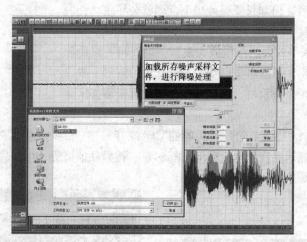

图 9-10　加载采样

步骤 2：消除音乐中的人声，制作伴奏曲（图 9-11）。

选择"效果"|"波形振幅"|"声道重混缩"命令，在弹出对话框的列表框中选择 Vocal Cut选项。

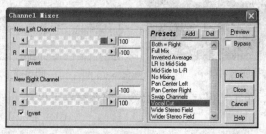

图 9-11　消除人声

步骤 3：声音的合并。

将消除了噪声的人声和伴奏曲合并。常用的声音合并的方式有多音轨合并和混缩粘贴两种。

方法一：多音轨合并（见图 9-12）。

① 选择"查看"|"多轨操作窗"命令或按 F12 键将界面转换至多音轨界面，将人声放至音轨 1，伴奏乐放至音轨 2。

② 选择音轨 3 并右击，在弹出的快捷菜单中选择"混缩为音轨"|"全部波形"命令，音轨 3 中将产生一段既有人声又有伴奏音乐的音波。

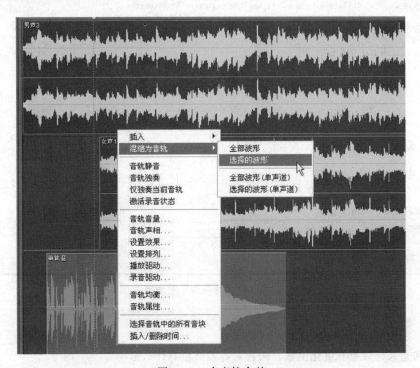

图 9-12　多音轨合并

方法二：在波形编辑界面混缩粘贴。

① 在波形编辑界面打开伴奏乐文件，选择全部波形，然后选择"编辑"|"复制"命令。

② 打开人声的波形文件，选择"编辑"|"混缩粘贴"命令，在"混缩粘贴"对话框中选择"混合"单选按钮，如图 9-13 所示。

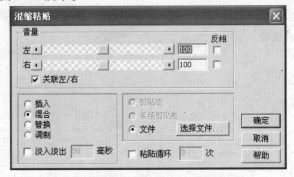

图 9-13　"混缩粘贴"对话框

步骤 4：文件的保存。

最后将混缩后的音乐保存至硬盘中。

若采用方法一进行合并，在多音轨界面中切换至音轨 3，选择"文件"|"混缩另存为"命令，弹出图 9-14 所示的对话框，选择想要保存文件的目录及文件名，保存类型可选 MP3 或 WMA 文件。

若采用方法二进行合并，在波形文件编辑界面中选择"文件"|"另存为"命令即可保存。

图 9-14 "另存为"对话框

实验思考

1. 什么是采样频率和量化位数，两者对音频质量有什么影响。
2. 简述采样频率与自然声频率之间的关系。

9.2 图形图像编辑

1. 实验目的

掌握图像的编辑手段，如调整色调、改变亮度和对比度、设置选区、使用滤镜、认识图层、图层的基本编辑手段、图像合成等。

2. 实验内容

① 色调调整。

② 亮度和对比度调整。

③ 选区设置。

④ 滤镜的使用。

⑤ 利用图层进行图像合成。

3．实验步骤

（1）色调调整

步骤 1：打开图 9-15 所示的图像，该图像偏红。

步骤 2：选择"图像"|"调整"|"色彩平衡"命令，在弹出的对话框中进行调整，纠正偏色。

步骤 3：将调整好的图像保存为 16 位的 BMP 文件，文件名为"纠正偏色.BMP"。

图 9-15　偏色图像

（2）亮度和对比度调整

步骤 1：打开图 9-16 所示的图像。

步骤 2：选择"图像"|"调整"|"亮度对比度"命令，在弹出的对话框中适当增加亮度和对比度，使照片看起来清晰可辨，如图 9-17 所示。

图 9-16　素材图像　　　　　　　图 9-17　调整亮度和对比度后的图

步骤 3：保存图像，文件名为"增加清晰度.JPG"。

（3）选区设置

步骤 1：打开图 9-18 所示的图像。

步骤 2：利用选区工具把麋鹿设置为选区。

步骤 3：单击 ⊕ "移动工具"，按住 Alt 键的同时复制一只麋鹿，并改变其大小，如图 9-19 所示。

步骤 4：保存文件，文件名为"选区复制.JPG"。

图 9-18　素材图像　　　　　　　图 9-19　复制选区后的图片

（4）滤镜的使用

步骤 1：打开图 9-20 所示的图像。

步骤 2：选择"滤镜"|"渲染"|"镜头光晕"命令，在弹出的对话框中制作逆光拍摄形成的灯光和光斑，如图 9-21（a）所示。

步骤 3：选择"滤镜"|"扭曲"|"旋转扭曲"命令，在弹出的对话框中制作图像顺时针旋转扭曲 125° 的效果，如图 9-21（b）所示。

图 9-20　素材图片

步骤 4：在"历史记录"面板中退回到上一步，即将滑块移动到"镜头光晕"，选择"滤镜"|"风格化"|"风"命令，在弹出的对话框中制作图 9-21（c）所示的效果。

步骤 5：在"历史记录"面板退回到上一步，即将滑块移动到"镜头光晕"，选择"滤镜"|"杂色"|"添加杂色"命令，在弹出的对话框中制作图 9-21（d）所示的效果。

步骤 6：保存文件，文件名为"滤镜效果.JPG"。

（a）镜头光晕   （b）旋转扭曲   （c）风   （d）添加杂色

图 9-21   实施各种滤镜的效果

（5）利用图层进行图像合成

步骤 1：打开图 9-22（a）和图 9-22（b）所示的图像。

步骤 2：利用"魔棒工具"将图 9-22（b）所示的人物设置为选区，按 Ctrl+C 组合键，将人物复制到剪贴板中。按 Ctrl+V 组合键，将剪贴板中的内容粘贴到图 9-22（b）中，进行自由变换和调整。

步骤 3：添加文字图层，输入"加油！"，并对该文字图层应用"外发光：正常混合模式，不透明度 100%，杂色 50%"的图层样式，最终形成图 9-22（c）所示的合成效果。

步骤 4：保存含有图层的图像，文件名为"合成.PSD"。

步骤 5：先栅格化文字图层，再合并所有图层，保存图像，文件名为"合成.JPG"。

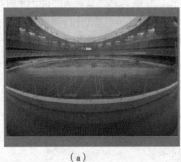

（a）   （b）   （c）

图 9-22   合成图像

实验思考

1. 为什么不可过分地调整对比度和亮度？
2. 可以对同一图像多次使用滤镜吗？
3. 如果保存带有图层的图像文件，应采用哪种文件格式？
4. 用 Photoshop 设计宣传海报。

主题：保护地球物种，避免生物灭绝，恢复生物多样性。

素材：可自行选择。

构图形式：点构图或者线构图。

要求：① 图像上用到滤镜和图层。

② 海报上必须有添加了图层样式的文字图层。

9.3 视 频 编 辑

1. 实验目的

① 了解视频的基本原理。

② 熟悉和掌握非线性编辑软件 Premiere 的基本操作。

③ 培养创新意识，创作有个性的作品。

2. 实验内容

使用 Premiere 制作自己的第一个非线性影视作品。要求有配音、字幕，适当运用转场，片头要有片名、作者、姓名、班级，片尾要有制作团队、致谢、学校、制作日期。

3. 实验步骤

① 从校园生活、专业介绍、风景名胜、上海世博中选择一个主题，围绕主题设计一个剧本。

② 拍摄或从 VCD、DVD 视频光盘、网上获取两段与主题相关的视频。

③ 将这两段视频拖动到时间轴上，注意两段视频之间不要留有空白。

④ 选择一个过渡效果拖动到两段视频之间，在 Effects Controls 窗口中设置过渡效果。

⑤ 打开字幕编辑窗口并添加字幕。

⑥ 将字幕文件拖动到 Timeline 窗口中，调整字幕的持续时间为 40 秒。

⑦ 去掉原视频和音频间的关联，删除原视频的音频部分。

⑧ 录制新的音频。

⑨ 导入新的音频并拖动到 Timeline 窗口的音频轨道上。

⑩ 保存项目文件为"第一个作品.PPJ"，输出视频文件为"第一个作品.AVI"。

实验思考

1. 对字幕可以使用滤镜吗？

2. 如何制作慢镜头？

9.4 动 画 制 作

1. 实验目的

掌握使用 Flash 动画的制作技巧。

2. 实验内容

① 制作逐帧动画跑动的小白马，并为动画设置背景音乐。最终效果如图 9-23 所示。

图 9-23　小白马动画最终效果图

② 制作顺时针旋转的风车，效果如图 9-24 所示。

图 9-24　顺时针风车动画最终效果图

3．实验步骤

① 制作逐帧动画跑动的小白马的操作步骤如下：

步骤 1：选择"文件"|"新建"命令，创建一个 Flash 文档。

步骤 2：设置画布大小为 640×480 厘米。

步骤 3：选择第 1 帧，选择"文件"|"导入"中命令，导入小马的第一张图片。

步骤 4：依次在第 2 和第 8 帧的位置，导入小马的第 2 和第 3 张图片。

步骤 5：添加"图层 2"。

步骤 6：选择"文件"|"导入"命令，导入喜欢的声音文件。

步骤 7：选择"图层 2"的第 1 帧，在属性面板中添加刚刚导入的声音文件，并选择开始同步。

步骤 8：按 Ctrl+Enter 组合键测试影片。

步骤 9：选择"文件"|"导出影片"命令，保存到自己的文件夹中，并命名为 F1 后退出。

② 制作顺时针旋转的风车的操作步骤如下：

步骤 1：选择"文件"|"新建"命令，创建一个 Flash 文档。

步骤 2：在第 1 帧的位置利用"椭圆工具"绘制风车的一个叶片，并将其转换为图形元件。

步骤 3：选择"窗口"|"变形"命令，将其旋转 45 度。然后复制该文件并应用变形，依次制作出其余的风车叶片并调整其位置。

步骤 4：选择全部风车叶片，将其组合成一个元件。

步骤 5：在第 30 帧处插入关键帧。

步骤 6：返回第 1 帧设置动作补间动画，并顺时针旋转。

步骤 7：按 Ctrl+Enter 组合键测试影片。

步骤 8：选择"文件"|"导出影片"命令，保存到自己的文件夹中，并命名为 F5 后退出。

实验思考

1. Flash 有几种动画类型？

2. 如何操作帧？

9.5　架设流媒体服务器

1．实验目的

① 理解流媒体的传输方式。

② 掌握一种流媒体服务器的安装和基本设置。

③ 能够制作流媒体文件。

④ 能够在网络中播放流媒体。

2．实验内容

① 在装有 Windows Server 2003 操作系统的同一台计算机上安装 Windows Media Services 9.0 组件和 Windows Media 编码器。

② 将 9.3 节实验内容的部分成果转换成 Windows Media 文件格式（提示：使用 Windows Media 编码器的"转换文件"功能）。

③ 创建该视频的点播发布点（建议：发布点的内容类型为"一个文件"）。

④ 在局域网的另一台计算机上实现该视频的流式访问。

3．实验步骤

① 在装有 Windows Server 2003 操作系统的同一台计算机上安装 Windows Media Services 9.0 组件和 Windows Media 编码器。

步骤 1：双击"控制面板"窗口中的"添加/删除程序"选项，弹出"添加/删除 Windows 组件"窗口，单击"添加"|"删除 Windows 组件"选项，弹出"Windows 组件向导"对话框，选择 Windows Media Services 复选框，如图 9-25 所示。

步骤 2：单击"详细信息"按钮，在弹出的对话框中选择子组件 Windows Media Services 和 "Windows Media Services 管理单元"复选框，如图 9-26 所示。

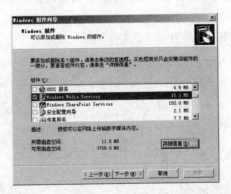
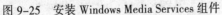

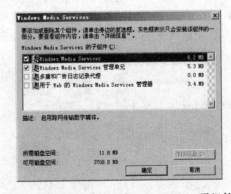

图 9-25　安装 Windows Media Services 组件　　图 9-26　选择 Windows Media Services 子组件

步骤 3：单击"确定"按钮，根据系统提示插入 Windows Server 2003 安装光盘即可成功安装 Windows Media Services 9.0 组件。

步骤 4：下载 Windows Media 编码器，然后再完全按照默认设置执行安装过程即可。图 9-27 所示是默认安装的第一个界面。也可以改变安装路径。

图 9-27　安装 Windows Media 编码器

安装完成后需重启计算机使安装生效。

② 将 9.3 节实验内容的部分成果转换成 Windows Media 文件格式（提示：使用 Windows Media 编码器的"转换文件"功能）。

步骤 1：选择"开始"|"所有程序"|Windows Media|"Windows Media 编码器"命令，弹出"新建会话"对话框，选择"转换文件"，单击"下一步"按钮。

步骤 2：指定源文件和输出文件，如图 9-28 所示，再单击"下一步"按钮。

步骤 3：选择"Windows Media 服务器（流式处理）"选项，再单击"下一步"按钮。

步骤 4：在"视频"下拉列表中选择"多比特率视频"选项，如图 9-29 所示，也可以保留默认值，继续单击"下一步"按钮。

步骤 5：可以输入相关信息，继续单击"下一步"按钮。

步骤 6：检查会话设置无误后，单击"完成"按钮开始文件格式转换。

步骤 7：转换完成后会弹出"编码结果"对话框，单击"播放输出文件"按钮可查看转换后的成果。

③ 创建该视频的点播发布点（建议：发布点的内容类型为"一个文件"）。

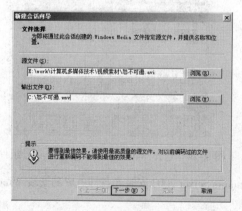

图 9-28　文件选择

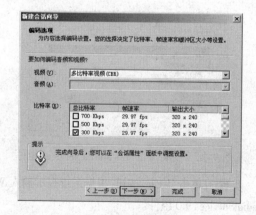

图 9-29　编码选项

步骤 1：双击"控制面板"窗口中的"管理工具"选项，在弹出的窗口中双击 Windows Media Services 选项，启动 WMS 管理窗口，右击窗口左侧的"发布点"选项，在弹出的快捷菜单中选择"添加发布点（向导）"命令，弹出"添加发布点向导"窗口，单击"下一步"按钮。

步骤 2：在"名称"文本框中输入要添加的发布点名称，再单击"下一步"按钮。

步骤 3：选择"一个文件"单选按钮，单击"下一步"按钮。

步骤 4：选择"点播发布点"单选按钮，单击"下一步"按钮。

步骤 5：选择"添加一个新的发布点"单选按钮，如图 9-30 所示，单击"下一步"按钮。

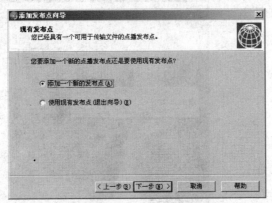

图 9-30　添加新的发布点

步骤 6：单击"浏览"按钮选择要发布的文件，在"文件名"文本框显示该文件的路径，单击"下一步"按钮。

步骤 7：继续单击"下一步"按钮。

步骤 8：确定信息无误后，单击"下一步"按钮，否则通过"上一步"按钮返回修改。

步骤 9：取消选择"完成向导后"复选框，单击"完成"按钮。

④ 在局域网的另一台计算机上实现该视频的流式访问。

假设在一个连通的局域网内名为 Media 的计算机上创建了一段视频的流式点播发布点，发布点的名称为"我的视频"。局域网内其他计算机访问该视频的方式如下：

步骤 1：启动 Windows Media Player。

步骤 2：在完整模式下，右击"正在播放"选项卡旁边的小三角，在弹出的快捷菜单中选择"文件"|"打开 URL"命令。

步骤 3：按照"mms://Media/我的视频"格式定位发布点的内容，单击"确定"按钮进行播放。

实验思考

1. Windows Media Services 9.0 组件和 Windows Media 编码器必须安装在同一台计算机上吗？

2. 一个最基本的流媒体系统必须包括哪 3 个模块？

9.6　古诗欣赏

1. 实验目的

① 掌握 Authorware 的程序开发规则。

② 综合运用 Authorware 知识点。

③ 熟练掌握 Authorware 7.0 的操作方法。

2．实验内容

创建一个古诗欣赏的程序，欣赏一首有名的古诗，使文字以运动的形式层层进入，并可以通过超链接查看作者的资料。本例涉及二维动画的设计、框架图标的使用和声音等图标的使用。最终流程图和最终效果如图 9-31 和图 9-32 所示。

图 9-31　古诗欣赏作品流程图　　　　　图 9-32　古诗欣赏最终效果图

3．实验步骤

步骤 1：新建一个文件，命名为"古诗欣赏.A7P"。

步骤 2：拖入一个显示图标到流程线，命名为"背景"。双击该图标，打开演示窗口导入背景图片。

步骤 3：拖入一个声音图标到流程线，双击该图标，打开"声音属性"对话框。

步骤 4：单击"导入"按钮，弹出"导入哪个文件？"对话框，选择一个适当的音乐文件，然后单击"导入"按钮。

步骤 5：单击"声音"对话框中的"计时"标签，在"执行方式"下拉列表中选择"永久"选项，在"播放"下拉列表中选择"直到为真"选项，在"播放条件"文本框中输入 Mybacksound=TRUE，在"开始"文本框中输入 Mybacksound=FALSE。

步骤 6：在流程线上添加一个显示图标并双击展开。使用"文本工具"输入"望庐山瀑布　李白"。将"望庐山瀑布"几个字设置为幼圆字体、36 磅字号、红色透明模式。

步骤 7：选择"文本"|"定义样式"命令。

步骤 8：在弹出的对话框中单击"添加"按钮，在文本框中输入"链接"，使用新魏体、14 磅字号、下画线、蓝色等文本的样式属性。在"交互性"选项组中选择"单击"单选按钮，并选择"指针"复选框，表示鼠标置上时转变为手形，并且超文本具有导航功能。

步骤 9：选择"李白"二字，选择"文本"|"应用样式"命令，弹出"样式"对话框，选择"链接"样式。

步骤 10：拖入一个移动图标到流程线，命名为"移动 1"。

步骤 11：双击"移动 1"图标，弹出移动图标属性对话框，在演示窗口中选择"题目"为移动对象。在"类型"下拉列表中选择"指向固定点"选项，移动时间设置为 3 秒，单击"预览"

按钮查看效果。设置目标区域位置，可参考作品的最终效果图，也可以拖入可移动对象到目标点，并将移动设置为由左至右。

步骤 12：拖入一个显示图标到流程线，命名为"第一句"。输入第一句的内容，选择新魏字体、24 磅字号、红色透明模式。

步骤 13：拖入一个移动图标到流程线，命名为"移动 2"。双击"移动 2"图标，弹出移动图标属性对话框，在演示窗口中选择"第一句"为移动对象，在"类型"下拉列表框中选择"指向固定点"选项，移动时间设置为 3 秒，单击"预览"按钮查看效果。将这次的移动设置为由下至上。

步骤 14：拖入一个显示图标到流程线，命名为"第二句"。输入第二句的内容，选择新魏字体、24 磅字号、红色透明模式。

步骤 15：拖入一个移动图标到流程线，命名为"移动 3"。双击"移动 3"图标，弹出移动图标属性对话框，在演示窗口中选择"第二句"为移动对象，在"类型"下拉列表框中选择"指向固定点"选项，移动时间设置为 3 秒，单击"预览"按钮查看效果。将这次的移动设置为由右至左。

步骤 16：拖入一个显示图标到流程线，命名为"第三句"。输入第三句的内容，选择新魏字体、24 磅字号、红色透明模式。

步骤 17：拖入一个移动图标到流程线，命名为"移动 4"。双击"移动 4"图标，弹出移动图标属性对话框，在演示窗口中选择"第三句"为移动对象，在"类型"下拉列表框中选择"指向固定点"选项，移动时间设置为 3 秒，单击"预览"按钮查看效果。将这次的移动设置为由左至右。

步骤 18：拖入一个显示图标到流程线，命名为"第四句"。输入第四句的内容，选择新魏字体、24 磅字号、红色透明模式。

步骤 19：拖入一个移动图标到流程线，命名为"移动 5"。双击"移动 5"图标，弹出移动图标属性对话框，在演示窗口中选择"第四句"为移动对象，在"类型"下拉列表框中选择"指向固定点"选项，移动时间设置为 3 秒，单击"预览"按钮查看效果。将这次的移动设置为由下至上。

步骤 20：拖入一个框架图标到流程线，命名为 MAIN。双击该图标，弹出框架图标的流程图。删除其他图标，只保留 Exit framework 选项。

步骤 21：拖入一个显示图标到框架图标的右侧，命名为"李白"。

步骤 22：双击展开"李白"显示图标，输入相关文本。选择绿色、14 磅字号、遮盖模式。

步骤 23：给文本增加阴影效果以增强视觉效果。用"矩形工具"画一个与文本同样大小的矩形框，填充色为黑色，边框的颜色为黄色，完成以后矩形框将覆盖文本区域。选择"修改"|"置于下层"命令使矩形框位于文本区域的背后，用键盘上的方向键将矩形框分别向下和向右移动 3 个单位。

步骤 24：右击"背景"显示图标，选择"特效"命令，弹出"特效方式"对话框，选择一种过渡类型，然后单击 OK 按钮退出对话框。

步骤 25：用同样的方法为"李白"显示图标选择一种过渡类型。

步骤 26：打开"背景"图标，在演示窗口中选择"李白"，应用"链接"样式，弹出导航对话框，选择"李白"显示图标为要跳到的页，单击"确定"按钮。

步骤 27：至此本例制作完成，单击"运行"按钮运行程序。

实验思考

1. 文本格式的设置方法有几种。
2. 有显示窗口的设计图标是哪几个，它们各自的作用是什么。

3. 移动图标有哪些移动类型，如何设置。

9.7　多媒体演示文件制作

1．实验目的

掌握综合利用 PowerPoint 的各项功能制作演示文稿的技巧。

2．实验内容

① 建立幻灯片演示文稿。

② 选择指定的幻灯片版式。

③ 输入并编辑给定文字。

④ 设置幻灯片中对象的动画效果。

⑤ 设置幻灯片的背景。

⑥ 幻灯片的插入。

⑦ 播放演示文稿。

3．实验步骤

（1）建立一个新的幻灯片演示文稿

启动 PowerPoint 2003，以"实验 1"为文档命名并保存。注意：PowerPoint 默认的文件扩展名为.PPT，此时标题栏中的"Microsoft PowerPoint–[演示文稿 1]"变更为"Microsoft PowerPoint–[实验 1]"。

（2）选择幻灯片版式

选择"只有标题"幻灯片版式。

（3）输入并编辑给定文字

步骤 1：切换到幻灯片"普通视图"模式和"幻灯片"选项卡，单击"单击此处添加标题"占位符，输入"PowerPoint 2003 实习题"。

步骤 2：选中标题框，将字体设置为黑体，字号设置为 48 磅，对齐方式设置为"分散对齐"。

（4）设置幻灯片的动画效果

步骤 1：设置动画效果。选择"幻灯片放映"|"幻灯片切换"命令，在列表框中选择"盒状展开"切换方式。

步骤 2：设置幻灯片对象的动画效果。选中幻灯片中的"PowerPoint 2003 实习题"对象，选择"幻灯片放映"|"动画方案"命令，在列表框中选择"弹跳"动画效果。

通过以上设置后，若单击"应用于所有幻灯片"按钮，将对所有幻灯片应用同一动画效果，否则，只对当前幻灯片或幻灯片对象产生该动画效果。

（5）设置幻灯片的背景

步骤 1：添加背景"填充效果"。打开幻灯片，选择"格式"|"背景"命令，弹击"背景"对话框，在下拉列表中选择"填充效果"选项，弹出"填充效果"对话框。

步骤 2：在"纹理"选项卡中选择"纸袋"作为幻灯片的背景，依次单击"确定"、"应用"按钮。若单击"全部应用"按钮，会将目前所有的幻灯片背景都设置为此背景。

（6）插入新幻灯片

步骤 1：选中第 1 张幻灯片，选择"插入"|"新幻灯片"命令，在第 1 张幻灯片之后插入一

张新的幻灯片。

步骤 2：选择"格式"｜"幻灯片版式"命令，在"幻灯片版式"列表框中选择"标题、文本与剪贴画"版式。

步骤 3：单击"单击此处添加标题"，输入标题文字"文本与图片幻灯片"；单击"单击此处添加文本"，输入"云南玉溪新平花腰傣民族服饰"；选择"双击此处添加剪贴画"文本框，选择"插入"｜"图片"｜"来自文件"命令，在"插入图片"对话框中选择"花腰傣民族服饰"文件或选择一幅自备的图片文件，调整各部分的位置及大小。若无自备的图片，也可双击"双击此处添加剪贴画"图标，从弹出的"剪贴画"列表框中选择一幅合适的剪贴画插入幻灯片中。

步骤 4：再插入一张新幻灯片，选择"标题和表格"幻灯片版式。单击"单击此处添加标题"并输入"云南玉溪新平 3 日游日程安排"。双击"双击此处添加表格"，按以下日程安排编辑修改表格。也可通过复制操作将已利用 Office 其他组建制作完成的表格粘贴至此。

将表格中"标题"字号设置为 32 磅，表格内容设置为 16 磅，并将幻灯片中的各部分位置、高宽等进行调整编辑。

云南玉溪新平 3 日游日程安排

序　号	日　期	安　排	备　注
1	第 1 天	上午 8:00 从昆明出发 上午 11:30 到达新平县城 11:30–13:30 入住宾馆、午餐、稍作休息 13:30–17:30 前往磨盘山国家森林公园 18:30 晚餐，晚上自由活动	
2	第 2 天	上午 8:00 从新平出发前往嘎洒 上午 11:00 到达嘎洒，入住宾馆，享用"嘎洒汤锅" 12:00–13:30 嘎洒镇、大槟榔园生态游 13:30–18:30 前往云南吐司住宅、原始森林、茶马古道 19:00 晚餐 20:30 沟火晚会	
3	第 3 天	上午 8:00 从嘎洒返回新平县城 上午 11:00 新平县城午餐 12:00 新平县城购物（以新平金丝竹笋、野生木耳、腌菜等土特产品） 15:30 从新平返回昆明 18:30 到达昆明，旅行结束	

（7）幻灯片演示文稿播放

步骤 1：启动演示文稿播放。

启动幻灯片演示文稿播放的方法有 3 种：

① 单击 "幻灯片放映"按钮。

② 选择"视图"｜"幻灯片放映"命令。

③ 选择"幻灯片放映"｜"观看放映"命令。

步骤 2：手动控制放映演示文稿。

在幻灯片演示文稿的播放过程中，有以下两种手动控制方法。

① 通过键盘 Page Up、Page Down、↑和↓键控制幻灯片向前、向后翻片，按 Esc 键结束幻灯片的播放。

② 在幻灯片播放过程中单击控制幻灯片向前播放，或右击，在弹出的快捷菜单中选择"下一张"、"上一张"命令向前或向后播放。还可选择"定位至幻灯片"命令指定播放幻灯片，选择"结束放映"命令结束幻灯片的播放。

步骤 3：自动控制放映演示文稿。

自动控制放映幻灯片就是通过控制每一张幻灯片的放映时间，使幻灯片自动进行演示。方法是选择"幻灯片放映"|"排练计时"命令，开始播放幻灯片，同时在幻灯片的左上角弹出"预演"工具栏，通过观察计时器秒数，设定每张幻灯片的播放时间，依次单击"播放"按钮，直至整个幻灯片文稿播放完毕即完成幻灯片的播放时间设定。再启动放映演示文稿即可按设定的时间依次播放幻灯片。

步骤 4：隐藏放映。

在放映过程中若要隐藏某些幻灯片，选择想要隐藏的幻灯片，然后选择"幻灯片放映"|"隐藏幻灯片"命令即可。

步骤 5：自定义放映方式。

可将演示文稿中的幻灯片根据不同的对象进行分组，以交互式方式放映。

① 选择"幻灯片放映"|"自定义放映"命令，弹出"自定义放映"对话框。

② 单击"新建"按钮，弹出"设置自定义放映"对话框。

③ 在"幻灯片放映名称"文本框中输入放映名称。

④ 在"在演示文稿中的幻灯片"列表框中选择自定义的幻灯片并添加到"在自定义放映中的幻灯片"列表框中。

⑤ 单击"确定"按钮，完成自定义放映的设置，返回"自定义放映"对话框。

⑥ 在"自定义放映"对话框中，选择各个自定义组，单击"放映"按钮即可放映自定义的幻灯片。

实验思考

1. 利用 PowerPoint 软件实现交互有哪几种方法。

2. 利用 PowerPoint 软件制作课件有哪些缺点。

参 考 文 献

[1] 赵英良，董雪平. 多媒体技术及应用[M]. 西安：西安交通大学出版社，2009.

[2] 彭群生，金小刚，等. 计算机图形学应用基础[M]. 北京：科学出版社，2009.

[3] 胡晓峰，吴玲达，等. 多媒体技术教程[M]. 北京：人民邮电出版社，2002.

[4] 刘光然，杨虹，等. 多媒体技术与应用教程[M]. 2版. 北京：人民邮电出版社，2009.

[5] 宋一兵. 多媒体技术基础[M]. 北京:人民邮电出版社，2009.

[6] 王爱民. 多媒体技术及应用：Photoshop，Flash MX，Authorware版[M]. 西安：西北工业大学出版社，2006.

[7] 李显军. 多媒体技术与应用[M]. 北京：人民邮电出版社，2006.

[8] 钟玉琢，沈洪，等. 多媒体计算机与虚拟现实技术[M]. 北京：清华大学出版社，2009.

[9] 马华东. 多媒体技术原理及应用[M]. 2版. 北京：清华大学出版社，2008.

[10] 孔令瑜. 多媒体技术及应用[M]. 3版. 北京：机械工业出版社，2009.

[11] 多媒体技术教程：英文版，Fundamentals of Multimedia[M]. 北京：机械工业出版社，2004.

[12] 游泽清. 多媒体画面艺术设计[M]. 北京：清华大学出版社，2009.

[13] 张桂珍. Authorware 7 多媒体应用教程[M]. 北京：机械工业出版社，2007.

[14] 林跃民，曾权清. 多媒体美术设计[M]. 北京：科学出版社，2008.

[15] Tanenbaum A.S. 现代操作系统：英文版，Operating Systems Design and Implementation[M]. 3版. 北京：机械工业出版社，2009.

[16] 马修军. 多媒体数据库与内容检索[M]. 北京：北京大学出版社，2007.

[17] 鲁宏伟，汪厚祥. 多媒体计算机技术[M]. 3版. 北京：电子工业出版社，2008.

[18] 张晓燕. 网络多媒体技术[M]. 西安：西安电子科技大学出版社，2009.

[19] 周建国. Photoshop CS 图像处理基础教程[M]. 北京：人民邮电出版社，2006.

[20] 胡韬，黎昌杰. Premier 6.5 标准教程[M]. 北京：中国电力出版社，2003.

[21] 赵春燕. 多媒体技术基础及应用[M]. 西安：西安工业大学出版社，2009.

[22] 杨秀杰. 多媒体技术与应用[M]. 北京：机械工业出版社，2009.

[23] 薛为民，宋静化等. 多媒体技术与应用[M]. 北京：中国铁道出版社，2007.

[24] 沈大林. 多媒体设计案例教程[M]. 北京：中国铁道出版社，2009.